미용사(네일) 국가자격시험 수록

Nailart Technology

NEW 네일아트

이론 및 실기

권태일 · 김미현 · 김태영 · 김효연 · 문명희
신향미 · 이희숙 · 정윤주 · 정철순 · 조진애
진미희 · 최은미 · 최현숙 · 하명희 · 허혜순

메디시인

머리말

만물을 탄생시킨 신께서 동물에게는 아름다운 모습과 색깔을 주셨지만 우리 인간에게는 높은 지능과 감성을 주셨습니다.

그리하여 인간은 고금을 막론하고 아름다움을 나타내고자 신체 각 부위에 대하여 성형, 화장, 연출 등 많은 노력을 기울여 왔습니다. 그중에서도 손은 처음 만나는 사람이나 가까운 사람과 접촉이 제일 많은 중요한 부분이며, 그 사람이 자라온 과정과 현재 환경이 잘 나타나 있기도 합니다.

이제 현대인이라면 아름다운 네일아트는 예의이며, 네일산업은 선진국형 고부가가치 서비스산업이기도 합니다.

이 책은 우리나라의 네일 테크니션 1세대로 경험이 풍부한 교수들과 전문학원 원장들이 집필하였습니다. 이 책의,

제1부에서 메니큐어와 네일해부학 및 네일살롱의 위생 등 **네일아트 이론**을 해설하였고,
제2부에서는 네일 케어 기구로부터 각종 네일아트 테크니션, 즉 **실기**를 다루었습니다.
교재와 CD를 이용하여 함께 공부하다 보면 기술을 습득함과 아울러 더욱 확실하고 정확하게 이해하실 것이며, 네일을 처음 시작하는 사람들도 쉽게 이해하고 따라할 수 있도록 쉽고 자세하게 만들었습니다.

또한 2014년부터 실시되는 미용사(네일) 국가자격시험의 내용을 수록, 대학에서 교재는 물론, 네일아트 국가자격을 갖춘 전문가가 되기 위한 필독서가 되도록 구성했습니다. 그러나 아직 미흡한 부분이 많으리라 생각합니다. 앞으로 판을 거듭하면서 계속 보완해 나아가겠습니다.

모쪼록 동업계 선배 · 동료 · 선생님들의 많은 지도와 후원을 부탁드립니다.

끝으로 연출 · 촬영에 애써주신 선생님들과 편집 · 교정 · 디자인에 참여한 지구문화사/메디시언 식구들에게 감사하며, 이 책을 탐독하는 독자들의 발전과 추구하는 목표가 달성되시기를 진심으로 기원합니다.

갑오년 가을에

필자 대표

미용사(네일) 국가자격증 시험 안내

교육과정 및 세부시험내용

교 시	교육과정	세부시험내용
1교시 (한 손/30분)	습식 매니큐어 (전체 매니큐어 과정 후 컬러링 선택)	예시 1안) 풀코트(레드, 화이트 중 1)
		예시 2안) 화이트 프렌치 컬러링(스마일 라인, 딥 프렌치 중 1)
		예시 3안) 그라데이션 컬러링(흰색, 핑크 단색으로만 가능)
2교시 (한 발/30분)	패디큐어 (각질제거를 제외한 페디큐어 과정 후 컬러링 선택)	예시 1안) 풀코트(레드, 화이트 중 1)
		예시 2안) 화이트 프렌치 컬러링(스마일 라인, 딥 프렌치 중 1)
		예시 3안) 그라데이션 컬러링(흰색, 핑크 단색으로만 가능)
3교시 (한 손/한 종목 택 1/5개 / 60분)	팁 오버레이 (네츄럴 팁 또는 프렌치 팁 오버레이)	예시 1안) 팁 위드 랩
		예시 2안) 클리어 젤 오버레이
		예시 3안) 아크릴릭 오버레이
	아크릴릭 스캅춰 (폼을 이용한 길이 연장)	예시 4안) 아크릴 원톤 스캅춰
		예시 5안) 네츄럴 스캅춰
		예시 6안) 아크릴 프렌치 스캅춰
4교시 (2개/30분)	쏙 오프	3교시에 시술한 2개 손톱 오프

시험문제 유형

시험문제 유형 ①
1교시 매니큐어 – 한 손 30분 풀커버 컬러링(빨강색)
2교시 패디큐어 – 한 발 30분 프리엣지 컬러링 프렌치(흰색)
3교시 인조네일 – 한 손 60분 스캅춰네일(원톤스캅춰)
4교시 인조손톱 제거 – 두 손가락(두개의 손톱) 30분

(계속)

시험문제 유형 ②

1교시 매니큐어 - 한 손 30분 프리엣지 컬러링 프렌치(흰색)

2교시 패디큐어 - 한 발 30분 풀커버 컬러링(빨강색)

3교시 인조네일 - 한 손 60분 팁네일(팁위드 젤 : 레귤러 팁)

4교시 인조손톱 제거 - 두 손가락(두개의 손톱) 30분

시험문제 유형 ③

1교시 매니큐어 - 한 손 30분 프리엣지 컬러링 딥 프렌치(빨강색)

2교시 패디큐어 - 한 발 30분 풀컬러 컬러링(빨강색)

3교시 인조네일 - 한 손 60분 스캅춰네일(내추럴 프렌치 스캅춰)

4교시 인조손톱 제거 - 두 손가락(두개의 손톱) 30분

시험문제 유형 ④

1교시 매니큐어 - 한 손 30분 풀커버 컬러링(흰색)

2교시 패디큐어 - 한 발 30분 그라데이션 컬러링(핑크)

3교시 인조네일 - 한 손 60분 팁네일(팁위드 실크 : 레귤러 팁)

4교시 인조손톱 제거 - 두 손가락(두개의 손톱) 30분

시험문제 유형 ⑤

1교시 매니큐어 - 한 손 30분 그라데이션 컬러링(핑크)

2교시 패디큐어 - 한 발 30분 프리엣지 컬러링 프렌치(흰색)

3교시 인조네일 - 한 손 60분 팁네일(팁 위드 아크릴릭 : 화이트 팁)

4교시 인조손톱 제거 - 두 손가락(두개의 손톱) 30분

시험문제 유형 ⑥

1교시 매니큐어 - 한 손 30분 그라데이션 컬러링(답색 - 흰색)

2교시 패디큐어 - 한 발 30분 프리엣지 컬러링 딥 프렌치(흰색)

3교시 인조네일 - 한 손 60분 스캅춰네일(화이트 프렌치 스캅춰)

4교시 인조손톱 제거 - 두 손가락(두개의 손톱) 30분

Nail Art

차례

PART II 실기편

Nail Art

Nail Art

Nail Art & Technology

PART Ⅰ 이론편

CHAPTER 01 | 네일아트론

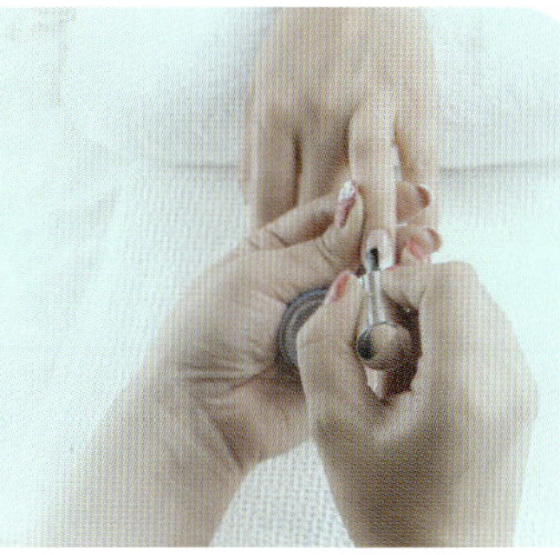

1-1 매니큐어의 정의

매니큐어(Manicure)란 손톱과 손을 아름답게 가꾸는 기술로 **손(Manus)**과 **관리(Cure)**라는 말에서 유래되었으며, **페디큐어(Pedicure)** 역시 발을 아름답게 가꾸는 기술로 **발(Pedis)**과 **관리(Cure)**에서 유래되었다.

옛날에는 손톱을 자신의 몸을 보호하는 무기로 사용하거나 나무에 오를 때 또는 음식물을 채취하는 데 사용하였으나 오늘날에는 손톱이 패션 액세서리로 이용되고 있다.

매니큐어와 인조 손톱은 생활 수준의 향상과 미에 대한 관념의 변화로 인해 인기 있는 영역이 되었으며 시장성도 넓어서 전망 있는 직종으로 자리 잡았다. 네일아트에 관한 기술을 습득하면 네일 아티스트로서 전문 네일 살롱에서 일할 수 있으며 미용학교에서 네일 기술을 가르치는 강사로도 활동할 수 있다.

또한 네일관련 제품회사에서 실시하는 쇼, 컨벤션 혹은 상점에서 데몬스트레이션을 실시하는 직업 등을 가질 수 있다. 더 나아가서 네일 살롱을 직접 차릴 수도 있고 연예인들의 개인 네일 아티스트로 활동할 수도 있으며 네일에 관한 글을 써서 책을 내거나 잡지에 네일 기술상담 역할도 할 수 있다.

매니큐어는 패션의 마무리라고 볼 수 있다. 또한 자신의 매력을 향상시켜 자신에 대한 호감을 높이고 자신에게 더 큰 만족감을 주어서 자아존중감을 고양시켜 주는 역할을 하므로 현대 사회에서 아주 중요하다.

1-2 매니큐어의 역사

손톱관리의 기술은 5000년에 걸쳐서 변화해 왔다. 최초의 네일케어는 BC 3000년에 **이집트**에서 시작되었는데, 높은 지위의 귀족들은 관목에서 나오는 **헤나(Henna)** 라는 붉은 오렌지색 염료로 손톱을 염색하였다. 왕과 왕비는 짙은 색으로 물들이고 신분이 낮은 사람들은 옅은 색으로 물들였다.

또한, **중국**에서는 벌꿀과 계란 흰자, 아라비아산 고무나무에서 얻은 지금의 **에나멜(Enamel)**에 해당하는 액을 만들어 손톱에 발랐다고 전해지며, 기원전 600년경에 중국의 명나라 왕조는 흑색과 적색을 손톱에 발랐다.

수많은 전쟁을 치렀던 중세시대에는 남자들도 네일케어를 이용하여, 전쟁터에 나가는 군사들이 염료를 사용하여 입술과 네일을 같은 색으로 칠하기도 하였다.

17세기 **인도**의 여성들은 네일 매트릭스(Nail Matrix, 조모)에 문신용 바늘로 **색소를 주입**하여 상류층임을 과시했다고 한다.

1800년대 이후부터는 네일케어가 일반인에게 점차 대중화되기 시작하였다. 네일 끝을 뾰족하게 만드는 아몬드 모양이 유행하였고, 향이 있는 빨간 기름을 바른 후에 부드러운 가죽을 이용하여 색깔이나 광을 내기도 하였다. 1830년에는 발 전문의사인 시트(Sits)가 치과에서 사용되던 기구와 도구에서 착안한 **오렌지 우드스틱**을 네일케어에 사용했다.

1892년에는 시트의 조카에 의해 네일케어가 여성들의 새로운 직업으로 미국에 도입되었다.

1900년에는 금속가위와 금속파일을 이용하여 네일케어를 행하기 시작하였고, 크림이나 가루나 낙타 털을 이용한 붓으로 네일에 일시적인 광을 내기도 하였다.

1910년에는 매니큐어 제조회사 플라워리(Flowery)가 뉴욕 시에 세워져 금속파일과 사포로 된 파일이 제작되었다. 1917년에는 보그(Vouge) 잡지에 닥터 코로니(Dr. Korony)가 도구와 기구들을 사용하지 않고 행하는 네일 홈케어 제품을 소개하였고, 이때부터는 가루를 이용하여 광을 내던 종전과는 달리 방수가 되면서 오랫동안 광택이 유지되는 네일 에나멜의 필요성이 절실하게 요구되었다.

1925년에는 네일 에나멜 산업이 본격적으로 시작되면서 상점에서 에나멜을 구입을 할 수 있게 되었으나 색상은 투명한 자연색으로 다양하지 않았고 손톱의 중앙에만 바르거나 루눌라(Lunula, 반월)와 양쪽 가장자리는 바르지 않았다.

1927년에는 **프렌치 매니큐어**(French Manicure)에 사용되는 흰색 에나멜과 큐티클 크림(Cuticle cream), 큐티클 리무버(Cuticle remover)가 제조되었다.

1930년에는 제나(Gena)연구팀에 의해 **네일 에나멜 리무버**(Nail enamel remover), 워머 로션(Warmer lotion), **큐티클 오일**(Cuticle oil)이 최초로 등장하였으며 다양한 빨간색이 출시되었다.

1932년에는 다양한 색상의 네일 에나멜이 제조되었고, 레브론(Revlon) 사에서 최초로 립스틱과 잘 어울리는 색상의 네일 에나멜을 출시했다.

1940년에는 여배우 리카 헤이워드에 의해 빨간색을 꽉 채워서 바르는 방법이 유행하였고, 그 당시에는 남자들도 습식 매니큐어를 이발소에서 시술하였다.

1950년에는 헬렌 걸리(Helen Gouley)가 미용학교에서 네일케어를 가르치기 시작하였다. 1957년에는 네일 팁(Nail tip) 사용이 현저히 늘어났으며, 당시 포일을 이용한 아크릴릭 네일이 최초로 행해졌다.

1960년 **실크**(Silk)와 **리넨**(Linen)을 이용하여 약한 네일을 보강하기 시작했으며, 1970년이 되면서 본격적으로 긴 네일로 아름다움을 표현하기 시작했다. 현재 사용되는 아크릴도 치과에서 사용하던 아크릴을 도입한 것이다.

1973년에는 미국의 네일 제조회사 IBD(International Beauty Department)가 처음으로 네일 접착제와 접착식 인조 네일을 개발했다.

1974~1975년 미국 식품의약품안전청(FDA)에 의해 인체에 해를 끼친다고 판명된 메틸 메타크릴레이트 같은 아크릴릭 화학제품의 사용이 금지되었고, 이 시기에 올리 인터내셔널(Orly International) 사가 **에나멜**, **리퀴드**, **필러**, **프라이머**, **베이스 코트** 등을 제조했다.

1976년에는 스퀘어 모양 네일이 유행하였고, 네일 팁과 아크릴릭 네일은 물론 화이버 랩(Fiber wrap)이 등장하였으며, 비로소 네일아트가 미국에 정착하기 시작하였다.

1981년에는 에씨(Essie), 오피아이(OPI), 스타(Star) 등의 제조회사에서 네일 전문 제품이 출시하였으며, 네일 액세서리도 등장하였다.

1989년부터 네일 산업이 급격히 성장하여 1992년 NIA가 창립됨으로써 네일 산업은 본격적으로 사회에 정착하게 되었다. 1994년에는 젤시스템이 등장했으며, 뉴욕 주에서 네일 테크니션 면허제도를 도입하게 되었다.

1-3 손과 발의 해부학

1 손과 발의 뼈

(1) 손의 뼈

손의 골격은 수근골(Carpal bones), 중수골(Metacarpal bones), 수지골(Phalange)로 구성된다.

① 수근골(Carpal bones, 손목뼈)

수근골은 손목을 이루는 **8개의 짧은 뼈**로서 전체적으로 근위에 4개의 뼈로 이루어져 있다.

근위 수근골은 주상골(Scaphoid, 손배뼈), 월상골(Lunate, 반달뼈), 삼각골(Triquetrum, 세모뼈), 두상골(Pisiform, 콩알뼈)로 배열되어 있다. 원위 수근골은 대능형골(Trapezium, 큰마름뼈), 소능형골(Trapezoid, 작은마름뼈), 유두골(Capitate, 알머리뼈), 유구골(Hamte, 갈고리뼈)로 이루어져 있다.

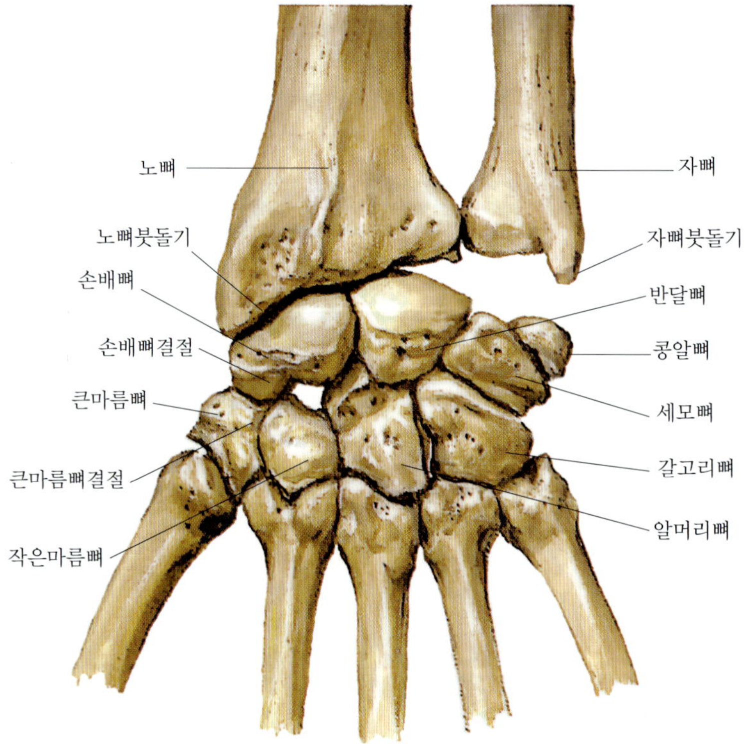

그림 1-1 손목뼈의 앞면

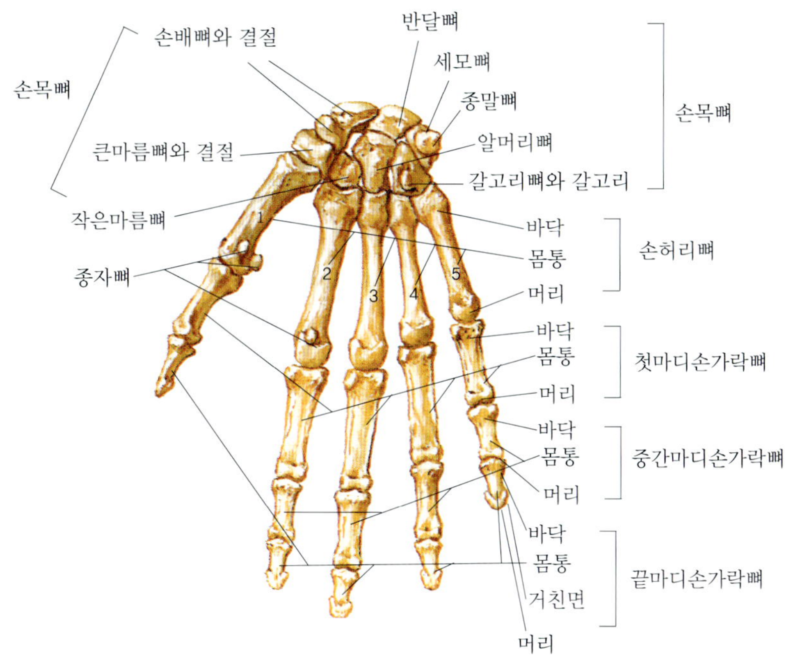

그림 1-2 손목과 손의 뼈(오른손 앞면-손바닥)

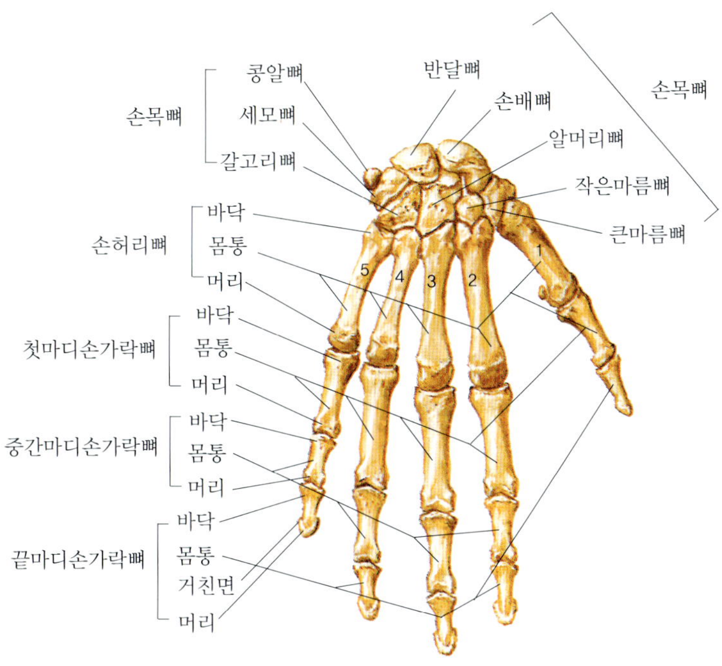

그림 1-3 손목과 손의 뼈(오른손 뒷면-손등)

② **중수골**(Metacarpal bones, 손허리뼈)

손바닥을 이루는 5개의 뼈로, 저부와 체부 및 두부로 구분된다. 제1중수골이 가장 굵고 제2중수골이 제일 짧다.

③ **수지골**(Phalange, 손가락뼈)

손가락을 이루는 뼈로서 각각 **3개씩 기절골**(첫마디 손가락뼈)과 **중절골**(중간마디 손가락뼈) 및 **말절골**(끝마디 손가락뼈)로 되어 있고, 엄지는 기절골과 말절골로 이루어져 있다.

(2) 발의 뼈

발의 골격은 족근골(Tarsal bones), 중족골(Metatarsal bones), 족지골(Pualaauges)로 구성된다.

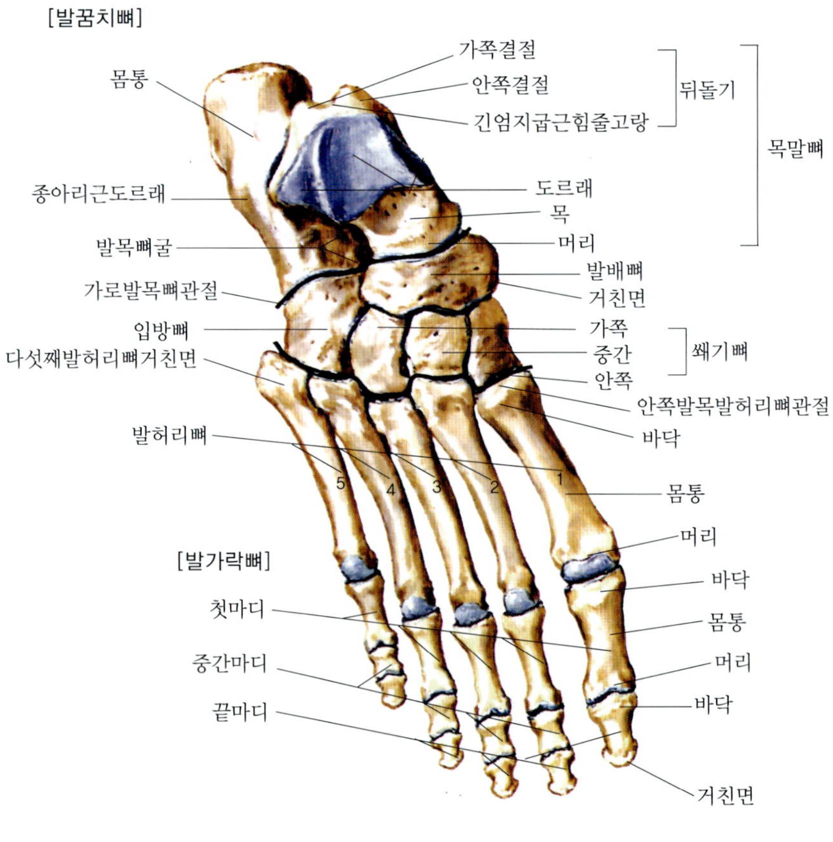

그림 1-4 발뼈의 구조

① 족근골(Tarsal bones)

발목은 **7개의 뼈로 구성**되어 있다.

근위 족근골에 속하는 거골(목말뼈), 종골(발꿈치뼈), 주상골(발배뼈)과 원위 족근골에 속하는 제1설상골(내측 쐐기뼈), 제2설상골(중간 쐐기뼈), 제3설상골(외측 쐐기뼈), 입방뼈로 되어있다.

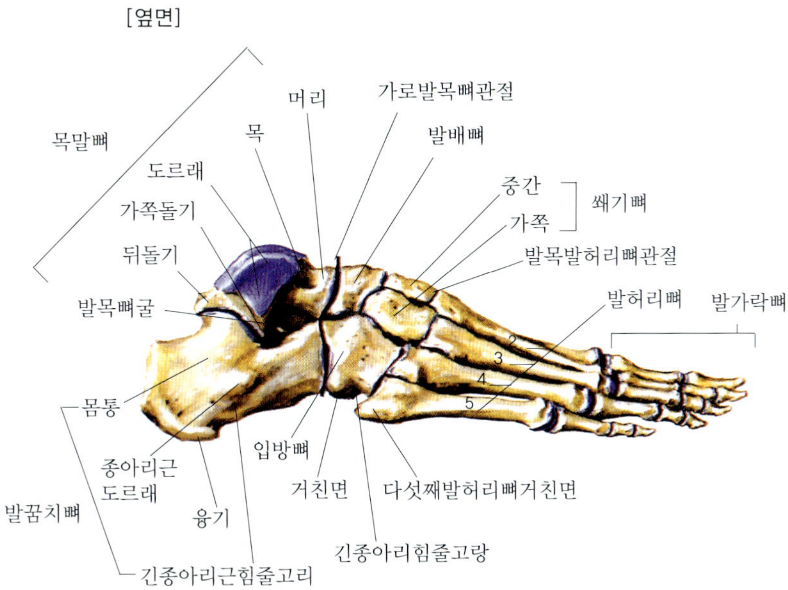

그림 1-6
발뼈 옆면

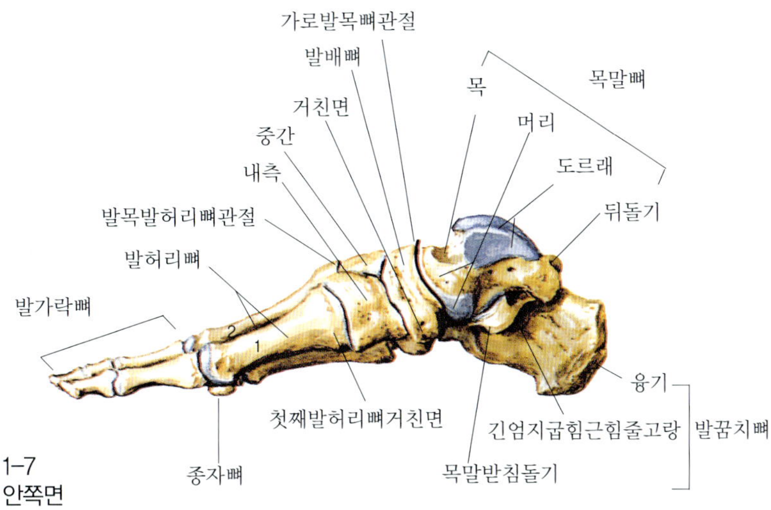

그림 1-7
발뼈 안쪽면

② 중족골(Metatarsal bones, 발허리뼈)

발바닥을 형성하는 **발목뼈 5개와 발가락 사이**의 길쭉한 뼈로서 안쪽 첫째부터 다섯째까지를 중족골이라고 한다.

첫째 중족골이 제일 굵고 제2중족골이 제일 길다.

③ 지골(Pualaauges)

첫째 발가락뼈에는 **2개**가 있고 나머지는 **3개**씩, 모두 **14개**의 작은 마디로 되어 있다. 기절골 · 중절골 · 말절골로 구분되며 발톱은 말절골 밑단에 있는 조면에 부착된다.

④ 족궁(Arch of the foot)

활 모양의 아치를 형성하여 걷거나 뛸 때에 스프링과 같은 역할을 하며 대퇴관절과 무릎관절을 통해 전달되는 몸의 중력을 분산시킨다. 족궁은 발바닥 내측에 있는 내측중족근과 외측중족근 및 횡족근으로 이루어져 있다.

이들 족근은 인대와 대퇴근의 건이 단단히 고정되어 있으나, 뼈에 선천적인 기형이 있거나, 인대의 약화 또는 부적절한 자세나 발에 잘 맞지않는 신발을 오랫동안 신을 경우에는 족궁이 낮아져서 평발(Flat foot)이 될 수도 있다.

2 손과 발의 근육

(1) 손의 근육 Muscle of hand

손등은 근육이 미약하게 발달돼 있으며, **무지굴근 · 소지굴근 · 중수근**으로 나눈다.

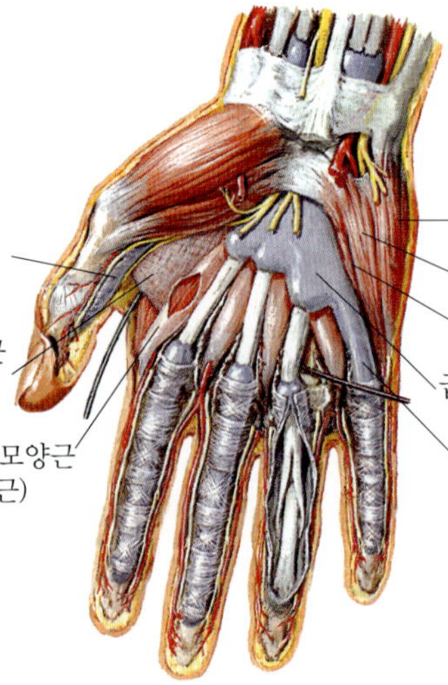

그림 1-8 손의 근육

① 무지굴근(Tenar muscle)

4개의 근들로서 단무지외전근 · 장무지굴근 · 무지대립근 · 무지내전근이 있고, 장측 엄지 쪽에 위치하여 엄지손가락의 외전 · 굴곡 · 내전운동에 관여한다. 무지대립근은 엄지를 약지 쪽으로 잡아당겨 물건을 잡는 역할을 한다.

② 중수근(Intermediate muscle)

손바닥을 이루는 작은 근육으로 충양근, 장측골간근, 배측골간근으로 구성되어 있다. 충양근은 중수지절관절을 굴곡시키고 지절관절의 신전운동에 관여하며, 골간근은 중수지절관절의 외전과 내전운동에 관여한다.

③ 소지굴근(Hypothenar muscle)

소지구를 이루는 3개의 근들로 소지외전근 · 단소지굴근 · 소지대립근으로 구성되며, 약지의 굴곡 및 외전에 관여한다.

☞전단의 근육

- 회내근(Pronator) : 손을 안쪽으로 돌려서 손등이 위로 향하게 작용한다.
- 회외근(Supinator) : 손을 바깥쪽으로 돌려서 손바닥이 위로 향하게 작용한다.
- 굴근(Flexor) : 손목을 굽히고 내외향에 작용하며 손가락을 구부리게 한다.
- 신근(Extensor) : 손목 · 손가락을 벌리고 펴게 하여 내 · 외측 회전과 내 · 외향에 작용한다.

☞손의 근육

- 외전근(Abductor) : 손가락 사이가 붙지 않도록 벌어지게 하는 외향에 작용한다.
- 내전근(Adductor) : 손가락을 나란히 붙이거나 모으는 내향에 작용한다.
- 대립근(Antagonist) : 물건을 잡을 때 사용하도록 엄지를 소지 쪽으로 항하게 작용한다.

(2) 발의 근육 Muscle of foot

발의 근육은 발바닥이 발등보다 더 발달되어 있다. 발바닥의 족척근과 발등의 족배근으로 구분한다.

① 족척근(Plantar muscle of foot, 발바닥 근육)

발바닥을 이루는 9개의 근으로 엄지두덩근, 새끼발가락두덩근, 발바닥근육마무리로 구분된다.

엄지두덩근(내측 족척근)은 엄지발가락의 외전 · 내전 · 굴곡에 관여하고, 발바닥근육무리(중앙 족척근)는 2~5지의 운동에 관여한다. 새끼발가락두덩근(외측족척근)은 소지의 외전과 굴곡에 관여한다.

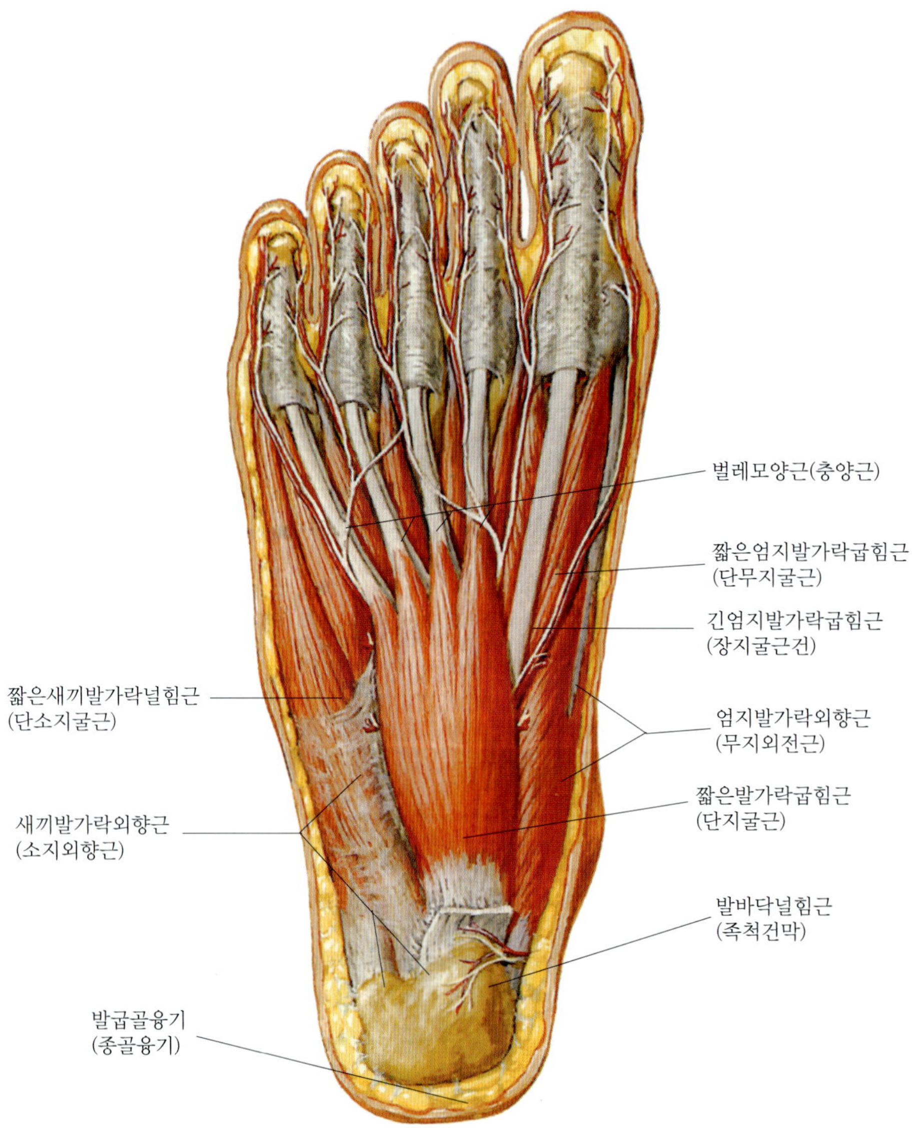

그림 1-9 발바닥의 얕은 해부

② 족배근(Dorsal muscle of foot, 발등근육)

종골에 지시하여 기절골에 정지하는 단지신근과 단무지신근이 있으며, 발가락 신전에 관여한다.

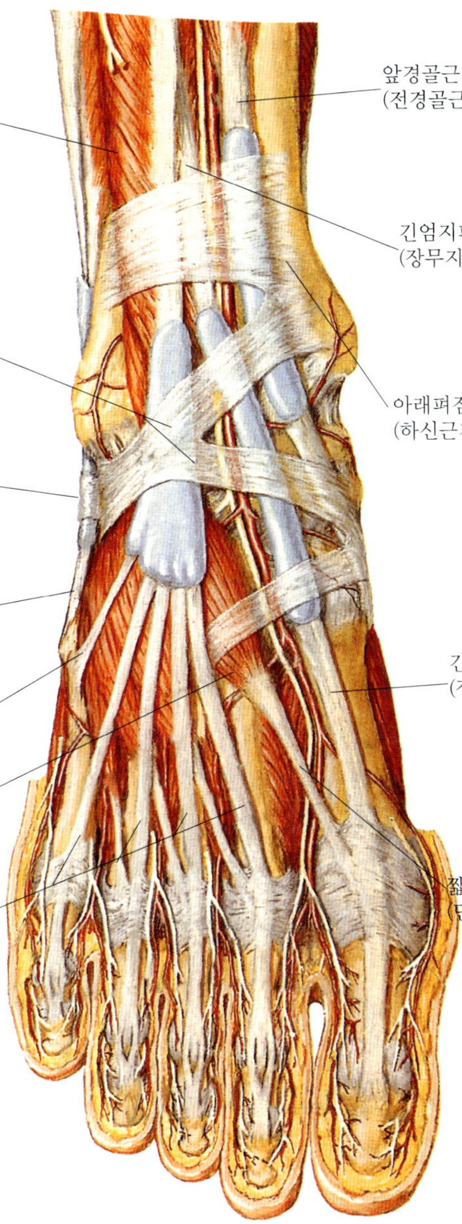

그림 1-10 발등근육의 얕은 해부

3 손과 발의 혈관

순환은 크게 폐순환(Pulmonary circulation)과 체순환(Systemic circulation)으로 나눈다. 폐순환은 소순환(Lesser circulation)이라고도 부르며, 우심실에서 나온 혈액이 폐장을 순환하여 폐정맥으로 모여서 좌심방으로 돌아오는 경로이다.

체순환은 대순환(Greater circulation)이라고도 부르며, 좌심실에서 나온 혈액이 대동맥을 거쳐서 전신의 기관이나 조직에 이르러 모세혈관으로 갈라진 후 순환하여 상행 및 하행 대정맥으로 모여서 우심방으로 돌아오는 경로를 말한다.

(1) 손의 동맥계

체순환의 동맥은 좌심실에서 뻗어 나온 1개의 본줄기인 대동맥에서 시작한다.

대동맥은 부위에 따라 상대동맥, 대동맥궁, 흉대동맥, 복대동맥, 정중천골동맥으로 구분한다.

여기서는 대동맥부터 손가락까지 분지되는 혈관들을 살펴보고자 한다.

① 상대동맥은 좌심실의 대동맥열공에서 시작하여 위쪽으로 올라가다 폐동맥의 오른쪽 앞 둘째 흉늑관절 부위에서 대동맥궁이 된다.

② 대동맥궁은 상대동맥과 하대동맥이 이행되는 만곡부로, 완두동맥과 좌총경동맥 및 좌쇄골 하동맥이 된다.

③ 쇄골하동맥은 오른쪽이 완두동맥에서, 왼쪽이 대동맥궁에서 각각 나와서 폐첨 앞을 돌아 쇄골 밑을 지나고 액와에서 액와동맥이 된다.

④ 액와동맥은 쇄골하동맥에 이어 대흉근 높이에서 상완동맥이 된다.

⑤ 상완동맥은 상완이두근 안쪽을 따라 내려가 주관절부위에서 요골동맥과 척골동맥이 된다.

⑥ 요골동맥은 요골쪽을 따라 내려가고 척골동맥은 척골쪽을 따라 내려가 손바닥에서 연결된 후, 얕은 손바닥동맥궁과 깊은 손바닥동맥궁을 이루고 이들은 중수골동맥과 손가락동맥이 된다.

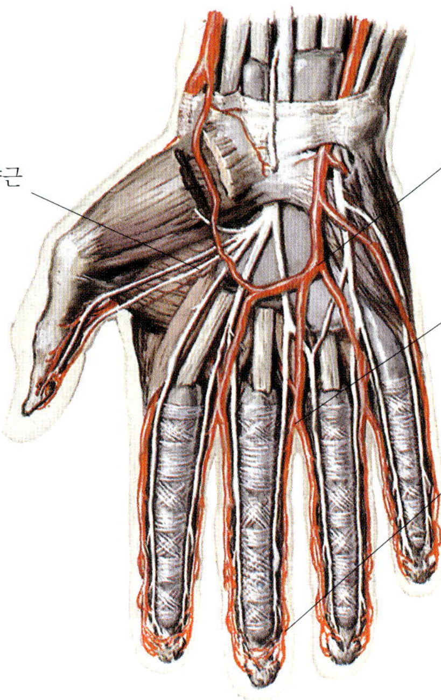

그림 1-11 손의 동맥

(2) 발의 동맥계

대동맥궁에서 갈라진 흉대동맥, 복대동맥, 정중천골동맥을 하대동맥이라 부른다. 여기서는 발의 동맥을 이해하기 위하여 복대동맥부터 발가락까지의 혈관들을 살펴 보고자 한다.

① 복대동맥은 좌우의 굵은 총장골동맥과 중앙의 가는 정중천골동맥으로 갈라진다.
② 총장골동맥은 복벽 아랫부분에 분포하는 하복동맥을 분지시킨다.
③ 하복동맥은 대퇴의 시작 부위에서 대퇴동맥이 된다.
④ 대퇴동맥은 대퇴의 내측에서 뒤로 돌아 내려가서 슬와에 들어가서 슬와동맥이 된다.
⑤ 슬와동맥은 다시 전경골동맥, 후경골동맥, 비골동맥의 3개로 분지하여 하퇴로 내려간다.
⑥ 전경골동맥은 족배동맥이 되고 비골동맥은 족저동맥이 되어서 발에 분포한다.

(3) 손의 정맥계

정맥은 심장의 **정맥과 상대정맥 및 하대정맥**으로 나눌 수 있다. 체간의 심부에 있는 정맥은 모두 동맥과 병합하여 달리나 말초에 있는 정맥은 피정맥이 되어서 피하에서 서로 문합을 이루면서 달리므로 외부에서 피부를 통하여 관찰할 수 있다. 손의 정맥을 이해하기 위하여 상대정맥부터 손가락까지의 정맥을 살펴보고자 한다.

① **상대정맥**은 주로 머리 · 목 · 가슴, 그리고 양팔의 혈액을 모으는 정맥의 본줄기로, 오른쪽 첫째 늑연골 뒤에서 좌 · 우 완두정맥과 합쳐서 우기관지와 우폐동 · 정맥을 따라 내려와 우심방으로 들어간다.

② **완두정맥**은 좌 · 우 흉쇄관절 뒤에서 내경정맥과 쇄골하정맥이 합쳐진 것으로, 좌 · 우 완두정맥이 합쳐져 상대정맥이 된다.

③ **쇄골하정맥**은 액와정맥의 연속으로서, 쇄골하동맥과 나란히 달리다가 완두정맥이 된다. 쇄골하정맥은 상완정맥과 척측피정맥이 합류하여 된 액와정맥과 요측피정맥으로 구분된다.

④ **손의 정맥**은 얕은 정맥과 깊은 정맥으로 구분된다.

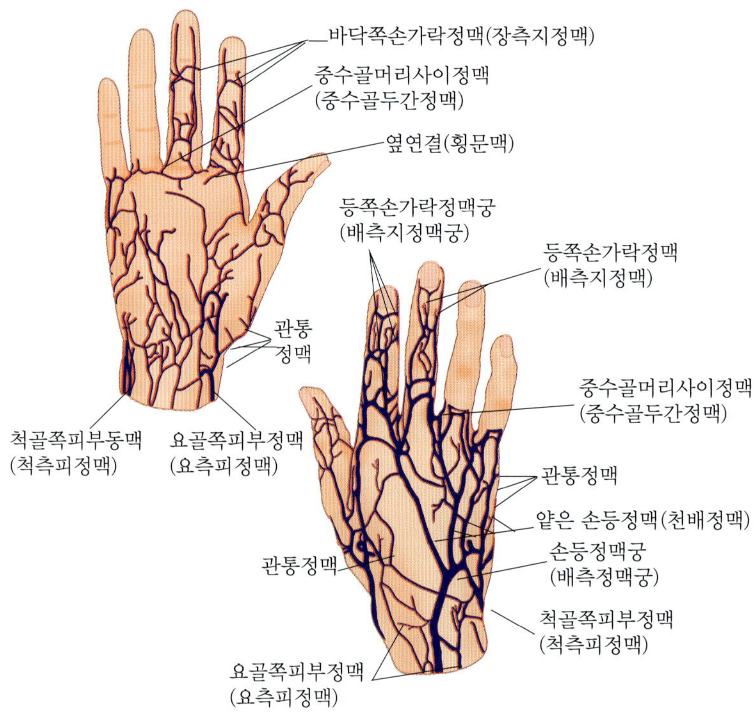

그림 1-12 손의 얕은 정맥

(4) 발의 정맥계

발 양측 하지의 혈액은 발가락정맥 및 발바닥정맥궁에서 시작되어 비골정맥 · 전경골정맥 · 후경골정맥이 되고, 다시 슬와정맥이나 대퇴정맥이 되어 외장골정맥이 되어 좌우의 총장골정맥에 모인다.

이것은 제 4~5요추의 전방에서 좌우가 합류하여 하대정맥이 되고 척추를 따라서 복대동맥의 우측을 상행하여 간장의 후방에서 횡격막을 관통하여 흉강을 통하여 바로 우심방으로 들어간다.

4 손과 발의 신경

신경계통은 중추신경계통과 말초신경계통으로 구성된다. 말초신경계통에는 뇌척수신경과 자율신경이 있는데, 그중 뇌척수신경은 뇌에서 나오는 척수신경으로 구성되어 있다.

척수신경은 척수에서 나가는 말초신경이며 31쌍의 말초신경으로 구성되어 있다. 31개의 척수분절과 이에 일치하는 31쌍의 척수신경이 있으며, 피부에 신경총을 형성하여 온몸에 분포한다.

손의 신경을 이해하기 위해서 말초신경계통 중 척수신경을 중심으로 설명하고자 한다.

(1) 손의 신경

어깨와 상지를 지배하는 중요한 신경은 액와신경, 근피신경, 정중신경, 요골신경, 척골신경이다.

① 겨드랑이(액와)신경

소원근과 삼각근의 운동 및 삼각근 상부에 있는 피부감각을 지배하는 신경이다.

② 근육피부(근피)신경

팔(상완)의 굴근에 대한 운동지배 및 앞팔(전완)의 외측 피부감각을 지배하는 신경이다.

③ 정중신경

앞팔의 굴근과 회내근의 운동을 지배하고 무지구근과 2개의 외측충양근의 운동을 지배하며, 손바닥 외측 1/2의 피부의 감각을 지배하는 신경으로 척측수근굴근 및 깊은 손가락굴근의 척측 1/2은 제외된다.

④ 요골신경

위팔과 앞팔의 신근과 회외근의 운동을 지배하고, 팔과 앞팔, 그리고 손등의 감각을 지배한다.

⑤ 척골신경

앞팔의 척측굴근, 소지굴근, 골간근 및 내측 충양근의 운동을 지배하며, 앞팔 내측피부의 감각을 지배한다.

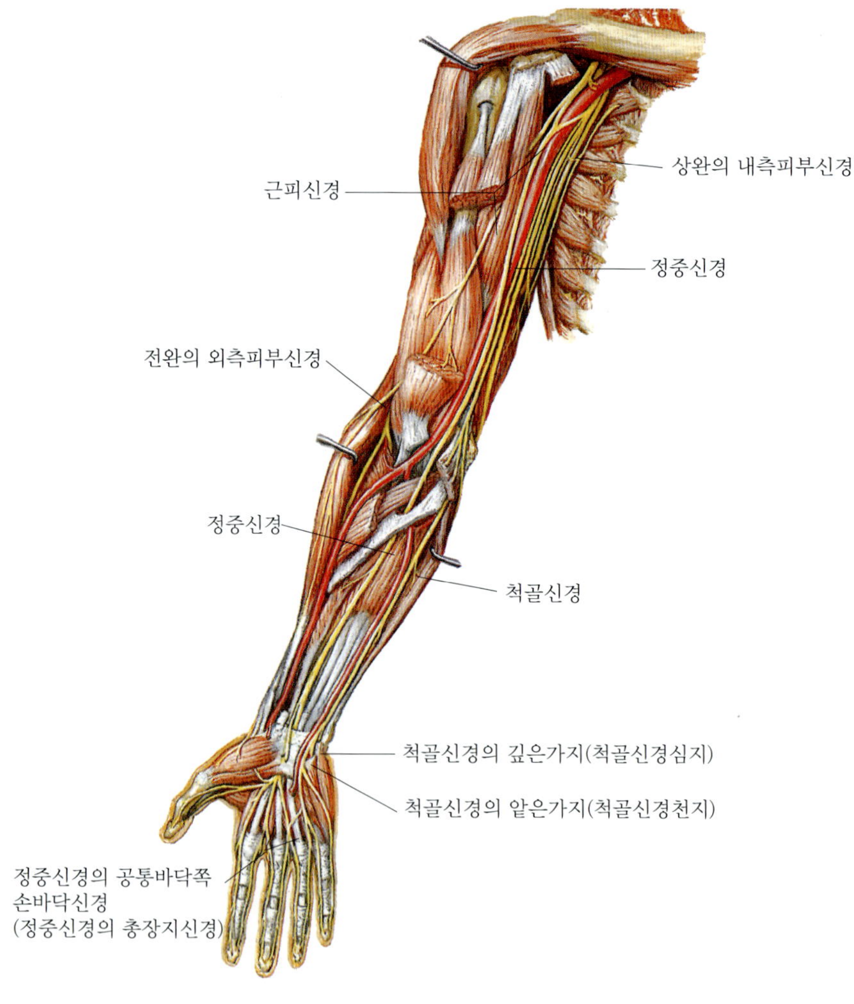

그림 3-13 근육피부신경 정중신경 및 척골신경의 주요 가지

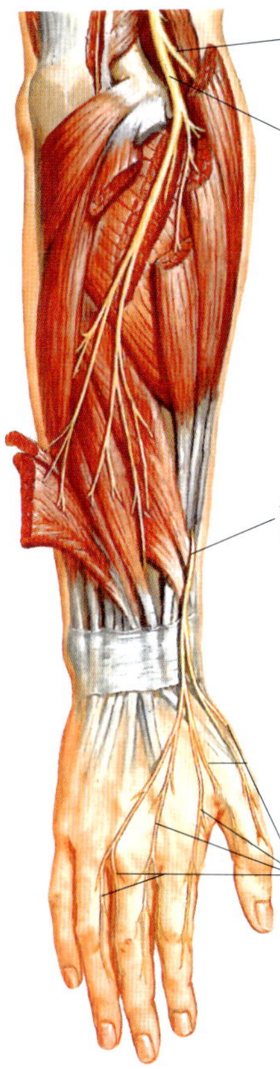

그림 1-14 요골신경의 주요 가지

(2) 발의 신경

둔부와 하지를 지배하는 중요한 신경은 대퇴신경, 복재신경, 좌골신경, 경골신경, 공통비골신경, 깊은 · 얕은비골신경, 외측비복피신경이다.

① 대퇴신경

요근과 장골근의 사이를 내려와서 서혜인대의 하부를 지나 치골와에서 나온다. 골반내에서 부근에 가지를 준 다음, 대퇴사두근 등의 대퇴의 앞쪽의 근에 가지를 주며, 대퇴의 전내측의 피부에 분포하고 일부는 복재신경이 된다.

② 복재신경

하퇴의 내측부터 무릎 아래까지 분포한다.

③ 경골신경, 깊은 · 얕은 비골신경, 외측비복피(외측장딴지 피부)신경

둔부 아래에 위치한 좌골신경은 경골신경과 공통비골신경이 되며, 이 중 비골신경은 깊은 신경과 얕은 신경으로 나뉘어서 내측발신경과 외측발신경이 되어 발등의 내측면의 피하에 분포한다.

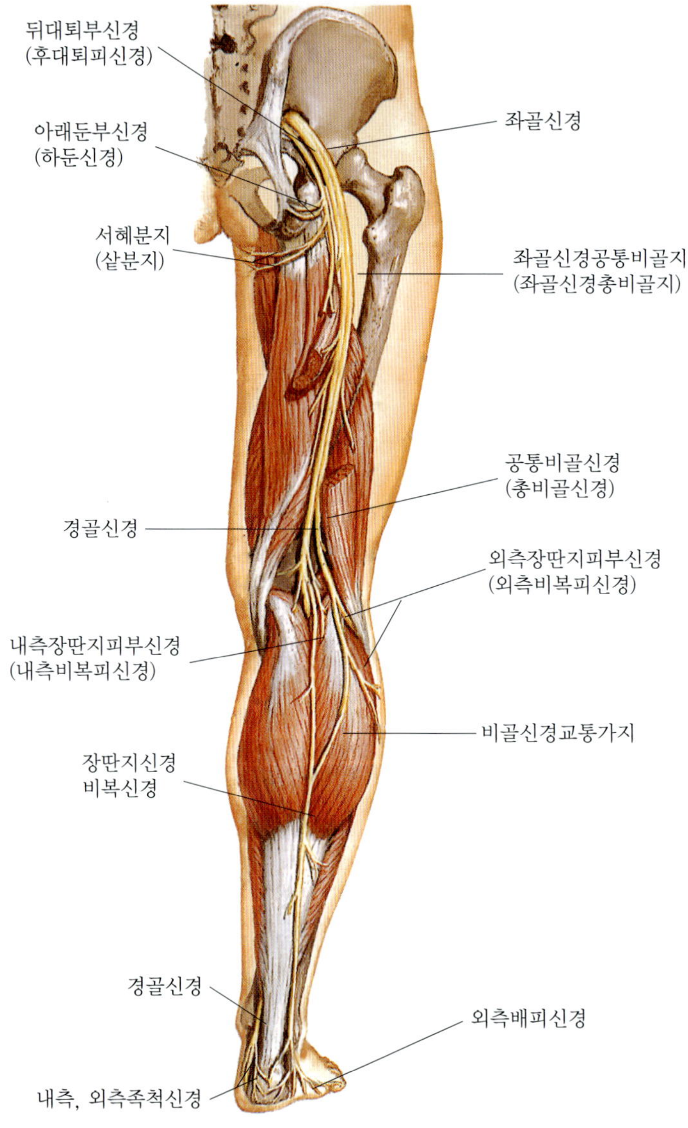

그림 1-15 하지신경의 주요 가지

1-4 손톱의 해부학

손톱의 주성분인 **케라틴(Keratin)**은 인체에서 가장 강한 표피구조물이며, 숨을 쉬거나 휴식을 필요로 하지 않는다. 손톱 문제로 방문한 고객에게 네일 관리와 유지방법에 대해 설명할 때 손톱의 해부구조와 기능에 관해서도 설명할 수 있어야 전문적인 네일리스트가 될 수 있다.

1 손톱의 형성

인간의 손톱은 태아가 자궁에서 형성될 때에 나타나기 시작한다. 임신 8~9주경에 손톱이 형성되는 부위에서 표피의 각질층과 투명층이 반투명의 각질판으로 변하는데, 이것을 '손톱의 태동' 이라고 부른다. 대략 임신 10주 후부터 생장 형성부가 자라서 손가락 끝에 붙는다. 이 시기에 또한 각질화된 조직의 뼈가 평평하게 펴지고 그 주위의 손톱이 앞으로 자라 나간다.

손톱 성장 부위는 임신 12~13주까지는 완성된다. 약 14주에는 손톱 형성 중심접합부로부터 자라 나오는 손톱을 볼 수 있다. 그 이후의 손톱 성장속도는 태아의 성장속도에 영향을 주는 많은 요인들에 달려 있다.

임신 17~20주까지는 완전히 자란 손톱을 볼 수 있다. 태아의 발톱은 손톱보다 약 10일 정도 늦게 생겨난다.

2 손톱의 성장

손톱을 전문적 용어로는 '오닉스(Onyx)' 라고 하는데, 손톱의 케라틴은 피부나 모발의 케라틴보다 딱딱하고 **하루에 약 0.14~0.4 mm 정도** 자라며, 발톱은 손톱보다 천천히 자란다. 손톱이 완전히 자라서 **대체되는 기간은 5~6개월** 정도이다.

성장은 가운뎃손가락 손톱이 가장 빠르고, 엄지손가락이 가장 늦다. 왼손잡이는 왼손의 손톱이 빨리 자라며, 또한 겨울보다 여름에 더 빨리 자란다.

건강한 손톱은 부드럽고 광택이 나며 투명한 핑크색을 띤다. 손톱은 인체의 건강상태를 측정하는 거울과 같은 것으로, 인체의 어느 한 부분이라도 이상이 생기면 손톱이 불완전한 성장을 하여 비정상적이 된다.

손 · 발톱은 손가락과 발가락의 가장 끝의 표면에 있는 단단하고 반투명하며 편평한 사각형을 닮은 판으로, 건강할 때는 약 0.5~0.75 mm의 두께이며, 전 생애 동안 성장한다. 그러나 개체가 사망하면 손 · 발톱의 성장도 정지한다. 사람이 죽은 후에도 2~3일 동안은 손 · 발톱이 자라는 것처럼 보이나, 실제로는 손 · 발톱 주변의 외피가 수축하여 나타나는 현상일 뿐이다.

3 구성성분

케라틴의 주성분인 섬유 단백질은 탄소 51.9%, 산소 22.39%, 질소 16.09%, 황 2.80%, 수소 0.82% 로 구성되어 있으며, 네일 바디(Nail body)에서는 땀이 배설되지 않지만 대략 15~18%의 수분을 함유하고 있다.

4 손톱의 구조와 기능

(1) 손톱

① 네일 바디(Nail body, 조체)

네일 플레이트(Nail plate, 조판)라고도 하며 손가락 끝의 등쪽에 붙어 있고, 여러 층으로 구성되어 있으며 신경이나 혈관은 없다. 손톱의 아랫부분은 약하고 네일 베이스로 갈수록 강해진다.

② 네일 루트(Nail root, 조근)

네일 베이스의 피부 밑에 묻혀 있는 얇고 부드러운 네일 루트는, 새로운 세포가 만들어져 네일의 성장이 시작되는 곳이다.

③ 프리 에지(Free edge, 자유연)

네일의 끝부분으로서 네일 베드가 없이 네일만 자라나는 곳이다.

④ 네일베드(Nail bed, 조상)

네일 밑에 위치하여 네일 바디를 받치고 있으며, 그 밑 부분은 혈관과 신경이 분포하여 네일의 신진대사와 수분 공급의 역할을 한다.

⑤ 네일 매트릭스(Nail matrix, 조모)

네일 루트 밑에 위치하여 네일 각질세포의 생산과 성장을 조절하며 혈관, 신경, 림프관이 분포한다. 네일 매트릭스가 손상을 입게 되면 네일 성장이 저해되므로 특별히 주의해야 한다.

⑥ 루눌라(Lunula, 반월)

완전히 케라틴화되지 않은 네일 바디의 베이스에 있는 유백색의 반달 모양을 일컫는다.

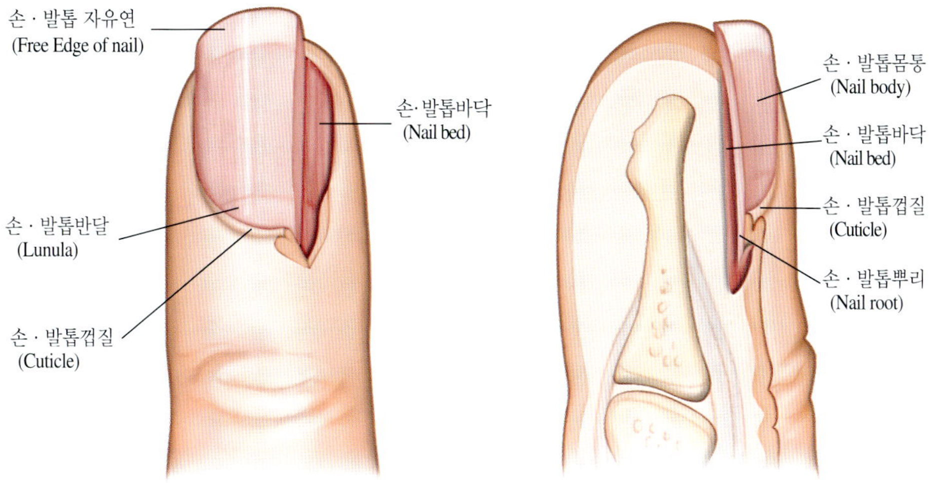

그림 1-16 손톱의 외형

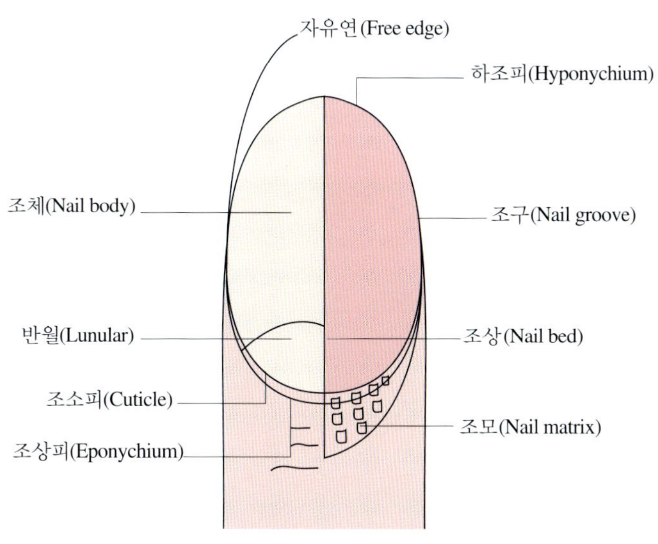

그림 1-17 네일 주위의 피부

(2) 손톱 주위의 피부

① 큐티클(Cuticle, 조소피)

네일의 주위를 덮고 있는 피부를 말한다. 네일 각질세포의 생산과 성장 조절에 관여하며, 혈관 · 신경 · 림프관으로 구성돼 있다. 네일케어에 직접적으로 관련되므로 손상을 입지 않도록 주의해야 한다.

② 네일 폴드(Nail fold, 조주름)

네일 루트가 묻혀 있는 네일의 베이스에 피부가 깊게 접혀 있는 것을 말하며, 네일맨틀이라고도 한다.

③ 네일 그루브(Nail grooves, 조구)

네일 베드의 양측면에 좁게 패인 곳을 말한다.

④ 네일 월(Nail wall, 조벽)

네일 그루브 위에 있는 네일의 양쪽 피부를 말한다.

⑤ 이포니키움(Eponychium, 상조피)

표피의 연장으로 네일의 베이스에 있는 피부의 가는 선을 말하며, 루눌라를 부분적으로 덮고 있다.

⑥ 페리오니키움(Perionychium, 조상연)

네일 전체를 에워싼 피부의 가장자리 부분이다.

⑦ 하이포니키움(hyponychium, 하조피)

프리 에지 밑부분의 피부이다

1-5 손톱의 위생학

네일 아티스트라는 직업은 적절한 위생대책이 세워져 있지 않으면 세균, 바이러스, 진균, 곰팡이 그리고 기생충에 감염될 수 있는 위험한 직업이다. 네일 서비스를 하는 동안 감염될 수 있는 것은 단순한 염증부터 손톱을 잃어 버릴 수도 있는 진균이나 생명을 위협하는 AIDS 바이러스에 이르기까지 다양하다.

1 세균 (Bacteria)

세균은 한 개의 세포로 이루어진 미생물로 너무 작아 현미경으로만 볼 수 있다. 1,500개가 모여야 겨우 핀 끝만한 크기로 보일 정도이다. 세균은 단 1g의 오물 속에 25억 마리가 포함되어 있을 정도로 이 지구상에서 가장 많은 유기체이다.

지구상에는 15,000종류의 세균이 있는 것으로 알려져 있으며, 거의 모든 곳에 존재한다.

또한 세균은 굉장히 빠른 속도로 번식하는데, 한 개의 세균이 16,000,000마리로 번식하는 데 걸리는 시간은 반나절에 불과하다.

세균은 물, 공기, 먼지, 리넨천 그리고 썩어가는 물건에서 발견될 뿐만 아니라, 몸의 피부, 몸의 분비물, 옷, 매니큐어 테이블, 소도구, 그리고 네일 밑에도 있다.

(1) 세균의 종류

세균은 유해한 것과 유익한 것, 두 가지의 형태로 구분된다.

① 비병원성 세균

인체에 해를 끼치지 않으며 때로는 오히려 유익한 세균이다. 세균의 약 70%는 비병원성 세균이다. 이 세균들은 죽은 것에 서식하여 부패시키거나 분해시키는 중요한 역할을 한다.

비병원성 세균은 음식물이나 산소를 생산하는 데 도움이 되며, 또한 토양을 기름지게 만드는 비료의 합성물에 사용된다. 인간에게는 입과 장기 안에 가장 많이 있으며 음식물을 분해시켜 소화작용을 돕는 역할을 한다.

② 병원성 세균

아주 유해한 세균들이다. 비록 병원성 세균은 전체의 30%에 불과하지만 이들은 인간을 위협하는 감염과 질병의 가장 큰 원인이 된다.

이들은 살아 있는 식물이나 동물의 조직에 침입하여 서식하고 신속히 번식할 뿐 아니라, 침입한 조직 속에서 독소나 유해물질을 발생시켜서 질병을 확산시킨다.

▶ 구균(Cocci)

둥근 모양을 하고 있으며 염증을 야기시키는 균으로, 단독 혹은 집단으로 나타날 수 있다.

- 포도상 구균(Staphylococci) : 무리를 지어 서식하며, 주로 국소적인 감염을 일으킨다.
- 연쇄상 구균(Streptococci) : 체인식으로 서식하며, 온몸에 퍼져서 패혈증이나 류머티스 열을 일으킨다.
- 쌍구균(Diplococci) : 두 개의 쌍으로 서식하며, 폐렴 등을 발생시킨다.

▶ 간균(Bacilli)

가장 흔한 것으로 어린 나뭇가지 모양을 하고 있으며, 파상풍 · 인플루엔자 · 장티푸스 · 폐결핵 및 디프테리아 같은 질병을 유발한다.

▶ 나선균(Spirilla)

나선 형태의 세균으로 나선 또는 코르크스크류 모양을 하고 있다. 특히, 트레포네마는 매독을 유발시킨다.

(2) 세균의 성장과 번식

세균은 따뜻하고 어둡고 습기가 많은 곳에서 성장 · 번식한다. 매니큐어 서랍 속의 위생처리가 안 된 소도구는 세균이 번식하기에 가장 좋은 곳이다. 세균은 영양을 섭취함에 따라 일정한 크기로 급속히 성장한다. 완전히 성장하게 되면 똑같은 2개의 세포로 나누어진다. 이러한 분열현상을 유사분열(Mitosis)이라고 한다.

이 세포들은 계속 성장하여 다시 분열함으로써 4개의 세포가 된다. 한 개의 세균은 12시간 이내에 1천 6백만 개까지 늘어날 수 있다.

세균은 성장과 번식에 적절하지 못한 조건이면 아포(Spore)라고 하는 딱딱한 껍데기를 형성해 휴식상태에 들어간다. 파상풍 같은 세균의 아포는 먼지 속에서 날아다니게 되고, 소독이나 열 또는 추위로 인해 사람에게 즉시 해를 끼치지는 못하나 일정한 조건에 도달하면 다시 성장과 번식을 시작한다.

2 바이러스 (Virus)

바이러스는 병원성 균으로 세균보다 몇 배나 작고, 살아있는 건강한 세포에서 번식하면서 때로는 감염을 야기시킬 수 있다. 간염 · 수두 · 인플루엔자 · 홍역 · 유행성 이하선염 그리고 감기는 바이러스에 의한 감염이며, 감염된 사람과 우연히 접촉하거나 환자의 재채기 혹은 기침에 의해서도 전염될 수 있다.

▶ 후천성 면역 결핍증(AIDS : Acquired Immuno-Deficiency Syndrome)

AIDS는 HIV(Human Immunodeficiency Virus)라는 바이러스에 의해 유발되며 인체에 침입하면 면역계를 파괴하게 된다. 이 병은 감염된 상태에서 10년까지 잠복할 수 있으나 결국은 2년에서 10년 사이에 치명적인 피해를 줄 수 있을 정도로 완전히 성장한다.

대부분의 바이러스와는 달리, HIV는 감염된 사람과의 접촉, 즉 재채기나 기침 등으로는 전염되지 않지만 육체적 유동체인 정액이나 혈액 등으로 다른 사람에게 옮겨지게 된다.

AIDS가 전염되는 가장 보편적인 방법은 감염된 사람과의 육체관계, 마약을 맞을 때의 정맥 주삿바늘, 감염된 혈액의 수혈 등이다. AIDS는 모체로부터 아이에게 임신 중이나 출산 시에 전염되며 살롱에서 위생처리되지 않은 매니큐어 소도구를 통해서 옮을 수도 있다.

만약 AIDS에 감염된 사람의 큐티클을 제거할 때 큐티클 니퍼로 혈액이 옮겨온 사실을 모르고 그것을 다른 고객에게 시술한다면 AIDS의 혈액이 다른 사람에게 옮겨간다.

3 진균 (Fungi)과 몰드 (Mold)

진균은 피부사상균 등을 포함한 단순 기생물을 말한다. 진균 감염증은 표재성 진균증, 피하성 진균증 및 심재성 진균증으로 구분된다. 그중에서 피부 · 모발 · 손톱에 감염을 일으키는 표재성 진균감염증은 흔히 만성으로 진행되며, 치료에 저항성이 있지만, 환자의 건강에는 별로 영향을 주지 않는다.

표재성 진균증은 각화조직(피부, 모발, 손톱, 발톱)에만 감염되며, 심부조직에는 침범하지 않는 진균이 원인체이다. 이 진균들 중에서 가장 중요한 것은 피부사상균이다.

피부사상균은 표피균속, 소포자균속, 백선균속으로 분리되며, 서로 밀접한 연관을 가지고 있다.

네일 살롱에서는 네일 진균증과 네일 몰드가 있다. 둘 다 전염성이 있기 때문에 고객의 네일에서 네일로 또는 고객의 네일에서 네일 아티스트에게로 퍼져 나가기도 한다.

네일 진균증과 네일 몰드에 감염된 고객에게 네일 서비스를 해서는 안 된다. 만일 고객이 자기의 네일을 노출하고자 그 위에 덮인 인조 손톱을 제거해 주기를 원한다면 고객이 스스로 손톱을 제거한 다음에 고객을 방문하기를 권한다. 인조손톱 제거 작업 중에는 반드시 장갑을 껴야 하며 제품의 설명서를 따라야 한다.

인조 손톱을 제거한 후 오렌지 우드스틱이나 기타 작업에 사용된 제품들은 즉시 버리고, 작업 전후에는 모든 소도구와 리넨들을 반드시 위생적으로 처리하여야 한다.

4 기생충 (Parasite)

기생충은 다세포의 동물성 혹은 식물성 기생균이다. 이들은 살아있는 생명체에 기생하면서 그 주체에게는 아무런 이익을 주지 못한다. 대개가 내부 기생충이지만 곤충이 대부분인 절지동물의 경우는 외부 기생충에 속한다.

기생충 중에는 일생을 통하여 한 곳에서 기생하는 것과 일시적으로만 기생하는 것이 있으며, 후자는 다시 기생 시기에 따라 유생기생, 성충기생으로 나뉜다. 어느 경우에는 기생충과 숙주의 관계가 한정되며, 한 종류에만 한정된 것부터 비교적 여러 종류의 것에 기생하는 것까지 다양하지만, 대개는 일정한 기호에 의해 결정된다. 또, 일생 중에 몇 번이고 중간숙주를 바꾸는 것도 있고, 변태나 유생생식 등 극히 복잡한 생활사를 가지는 것도 있다.

5 리케차 (Rickettsia)

리케차는 세균보다는 훨씬 작고 바이러스보다는 큰 조직이다. 이들은 발진티푸스와 록키산 반점열병을 발생시킨다. 벼룩, 진드기, 이 등이 리케차를 가지고 있다.

리케차라는 이름은 이 병원체를 연구하던 중에 이것에 감염되어 쓰러진 미국의 병리학자 H.T. 리케츠(1871~1910)에서 유래한다.

1-6 네일 살롱의 안전과 위생

위생은 공중보건과 질병을 예방하고 고객과 네일리스트의 건강을 지키는 데 매우 중요하다. 고객을 관리하는 모든 과정과 살롱의 설비 및 도구를 위생적으로 취급하지 않을 경우, 네일리스트와 고객은 감염의 위험에 노출될 수 있다.

특히 무좀, 헤르페스, B · C형 감염, AIDS 등 외적으로 증상이 나타나지 않는 질병의 경우에는 확인이 어려우므로 살롱의 도구나 기구들을 철저하게 소독하거나 멸균 처리하여 사용하는 각별한 주의가 필요하다.

1 소독 (Disinfection)의 개념

감염의 원인이 되는 병원체 미생물을 제압하거나 사멸시키는 것이다.

① **소독** : 물리적 · 화학적 방법으로 미생물의 감염능력을 제압하여 약화시키는 것이다. 소독은 살균력이 약하여서 세균의 포자는 죽이지 못한다.

② **살균** : 물리적 · 화학적 방법으로 병원체나 비병원균을 사멸시키는 것이다.

③ **멸균** : 병원성 및 비병원성 미생물과 진균 등 모든 균을 완전히 사멸시키는 것이다.

2 소독방법

(1) 물리적 소독법

① 건열소독

300~320℃ 정도의 강한 열과 불을 이용하여 살균한다.

- **소각소독법** : 휴지, 쓰레기와 의류 등 전염의 우려가 있는 물건을 불에 태우는 살균법이다.
- **건열멸균법** : 건열 멸균기를 사용한 소독으로 160~170℃ 정도에서 1~2 시간 건열로 미생물과 포자를 산화시켜서 완전하게 살균하는 방법이다. 유리기구, 주사기, 금속, 도자기류 등의 소독에 사용한다.

- **화염멸균법** : 소독하고자 하는 대상을 직접 불꽃에 접촉시켜서 표면에 있는 미생물을 태워 없애는 소독법으로, 알코올 램프와 천연가스 램프 등이 사용된다.

② 습열소독

물에 끓이는 방법과 증기를 가열하여 소독하는 방법이다.

- **저온살균법**(Pasteurisation) : 우유, 포도주, 말린 과일 등의 부패방지를 위하여 62~65℃에서 30분 동안 또는 75℃에서 15분 동안 가열하여 아포를 형성하지 않는 세균을 영양가나 맛을 유지하면서 살균하는 방법이다. 프랑스 세균학자 루이 파스퇴르가 포도주 부패를 방지할 목적으로 고안해 낸 살균법으로, 결핵균이나 살모넬라균의 감염 예방을 목적으로 많이 이용된다.
- **자비소독법**(Boilling disingection) : 100℃의 물에 약 10~15분간 끓여서 포자를 형성하지 않는 세균을 사멸시키는 방법이다. 가장 간편한 방법이지만 완전한 멸균처리는 되지 않는다.
- **고압증기멸균법**(Sterilization by high pressure steam autoclaving) : 병원과 실험실에서 많이 사용되는 멸균법으로 고압솥에서 121℃로 15~20분 정도 가열한다. 포자까지 완전히 사멸되어 멸균되는 이 소독법은 주사기 · 수술기구 · 거즈 · 의류 등의 소독에 사용된다.

③ 자외선 소독(Ultraviolet)

자외선 중 260~280 nm의 파장이 가장 살균력이 강하며, 기구와 장비들을 먼저 비누와 물로 깨끗이 씻은 후, 자외선 살균소독기에 넣어 20분간 소독하는 방법이다. 전통적인 방법으로 햇빛에 쬐여 소독을 할 수도 있지만, 이 경우 자외선의 침투력이 약해서 햇빛에 직접 닿지 않는 부분은 살균이 되지 않는다.

(2) 화학적 소독법

일반적으로 소독을 목적으로 사용하고 있는 화학약품을 소독약이라고 한다. 이러한 화학적 약품으로 소독하는 방법은 병원성의 아포까지 사멸시키지 못하므로 병원 미생물을 죽이거나 성장을 억제시키기 위한 목적으로 이용된다. 기도가 손상될 수 있으므로 숨쉴 때 호흡기를 통해 들어가지 않도록 하고, 피부가 자극될 수 있으므로 닿지 않도록 한다.

① 화학소독제 종류

- 요오드(Iodine) : 일반적으로 사용하는 요오드 용액은 세포의 단백질을 분리하여 파괴하는 작용을 하므로, 주로 에탄올에 요오드 2%를 녹인 용액을 상처소독에 사용한다. 살균력이 강하지만 피부 자극을 유발하고 금속을 부식시키므로 주의해야 한다.

- 알코올(Alcohol) : 살균제로 이용되는 것은 에탄올과 이소프로타놀이다. 기구소독에는 70%, 손이나 피부 소독에는 60%의 용액이 주로 사용된다. 30~70% 수용액의 살균력이 강하다. 알코올은 단백질을 변성 용해시킴으로써 살균한다.

- 석탄산수(Phenol) : 인체 소독에는 거의 사용하지 않으며, 독성이 강하므로 사용 시 용액제를 쓴다. 보통 3~5%의 수용액을 세면대, 바닥, 실험대, 용구 등의 소독에 사용한다.

- 승홍수(Sublimatum) : 물에 1,000~5,000배 정도로 희석한 살균제로 독성이 매우 강하다. 0.1~0.5% 용액으로도 세균과 아포를 사멸시키므로, 살균력이 탁월하다고 할 수 있으나, 금속을 부식시키기 때문에 금속기구 소독에는 부적합하다.

- 크레졸(Cresol) 용액 : 일반 병원균은 0.3~0.6%의 크레졸 용액에서 10분 이내에 살균되므로 일반세균의 소독에 적합하지만 포자균 바이러스 소독에는 적합하지 않다. 손, 피부, 의류, 고무제품, 금속 등을 소독할 때 1% 용액을 사용한다. 그러나 손상된 피부 소독에는 사용을 금한다.

- 포름알데히드(Formaldehyde) : 금속, 고무, 플라스틱 등의 기구 및 용품을 소독할 경우에 1~2% 용액이 사용되나 자극과 독성이 강하므로 사용 시 주의를 요한다.

- 중금속 소독제 : 수은 · 은 · 동 등의 이온은 단백질과 결합하는 특성을 가지고 있으므로 염류 상태의 높은 농도에서 단백질 응고 및 조직에 상해 작용을 입힌다. 은용약은 천연 항생물질로, 무독성이며 인체에 부작용이 없으므로 널리 사용되고 있다.

- 염소 살균제 : 염소 살균제는 바이러스, 세균, 항상성균, 사상균, 포자, 원충류 등과 같은 미생물을 살균시키는 데 매우 유효하다. 염소 살균제는 강한 살균력을 가지고 있다.

기구 · 손 · 식수 · 수영장 · 그릇 · 전염병 등의 소독에 사용되며, 독성이 적고 값이 저렴하지만 금속을 부식시키고 피부를 자극하는 단점이 있다.

② 방부제

- **옥도정기** : 2% 용액은 조그만 상처나 베인 곳을 소독할 때 사용한다. 상처 부위에 발랐을 때 약간의 통증이 느껴진다.
- **머티올레이트** : 살균 · 방부제로서 1% 용액이 옥도정기와 같은 용도로 사용된다. 상처 부위에 발랐을 때 통증은 없다.
- **붕산** : 눈을 씻을 때에 5% 용액이 사용된다. 눈을 보호하기 위해 용액을 충분히 탈지면에 적셔서 사용한다.
- **과산화수소** : 3% 용액을 탈지면에 적셔서 구멍이나 긁힌 상처에 바른다.
- **클로라젠** : 정제나 파우더 형태로 이용할 수 있지만 일반적으로 1% 용액을 사용한다. 감염 부위나 손을 세척하는 데 사용한다.
- **포르말린** : 기본 농도는 40%로 작업장, 타월, 캐비닛 등의 청소에 주로 사용한다. 20% 용액은 도구 소독에 쓰이며 글리세린을 첨가하지 않으면 도구가 녹슨다. 5% 용액은 손을 세척할 때 사용한다.
- **위치해젤** : 14% 알코올로 된 용액은 피부를 세척하거나 눈썹을 제모하는 경우에 사용한다. 피부관리 또는 면도 후에 주로 사용한다.
- **알코올** : 70%는 살균제로 사용하고 60%는 손이나 피부를 소독할 때 방부제로 사용한다.
- **머큐로크롬** : 2% 용액을 가벼운 상처 또는 찔린 상처에 사용한다.

3 이상적인 소독제의 특징

- 응축된 소독제는 물에 잘 용해되어야 한다.
- 소독의 효과는 짧은 시간 내에 확실하게 이루어져야 한다.
- 인체에 독성이 없고 자극성이 적어야 한다.
- 화학적으로 분해되기 어려운 유기화합물이나 금속성에도 살균효과가 탁월해야 한다.
- 부식성과 표백성이 없어야 한다.

- 사용법이 용이하고 값이 저렴해야 한다.
- 무취 또는 냄새가 나더라도 불쾌감을 주지 않아야 한다.
- 유기물질, 비누, 세제 물의 경도 등에 의하여 소독 효과가 변화되거나 저하되지 않는 안전성이 있어야 한다.
- 살균력과 석탄산 계수가 높아야 한다.

4 화학제품에 노출되었을 때의 이상증상

- 가벼운 두통
- 불면증
- 콧물이 흐른다.
- 목이 마르고 쓰며 갈증이 난다.
- 눈물이 난다.
- 발가락이 따끔거린다.
- 피곤함을 느낀다(만성피로).
- 피부나 눈이 충혈된다.
- 호흡장애를 일으킨다.
- 몸이 나른해진다.

5 소독기의 종류

네일 관리가 끝나면 기구들은 비누와 물로 깨끗이 씻은 후, 기구로 인하여 병원균에 감염되지 않도록 항상 청결하게 소독하여야 한다. 기구가 변형되거나 손상되지 않도록 소독기 사용법과 특징을 확실하게 파악하여 소독해야 한다.

(1) 알코올 소독기

손과 발 소독, 특히 주사 시의 피부소독에 많이 사용되나 소독력이 약하여 아포를 죽이는 효과가 없다. 알코올이 들어 있는 용기에 기구를 담가두는 것이다.

(2) 자외선 소독기

네일 관리 후 기구를 약품에 소독한 후 물기를 깨끗이 닦아 낸 다음에 다시 자외선 살균기에 넣어서 소독한다. 미용 분야에서 많이 사용하고 있다.

(3) 건열 멸균기

멸균기 안에 기구를 넣은 후 180~200℃의 온도에 맞추어 약 30분 정도 공기로 열을 가해서 소독한다. 멸균기 바깥 부분에 온도조절 장치와 온도계가 장착되어 있다.

(4) 고압증기 멸균기

고압증기 멸균기에 소독기구를 넣은 120℃에서 20분 정도, 134℃에서 5분 정도 소독한다. 이때 중탄산나트륨(소다)를 약 0.5% 섞으면 효과가 더욱 커진다.

(5) 크리스탈 멸균기

멸균기 안에 크리스탈을 집어 넣고 약 220~240℃ 정도 가열시켜 기구를 소독한다. 크리스탈은 약 15~20분 정도 경과하면 가열되고 계속적으로 반복 사용할 수 있는 것이 장점이다.

높은 온도에서 소독을 하기 때문에 멸균기 안에 기구를 너무 오래 담가두면 손상될 우려가 있으므로 재질이 약한 기구를 5초 이상 담가두는 것을 삼가고, 금속성 기구일 경우에는 20~25초 정도 담가 둔다.

1-7 네일 살롱의 위생

박테리아는 습기가 있고 따뜻하며 영양분이 많은 환경에서 증식한다. 박테리아는 네일 살롱에서 비위생적인 면제품을 사용하거나 비위생적인 네일 도구 등을 사용할 때 다른 사람에게 감염될 수 있다. 또 다른 매개물로는 공기, 먼지, 호흡과 파리 등이 있다.

네일을 관리할 때 사용하는 용구의 비위생적인 상태는 관리사가 고객에게 상처를 입힌 경우에 세균 감염이라는 결과를 초래한다. 예를 들어, 조소피 니퍼로 지나치게 조소피를 잘라내어 조상막 주위에 자극이 발생하거나 출혈이 나타나는 경우에는 세균의 감염으로 염증이 유발되며, 또한 조기질의 상처로 인하여 손톱이 빠지거나 이차적인 손톱의 변형 등 여러 가지 문제가 발생되기도 한다.

세균은 먼지 · 공기 · 물 · 손톱 그리고 상처 부위에 서식하며, 감염은 주로 피부 접촉을 통하여 발생한다. 네일 살롱은 여러 사람이 방문하여 관리를 받는 곳이므로 위생에 대하여 각별히 신경을 쓰고 철저하게 관리하여야 한다.

1 살롱의 내부

(1) 벽 · 천장 · 바닥 · 작업장 · 서랍 · 캐비닛 등에 먼지가 없어야 하고, 세척할 수 있는 재질이어야 한다.
(2) 작업장은 조도가 높고, 온 · 냉방시설이 구비되어 따뜻하면서도 환기가 잘 되어야 한다.
(3) 온수와 냉수가 충분히 공급되어야 한다.
(4) 모든 배관시설은 올바르게 설치되어 있어야 한다.
(5) 모든 전기배선과 도구들은 적절하게 설치되고 배치되어 있어야 한다.
(6) 냉 · 온 음료시설과 종이컵이 제공되어야 한다.
(7) 화장실에는 온수와 냉수, 액상비누, 종이타월 등을 갖추고 있어야 한다.
(8) 개, 고양이, 새와 같은 동물이 살롱 내에 들어와서는 안 된다.

2 도구 및 기구 소독

작업대는 시술 전에 70% 알코올이나 소독제로 깨끗이 닦고, 물품을 준비할 때는 제품의 용기 외부를 깨끗이 닦는다.

(1) 모든 도구나 기자재들은 사용 후에 매번 소독처리를 하고 필요한 경우에는 멸균처리한다.

(2) 1회용 도구들은 재사용하지 않는다.

(3) 파일은 한 고객에게만 사용한다. 비닐봉지나 개인 소지품 서랍장에 보관 후 고객의 이름을 붙여서 재사용할 수 있도록 한다.

(4) 깨끗한 도구를 보관하는 곳에 더러운 도구를 함께 두지 않는다.

(5) 전기제품은 청결한 상태를 유지하며, 사용하지 않을 때는 덮개를 덮어둔다.

(6) 온장고나 자외선 소독기는 사용하지 않을 때는 전기코드를 뺀 후 내부 및 자외선 전구를 깨끗이 닦고 문을 열어둔다.

(7) 더러워진 도구는 사용 후에 즉시 버리고 바닥에 떨어진 도구는 반드시 소독한 후에 사용한다.

(8) 니퍼 · 메탈 푸셔 · 랩 가위 등은 사용 후 70% 알코올에 20분 동안 담갔다가 흐르는 물에 헹구어 마른 수건으로 닦은 후 다시 자외선 소독기에 넣어 두었다가 사용한다.

(9) 핑거볼은 가능한 한 일회용을 사용하고, 그렇지 않은 경우에는 반드시 소독처리과정을 거쳐야 한다.

(10) 리넨과 타월 등은 1회용으로만 사용하고 소독 세탁한다.

(11) 폐기용품은 뚜껑이 있는 쓰레기통에 담는다.

(12) 크림이나 연고 등은 스파출라를 사용해 용기에 덜어서 사용한다.

(13) 로션과 용액은 전용 용기에 담고, 탈지면 등을 이용해서 고객에게 사용한다.

3 네일리스트의 위생관리

전문 네일리스트는 자신과 고객을 감염으로부터 보호할 책임이 있으므로 다음과 같이 감염에 대해 대처한다.

(1) 적절한 소독 절차에 대해 정확히 배우고 이를 시행해야 한다.

(2) 전염 가능성이 있거나 감염이 된 상태에서는 시술하지 않는다(심한 감기, 인플루엔자, 수두환자, 전염성 보균 상태 등).

(3) 상처가 있는 경우에는 절대 시술하지 말고 전문의를 방문하도록 한다.

(4) 청결한 유니폼을 입고, 항상 손을 청결하게 한다.

(5) 화학 물질을 사용하고 혼합할 때에는 사용설명서에 명시된 지시에 따른다.

(6) 화학물질을 사용하는 동안 피부 또는 눈을 만지지 않는다.
(7) 흘린 화학 제품은 즉시 닦아 낸다.
(8) 화학물질 사용 후 항상 손을 깨끗이 씻는다.
(9) 모든 용기에 내용물에 대한 표기를 하며, 라벨이 표기되지 않은 내용물은 사용하지 않는다.

4 감염예방 방법

네일리스트는 자신과 고객을 감염으로부터 안전하게 보호하려면 다음 사항들을 준수한다.

(1) 적절한 위생 절차를 익히고, 이를 꼭 준수하도록 한다. 위생을 소홀히 하면 자신은 물론이고 고객도 쉽게 감염될 수 있다.
(2) 네일 서비스를 할 때 상처를 내지 않도록 항상 조심해야 한다.
(3) 시술 전 · 후에 70% 알코올이나 소독용액으로 시술자와 고객의 손을 닦는다.
(4) 모든 타월이나 리넨은 뜨거운 물로 세탁하고 통풍이 잘 되는 햇볕에 완전히 말려서 사용한다.
(5) B형 감염의 항체가 없는 경우, 미리 예방접종을 하여 면역을 키우도록 한다.
(6) 에나멜이나 아크릴릭 파우더의 냄새뿐만 아니라 팁을 갈 때 생기는 분진과 먼지가 많으므로 환기는 매우 중요하다.
(7) 매니큐어링 테이블에는 그릇 · 기구 · 재료 등을 사전에 준비하고 시술이 끝나면 다음 고객을 위한 준비를 해 둔다.
(8) 음식은 시술장소와 분리된 곳에 보관하고 시술장소에서는 음식물을 먹지 않도록 한다.
(9) 시술 전 · 후에는 언제나 손을 항균비누로 깨끗이 닦고 화장실을 다녀온 후나 식사 후에도 반드시 청결히 한다.
(10) 응급처치를 위한 구급용품을 네일 살롱 내에 준비한다.
(11) 응급사태를 대비해 가까운 종합병원 응급실 전화번호 등을 비치해 둔다.
(12) 모든 살균 · 소독제는 통풍이 잘 되고 건조한 장소에 보관한다.
(13) 모든 제품은 완전히 밀폐하여 보관한다.

5 위생처리 절차

(1) 소도구를 비누나 더운 물로 세척한다.
(2) 소도구를 비눗물의 흔적이 없이 잘 헹군 다음, 소독한 수건으로 물기를 잘 닦아둔다.
(3) 고객이 방문하기 전에 소독제가 든 습식 위생기 속에 도구를 담가서 완전히 위생처리를 끝낸다.
(4) 박테리아 살균비누로 손을 깨끗이 닦고 말린다.
(5) 소도구를 습식 위생기에서 꺼내 물에 헹군 다음 깨끗한 수건으로 물기를 닦는다.
(6) 위생 처리된 소도구는 밀봉된 용기나 캐비닛 속에 사용할 때까지 보관한다.
(7) 매니큐어 테이블을 소독용제로 닦는다.
(8) 오렌지 우드스틱이나 면봉 등의 소모품은 1회용으로 사용하고 한 번 사용한 것은 폐기한다.
(9) 일과가 끝나면 작업장, 도구, 기구들을 소독 · 살균한 다음 사용을 위해 위생처리된 곳에 안전하게 보관한다.

6 질병의 주 오염원

질병전염의 주 오염원은 다음과 같으므로 이에 대한 위생 관리가 필요하다.

(1) 손, 손톱, 발, 발톱 등의 질환에 감염된 고객을 시술하게 되면 시술자 자신도 감염 위험에 처하게 된다. 인조 네일을 서비스할 때, 네일 팁과 자연 네일 사이에 병원균이 생길 수도 있기 때문이다.
(2) 고객과 종업원의 기침, 코막힘, 콧물 증상은 박테리아나 바이러스 등 감염원이 된다.
(3) 개방된 상처를 통해 다른 사람에게로 감염된 삼출액의 병원균을 옮길 수 있다.
(4) 병원균은 의자, 전화, 테이블, 타월, 병, 브러시 등 실내 공기에 노출된 네일 살롱 내의 모든 물건에 존재한다.
(5) 니퍼, 파일, 각탕기, 작업대, 싱크대, 세탁장, 배수구, 쓰레기, 수건 등 모든 것이 오염원이 될 수 있다.
(6) 냉 · 난방기, 가습기, 제습기도 깨끗하게 청소가 안 되어 있을 경우에는 오염원이 될 수 있다.

7 네일 살롱의 안전

(1) 솔벤트나 프라이머가 눈에 들어가면 심각한 부상을 입게 되므로 특별히 조심한다.
(2) 파일링할 때 생기는 먼지나 아크릴 제품, 솔벤트, 프라이머 등에서 발산되는 기체를 호흡하면 건강에 좋지 않다.
(3) 네일 폴리시나 폴리시 리무버는 화염의 위험성이 있다.
(4) 에칭 프라이머와 아크릴 리퀴드는 피부를 심하게 부식시킨다.
(5) 글루, 젤, 아크릴 리퀴드 그리고 솔벤트는 피부를 건조하게 하여 균열현상이 나타나거나 각질이 벗겨진다.

8 화학물질로부터 자신과 고객을 보호하는 방법

(1) 통풍이 잘 되는 작업장에서 작업한다.
(2) 화학물질이 공중에 분산되지 않도록 한다.
(3) 화학물질이 피부에 닿지 않도록 한다.
(4) 파일링할 때는 먼지 흡입 방지를 위하여 마스크를 착용하는 것이 좋다.
(5) 보호 안경을 착용할 것을 권하며 자신도 착용한다.
(6) 콘텍트 렌즈 착용을 가급적 피하도록 한다.
(7) 인화의 위험이 있으므로 담배를 피워선 안 된다.
(8) 음식을 먹기 전에 반드시 손을 깨끗이 씻도록 한다.
(9) 모든 재료는 폭발이나 인화의 위험이 있으므로 건조하고 차가운 곳에 보관한다.
(10) 공기오염의 원인이 되는 쓰레기통은 자주 비우도록 한다.
(11) 모든 재료의 뚜껑은 꼭 닫아서 보관한다.
(12) 사고에 대비해야 한다.

1-8 손톱에 나타나는 장애와 질병

네일리스트는 비정상적인 손톱에 대해서 알고 인지하고 있어야 하며, 손톱을 시술해도 되는지 여부는 의사의 처방을 참고하여 결정할 수 있어야 한다. 손톱의 장애와 이상은 치료해야 할 비정상적인 상태이지만 모두 다 전염성이 있는 것은 아니다. 질병이 있는 손톱에는 절대로 시술이 행해져서는 안 된다.

1 시술 가능한 손톱의 장애

비정상적인 장애들은 대부분 그 명칭이 그리스어로 되어 있다. 'Onycho' 는 네일에 관련된 것을 의미하고 대부분의 용어에서 접두어와 어미로 사용된다.

(1) 위축된 네일(Onychatrophia, 오니카트로피아)

위축된 네일은 'Onych' 는 네일, 'Atrophia' 는 영양부족을 의미하므로 네일의 위축을 의미한다. 네일이 윤기가 없고 전체적으로 색이 어둡다. 독성이 강한 비누나 화학제품으로 인한 상처 등에 의해 발생할 수 있다.

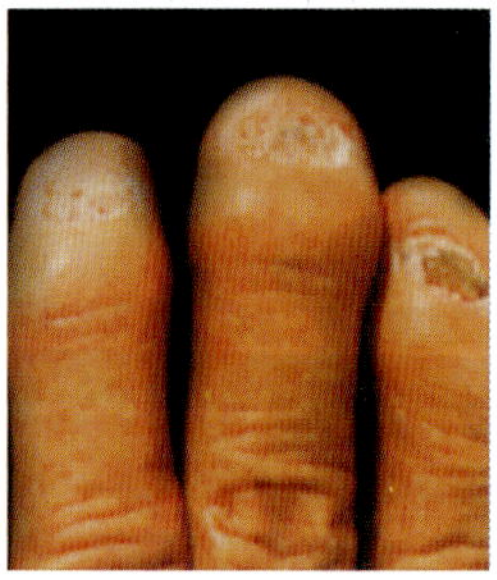
그림 1-18 위축된 네일

(2) 물어뜯은 네일교조증(Onychophagy, 오니코파지)

습관성이나 스트레스로 손톱을 물어뜯을 때 발생한다. 이런 경우에 인조 네일을 하면 나쁜 습관을 없애는 데 도움이 된다.

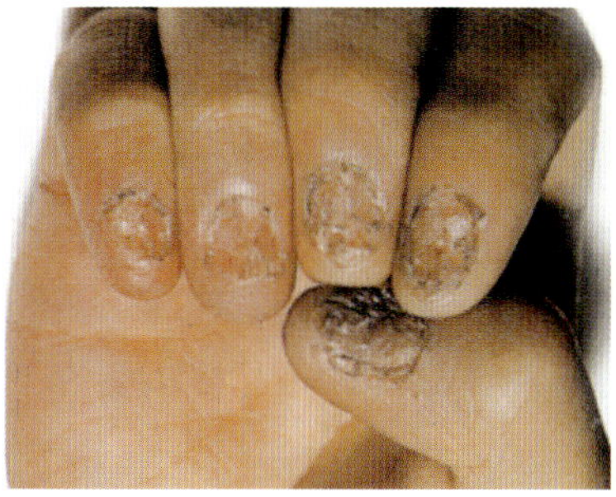

그림 1-19
물어뜯긴 네일

(3) 파란 네일(Onychocyanosis, 오니코사이아노시스)

혈액순환이 좋지 않아서 네일의 색이 푸르게 변하는 것이다. 이런 증상을 가진 고객은 근본적인 원인을 제거하기 위한 치료를 받아야 한다.

(4) 멍든 네일(Bruised nail, Hematoma, 혈종)

상처입은 네일 아래에 검붉은 색이 나타나거나 네일 층 전체에서 피가 굳어서 어둡게 나타나는 것이 특징이다. 네일 매트릭스가 손상되지 않았다면 몇개월 후에 새 네일이 자라 나오므로 크게 걱정하지 않아도 된다.

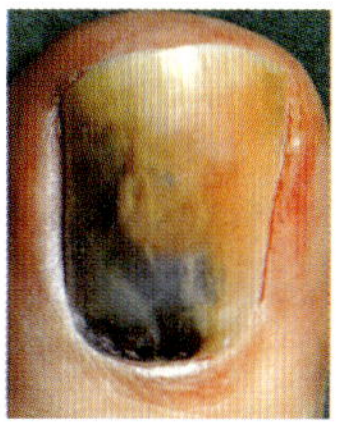

그림 1-20 멍든 네일

(5) 주름잡힌 네일(Codrrugation, 코루게이션)

네일 표면에 밭고랑이나 파도 같은 모양을 하고 있다. 이런 경우는 네일을 연마해서 미관을 좋게 하거나 인조 네일을 이용할 수 있다.

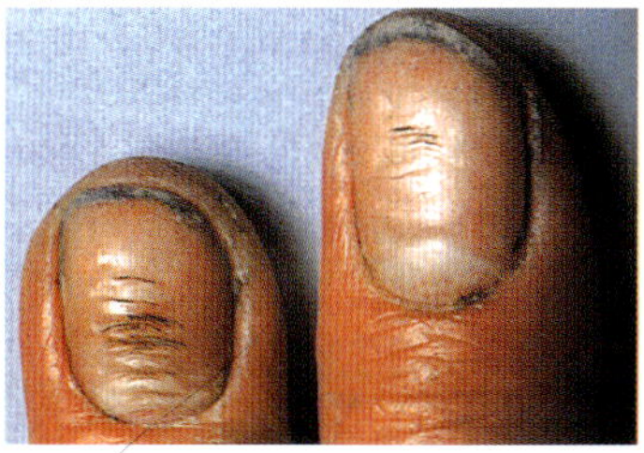

그림 1-21
주름잡힌 네일

(6) 계란껍질 네일(Eggshell nail, Onychomalacia, 조 연화증)

부드럽고 가늘며 하얗게 되어 네일 끝이 굴곡이 진 상태를 말한다. 이런 증상은 질병, 다이어트, 신경성 등에서 기인된다.

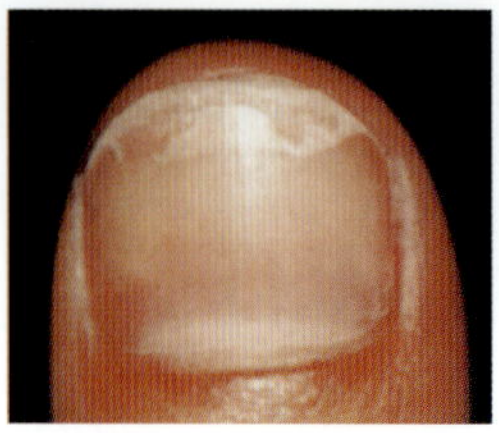

그림 1-22
계란껍질 네일

(7) 거스러미 네일(Hang Nail)

네일의 가장자리가 갈라지는 현상으로 큐티클이 너무 건조해지거나 계절적으로 가을 · 겨울철에 자주 생긴다. 핫크림 매니큐어나 파라핀 매니큐어로 큐티클에 보습처리를 해주는 것이 효과적이다. 거스러미를 잘못 처리할 경우에는 염증이 생기게 되므로 무리하게 다듬어서는 안 된다.

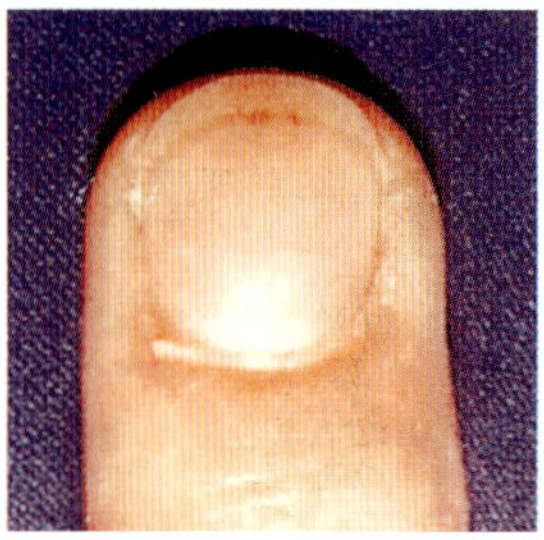

그림 1-23
거스러미 네일

(8) 살 속으로 파고든 네일(Ingrown nail, 조내생, 오니코크립토시스)

네일이 네일벽 안으로 자랄 때에 발생하며, 보통 발톱에서 나타난다. 이런 증상은 네일을 잘못 자르거나 모서리 부분이 살 속으로 너무 깊게 자랐을 때 발생하며 너무 꽉 조이는 신발을 신었을 때도 나타난다. 적절한 폴리시와 페디큐어로 증상을 완화시킬 수 있지만 심한 경우에는 담당 의사와 상담해야 한다.

(9) 조소피의 과잉성장(Overgrowth of the cuticle, 표피조막증, 테리지움)

네일이 자랄 때 생기며, 큐티클이 네일판을 넘어서 성장할 때에 나타나는 증상이다.

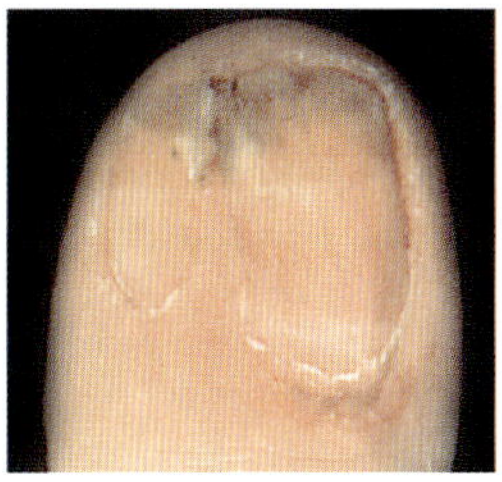

그림 1-24
조소피의 과잉성장

(10) 백색 반점(White spot, 루코니키아)

손톱에서 가장 흔하게 나타나는 이상으로 손톱 표면에 작은 흰 점이 나타나는 것이다. 이 증상은 손톱에 작은 상처로 생기는데, 네일 베드와 네일 플레이트 사이에 공기가 갇히는 것이 원인이다. 흰 부분은 자라서 없어지므로 특별한 관리는 필요 없고 평소처럼 매니큐어를 발라도 된다.

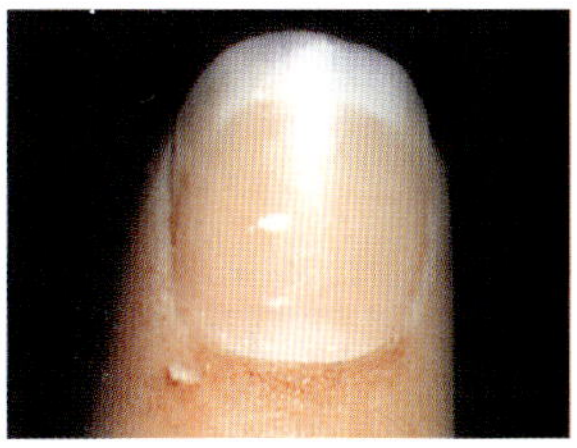

그림 1-25 백색 반점

(11) 골이 지고 능선이 생긴 네일(Furrows and ridges, 세클로니키아)

네일이 두꺼워지고 건조해져서 샐러드 줄기에 나있는 홈처럼 보이는 것이다. 네일 베드를 가로질러 생긴 골의 원인은 네일 표면의 상처나 질병이다.

가로로 나타난 골 하나 또는 모든 손톱을 가로지르는 뷰스 라인은 폐렴이나 혈전증으로 생길 수 있으며 세로선은 류머티즘과 연관이 있을 수 있지만 건강이 좋지 않은 때도 나타날 수 있다.

손톱 위에 나타난 하나의 능선은 심한 외상, 특히 차의 문에 손가락이 낀 경우에 생길 수 있으며, 손톱을 뜯는 습관 역시 능선을 생기게 한다. 이런 경우는 불규칙한 손톱을 파일로 부드럽게 갈아 준다.

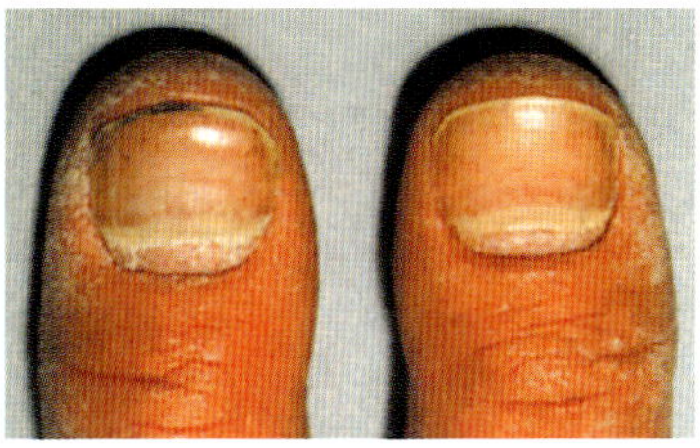

그림 1-26
골이 지고 능선이 생긴 네일

(12) 갈라지거나 깨지기 쉬운 네일(Brittle nail, 오니코렉시스)

선천적인 이상이나 여러 가지 내 · 외적 요인으로 생긴다. 강한 세제는 기름기를 없애는 작용을 하고 손톱이 깨지기 쉽게 만들며, 혈액순환을 나쁘게 한다.

영양부족 또한 손톱이 얇아지게 한다. 매니큐어는 이러한 상태를 좋게 하고 깨지기 쉬운 손톱을 방지하는 데 도움이 된다.

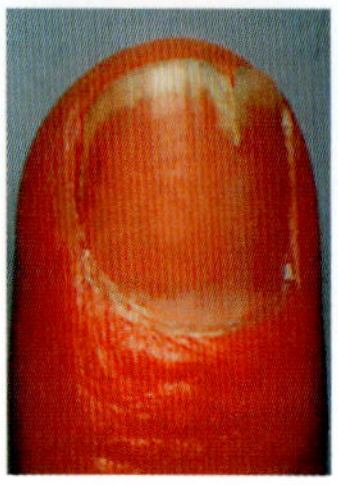

그림 1-27 갈라지거나 깨지기 쉬운 네일

(13) 조갑비대증(Onychauxis, 오니콕시스)

네일 내부의 상처나 질병에 의해 나타난다. 두꺼워진 네일은 경석으로 다듬어서 줄일 수 있다.

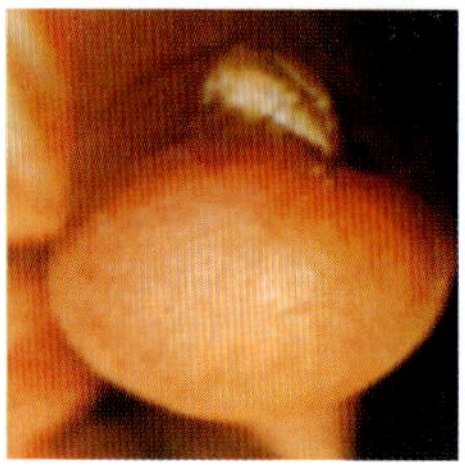

그림 1-28 조갑비대증

(14) 움푹 들어간 네일(Pitting, 피팅)

네일의 표면이 움푹 들어간 것으로 보통 네일 이외의 문제, 즉 건선이나 피부염이 있을 때 잘 생긴다. 움푹 들어간 정도가 심하면 의학적인 조치가 필요하다.

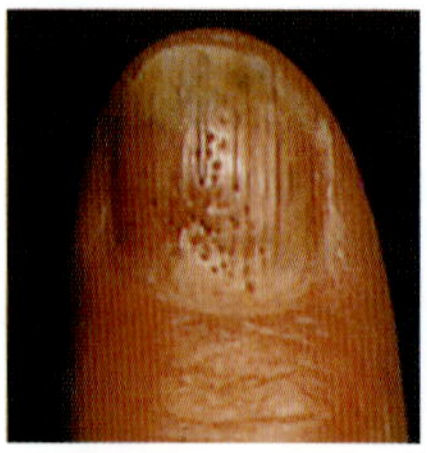

그림 1-29 움푹 들어간 네일

(15) 스푼형 네일(Spoon-shaped Nail, Koilonychia, 코일로니키아)

네일의 한가운데가 움푹 패이는 형태로 성인의 경우에는 철분결핍이 원인인 빈혈의 특징적인 증상인 것으로 알려져 있다.

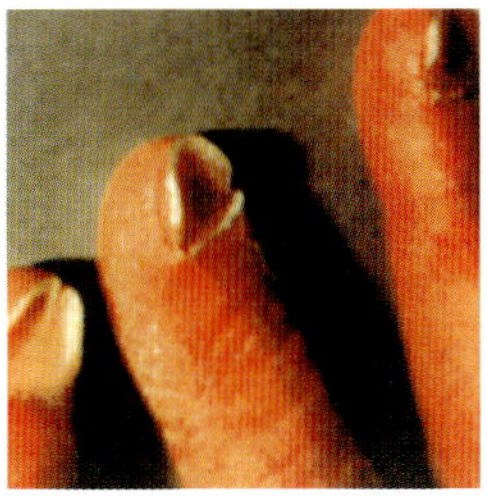

그림 1-30
스푼형 네일

(16) 조갑종렬증(Onychorrhexis, 오니코렉시스)

손톱이 세로로 갈라지고 찢어지는 것으로서 강한 알칼리성 비누나 리무버의 과다 사용이나 갑상선 저하 및 비타민 A와 비타민 B 결핍 등이 원인이며 때로는 정상인에게도 나타날 수 있다.

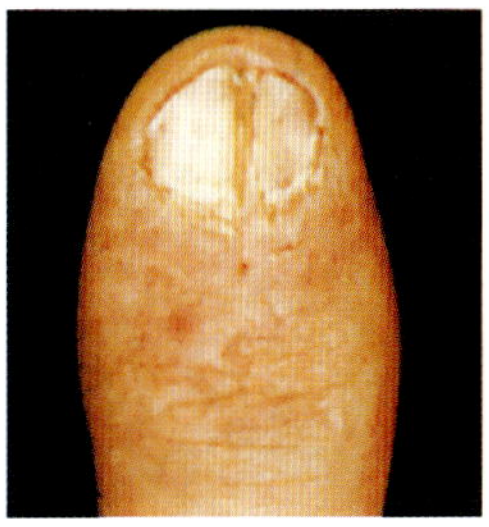

그림 1-31
조갑종렬증

2 네일의 질병 네일리스트에 의해 관리될 수 없다

갑상선 기능 항진증과 같은 원인에 의해서 땀을 많이 흘리는 사람은 네일이 습하여 하얗게 보인다. 일반적으로 네일은 불투명한 유리상의 반투명체이지만 물을 적당히 함유하면 투과성이 증가하여 네일 베드 아래의 혈류가 보이므로 핑크색을 띤다. 네일이 성장하기 위한 네일 매트릭스 부분은 백색이어서 루눌라, 즉 조반월이라고 한다.

네일은 일반적으로 무색이다. 네일에 색이 끼어있거나 성상이 변하면 병적 변화라고 생각되어 전신적인 질환을 예상케 하는 역할을 하는 경우도 있다. 20대에 네일 전체가 갈색조를 띠면 부신피질 기능 저하증이나 에디슨병의 가능성을 생각하여야 한다.

백탁하면 다한증을, 백색 조의 경우는 감피증이나 항생물질의 부작용 또는 임파계 부종의 황색손톱 증후군 등을 생각할 수 있다. 백색 점이나 흰 횡선이 생기는 경우는 기계적 자극이 원인인 경우가 많다.

네일에 생기는 점상의 네일 함몰은 그 원인을 여러 가지로 생각해 볼 수 있으나 건선, 원형탈모증 등 많은 병과 관계되어 있다. 빈혈이 있으면 네일이 뒤집어져서 짧아지는 스푼 모양이 되고, 폐기능에 장애가 있으면 네일이 둥글고 커져서 손가락의 선단을 포함하는 배치(Batch) 네일을 형성한다.

네일 끝의 변형이나 성질의 변화는 생리적인 변화나 태어날 때부터의 본래 그 모양이나 성질을 갖고 있었기 때문일 수도 있으므로 모두 병적인 것으로 간주하는 것은 성급한 일이다. 무엇보다도 식이요법으로 인한 영양의 편중에 의해 네일의 성장이 늦어지는 것에 주의를 기울여 균형있게 영양을 섭취하는 것이 좋다.

네일리스트는 이러한 질병을 가지고 있는 고객에게 시술을 해서는 안 된다. 의사와 상담해서 병이 완치된 다음에 서비스를 받으라고 권유하도록 한다.

(1) 네일 주위염(Paronychia, 주위 조피 감염)

네일 주위의 조직이 세균에 의해 감염되어 염증이 생긴 상태이며 대부분 전염성이 있다.

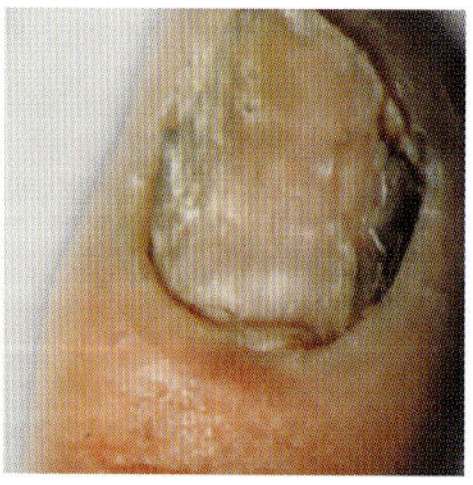

그림 1-32 네일 주위염

(2) 네일 진균증(Onychomycosis, 백선)

진균에 의해 감염되는 것으로 처음에는 백선이 네일의 프리 에지에 황갈색으로 나타나며 차츰 프리에지의 네일 플레이트 아래에서 네일 플레이트와 베드를 공격해 네일 바디가 불균형적으로 얇아지고 어떤 부분은 떨어져 나간다. 치료를 하지 않으면 네일이 변색되거나 두꺼워지고 울퉁불퉁해진다. 따라서 네일케어를 중단하고 의학적인 조치를 받아야 한다.

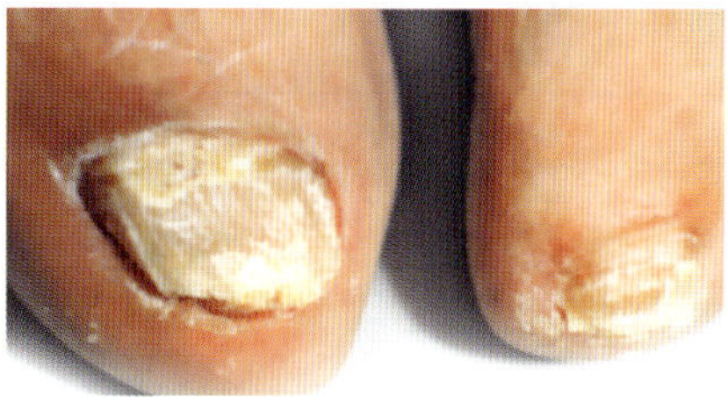

그림 1-33 네일 진균증

(3) 네일 기저 감염(Onychia, 오니키아)

네일 기저에서 고름이 있는 조직염증으로 나타난다. 불결한 네일케어 도구에 의해 세균이 옮겨져서 유발되며, 전염 가능성이 있다.

(4) 네일 구만증(Onychogryphosis, 두꺼워지고 굴곡된 네일)

정확한 원인은 밝혀져 있지 않으나, 네일이 두꺼워지고 발가락이나 손가락 끝에 심한 굴곡이 생긴다.

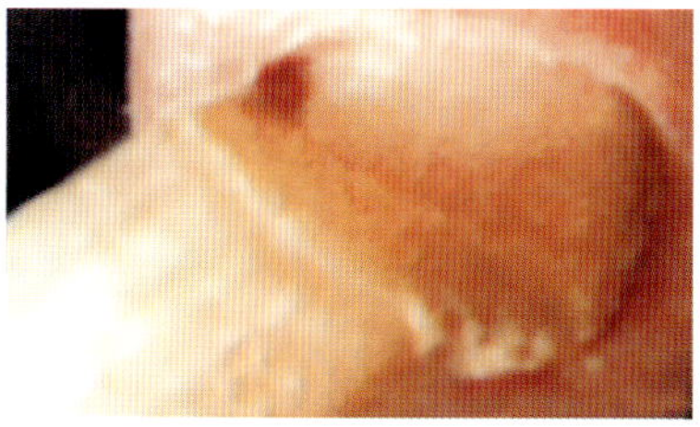

그림 1-34 네일 구만증

(5) 네일 탈락증(Onychoptosis, 오니콥토시스)

네일의 일부분 또는 표면 전체가 주기적으로 손가락에서 떨어져 나가는 상태를 말한다. 매독이나 심한 외상으로 발생할 수 있다.

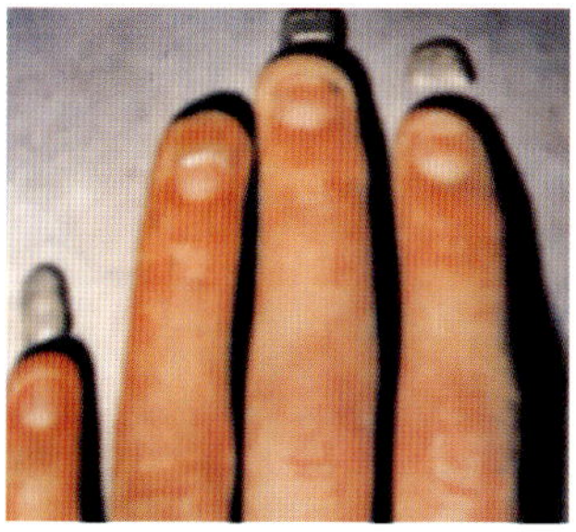

그림 1-35 네일 탈락증

(6) 조갑 사상균증(Mold, 네일 몰드)

네일의 프리 에지와 인조네일 사이에 습기가 스며들어서 생겨나며, 일종의 곰팡이가 원인이다. 네일 몰드는 처음에 황녹색 반점이 나타나므로 일찍 발견할 수 있고 치료하지 않으면 네일이 점점 검게 변한다. 감염되고 나서 일정한 기간이 지나면 퇴색된 곳이 아주 까맣게 되면서 네일은 약해지며 나쁜 냄새가 난다. 마지막에는 네일이 떨어져 나간다.

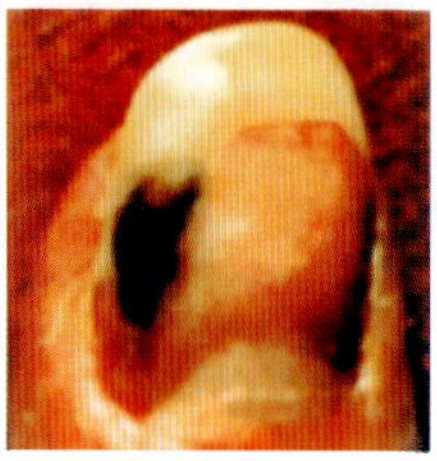

그림 1-36 조갑 사상균증

(7) 네일 박리증(Onycholysis, 오니코리시스)

손톱과 네일 베드 사이에 틈이 생겨서 점점 벌어진다. 손톱이 완전히 떨어져 나가지는 않지만 의사의 처방에 따라 치료를 받아야 한다. 갑상선 질환이나 특정약물에 의한 치료과정에서 발생하거나 외상이나 감염에 의해서도 발생하지만 아직까지 정확한 원인은 밝혀지지 않았다.

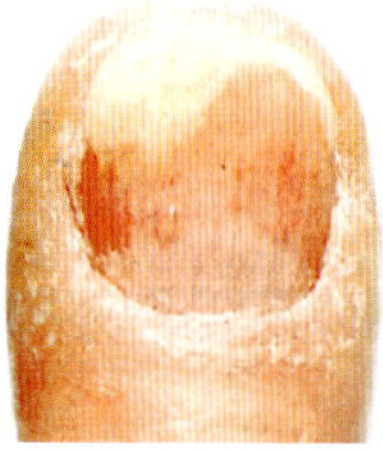

그림 1-37 네일박리증

1-9 네일리스트의 자세

1 고객에 대한 자세

(1) 하루의 스케줄을 메모하고 점검하여 예약시간을 엄수하며 미리 살롱에 나와서 고객을 맞이함으로써 신뢰감을 심어준다.
(2) 관리에 필요한 도구를 완전히 정리하여 준비된 상태에서 고객을 맞는다.
(3) 친절하고 예의 바르게 고객을 맞이한다.
(4) 네일리스트는 세련되고 위생적이며 단정한 옷차림으로 고객에게 좋은 인상을 주어야 한다.
(5) 네일 전문인으로서 자부심과 긍지를 가지도록 한다.
(6) 고객과 말다툼을 하지 않는다.
(7) 고객에 대한 불평을 하지 않는다.

2 전문 네일리스트의 자세

네일 서비스의 목적은 손님에게 만족감을 부여하고 정신적으로 편안하게 해주는 것이다. 그러므로 다음 사항들을 유념하여 서비스를 제공하여야 한다.

(1) 미(美) : 고객을 아름답게 하기 위해서 최고의 서비스를 제공한다. 최고의 서비스란 기술 이외에 상당한 정성과 관심어린 배려를 가지는 것이다.

(2) 감(感) : 고객의 감성을 중요시하면서 최고의 카운슬링을 제공한다. 최고의 카운슬링은 고객의 감성을 중요시하면서 손톱의 건강 유지 및 컬러링 선택에 대한 어드바이스 제공을 의미한다.

네일리스트 자신의 개성과 기호를 고집하는 것이 아니라, 고객의 요구를 확실히 파악한 상태에서 자신의 생각을 설명하고 서로 납득하는 것이 중요하다. 손톱의 건강, 길이, 모양 등은 손님의 생활환경과 직업 등을 이해한 상태에서 결정하는 것이 가장 좋다.

(3) 유(遊) : 고객에게 여유와 휴식을 줄 수 있는 최고의 분위기를 제공한다. 최상의 분위기는 고객에게 여유와 휴식을 주는 것이기도 하지만 살롱의 분위기는 일하고 있는 네일리스트와 고객에게 변화가 가능하므로 훌륭한 손님을 맞이하

기 위해서는 고객과 대등하게 이야기할 수 있도록 자기 개발을 통하여 스스로를 항상 높여갈 필요가 있다.

(4) 창(創) : 고객의 필요에 맞춘 최고의 기술을 창조하고 제공한다. 최고의 기술이라고 하는 것은 고객의 요구와 필요에 맞추어 새로운 기술을 향상하여 고객이 싫증을 내지 않도록 하는 것이다. 새로운 색의 개발, 새로운 재료와 테크닉의 연구 등이 필요하다.

3 상담과 진단

전문 네일 리스트로서 성공적으로 고객을 상담할 수 있는 능력을 갖추어 서비스를 하기 전에 고객과의 대화를 통해 문제점을 조언하며 고객카드를 작성한다. 이를 토대로 하여 지속적으로 고객을 관리하고 조언함으로써 경영에 적극 활용하는 자세를 갖춰야 한다.

(1) 진단절차

① 손의 피부와 손톱 건강 여부
② 신체의 질병
③ 알레르기 여부
④ 생활습관
⑤ 고객이 원하는 서비스의 여부
⑥ 고객이 최종적으로 선택한 서비스

(2) 네일 관리 기록

네일 서비스가 끝나면 기록카드에 시술한 네일 서비스의 종류 및 조언을 기록하고, 다음 예약 날짜를 확인한다.

1-10 건강한 손톱과 손톱의 기능

1 손톱의 물리적 기능

(1) 사람 손톱의 기능

① 손가락 끝을 보호한다.
② 손 끝에 넣은 힘으로 물건을 튕길 수 있게 한다.
③ 장식물로 이용된다.
④ 세심한 일과 힘이 들어가는 일을 원활히 수행하게 한다.
⑤ 물건을 잡고, 긁는 데 사용된다.

(2) 동물 손톱의 기능

① 먹이를 잡을 때 도구로 쓰인다.
② 나무껍질을 벗길 때 사용한다.
③ 나무에 기어오를 때 사용한다.
④ 방어 및 공격을 할 때 사용한다.

2 아름다운 손톱의 조건

(1) 아름다운 손톱은 선단의 길이가 손톱부분의 1/3 정도이다. 이는 주먹을 쥐었을 때 손톱 끝이 구부러지지 않을 정도이며, 시각적으로 아름다우면서 손톱이 건강하게 보존될 수 있는 길이이다.
이 이상으로 손톱을 길게 기르면 손톱에 부담을 줘서 갈라지거나 부러지는 원인이 된다. 그러나 패션의 차원에서 길게 기르는 경우도 있다.

(2) 아름다운 손톱의 모양은 뒤손톱벽부터 손톱 끝에 이르기까지 완만한 활 모양을 이루고 있는 형태이다. 손톱 형태가 각이 없는 모양이 되는 이유는 측면 손톱벽이 안쪽으로 향하는 힘이 있기 때문이다. 이 힘 때문에 손톱 끝에 아름다운 아치 모양이 생긴다.

(3) 투명한 핑크 빛을 띠고 있다.

(4) 탄력성이 있으며, 7~12%의 적당한 수분 · 유분기를 함유하고 있다.

(5) 손톱 표면이 매끈해야 한다.

(6) 세균에 감염되지 않은 건강한 상태여야 한다.

3 건강한 손톱을 위한 영양식이

아름답고 멋진 손톱을 가지기 위한 최선의 방법은 영양이 풍부하고 균형잡힌 식사를 하는 것이다. 식이요법은 손톱을 더욱 길고 건강하게 만드는 데 도움이 된다.

(1) **단백질** : 단백질 부족은 약한 손톱을 형성케 하므로 적당한 양의 단백질을 섭취하도록 노력해야 한다. 고기, 생선, 계란, 치즈 또는 우유 중에서 매일 2가지 정도는 먹어야 한다.

(2) **아연** : 아연은 세포의 재생과 성장에 필요하며 새로운 조모세포를 형성하는 데 중요한 영양소이다. 현미, 땅콩, 견과류, 살코기, 생선류 등과 같이 아연이 풍부한 식품을 섭취하도록 한다. 한 웅큼의 신선한 땅콩을 껍질 채 먹거나 신선한 샐러드에 참새우를 곁들여 먹는 것이 좋다.

(3) **비타민** : 매일 필요로 하는 영양분을 얻을 수 있도록 신선한 과일과 야채 중에서 5가지 정도는 섭취하도록 한다. 아침에 무가당 오렌지주스를 한 잔 마시거나 여러 가지 야채를 섞은 샐러드를 샌드위치와 함께 먹는 것도 좋다.

(4) **철분** : 철분이 부족하면 손톱이 얇아진다. 그러므로 기름기 없는 육류, 짙은 녹황색 채소, 과일, 그리고 땅콩 등과 같은 식품을 섭취함으로써 철분을 증가시키도록 한다.

(5) **수분** : 인체의 대부분은 물로 이루어져 있으며, 손톱도 10% 내외의 수분으로 구성되어 있다. 따라서 물을 충분히 섭취하는 것은 매우 중요하다. 수분은 유연하고 건강한 손톱을 유지하는 데 도움을 주고 손톱 주위의 피부를 탄력있고 촉촉한 상태로 만들어 준다.

(6) **규칙적인 마사지** : 얼굴과 마찬가지로 손과 손톱 주위의 피부는 환절기에 쉽게 건조하고 거칠어지기 쉽다. 또한 손톱의 큐티클과 주위 피부 역시 딱딱해지고 두터워지는 경향이 있기 때문에 큐티클 오일이나 크림을 이용하여 수시로 마사지를 해주는 것은 매우 좋다. 손에도 규칙적인 마사지를 하여 부드럽고 촉촉한 손을 유지하도록 한다.

4 건강하고 아름다운 손톱을 유지하기 위한 자가 관리법

(1) 집안 일이나 허드렛일을 할 때에는 반드시 고무장갑을 끼도록 한다. (안에 반드시 면장갑을 착용하는 것이 좋다.)

(2) 아세톤이 들어있지 않은 폴리시 리무버를 사용한다. 아세톤은 손톱을 건조시키고 부러지기 쉽게 한다.

(3) 건강하고 강한 손톱일지라도 무엇인가를 긁거나 비틀 때 사용하면 견디지 못한다. 손톱이 손상된 후에는 자랄 때까지 기다리는 것보다 일을 할 때 적당한 도구를 사용하여 손톱을 보호하도록 한다.

(4) 감각적이고 짧은 손톱을 유지하여 손톱이 깨지는 것을 최소화한다.

(5) 볼에 올리브 오일을 넣어 손을 담그고 10분 정도 지난 후 부드럽게 닦아준다.

(6) 갈라지거나 깨지는 등 약한 손톱을 보호하기 위해서 손톱 강화제 또는 손톱 영양제를 사용한다(베이스 코트를 대용해 사용하면 좋다).

(7) 네일 버퍼의 부드러운 면으로 수시로 문질러서 혈액순환을 좋게 한다.

(8) 손을 깨끗이 씻은 다음 핸드크림을 발라 손에 수분과 유분을 공급해 준다.

(9) 취침 전에 반드시 핸드크림을 바른다.

Nail Art & Technology

PART Ⅱ 실기편

CHAPTER 02 | 네일케어 도구 및 기구

1 네일케어 기기

(1) 매니큐어 테이블(Manicure Table)

여러 가지 종류가 있지만 전문적인 특성을 살린 매니큐어 전용 책상을 사용한다. 네일리스트와 고객이 편안하게 시술하고 받을 수 있도록 다리를 책상 밑으로 넣을 수 있고, 필요한 매니큐어 용품을 보관할 수 있는 서랍과 네일 에나멜 또는 네일 아트에 필요한 용품을 진열 내지 보관할 수 있는 공간이 마련되어 있으면 더욱 좋다.

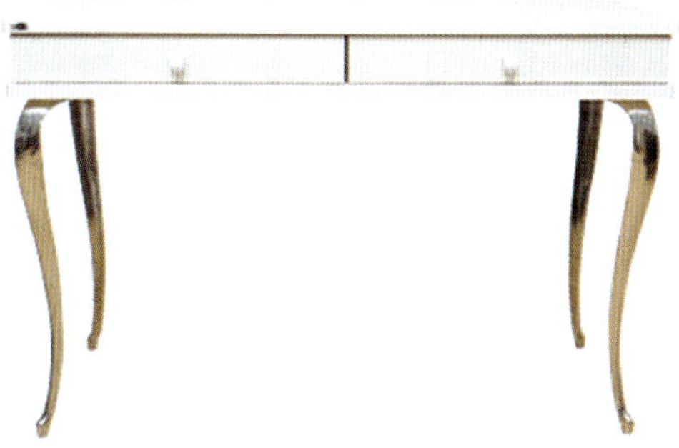

그림 2-1 매니큐어 테이블

(2) 시술의자(Nail Chair)

고객이 어떤 시술을 원하느냐에 따라 최고 2시간까지 걸릴 수 있으므로, 등받이와 팔걸이 및 다리받이와 함께 높낮이 조절장치가 있는 안락한 의자를 준비한다. 발 관리 시에 이용되는 전동식 의자를 겸용으로 사용하면 더욱 좋다.

그림 2-2 시술의자

(3) 파라핀기(Paraffin Machine)

손의 특수관리를 목적으로 시술할 때 응고된 파라핀을 녹이는 기기로, 용해된 파라핀액에 손을 담가서 팩 관리를 함으로써 거친 손을 예방한다.

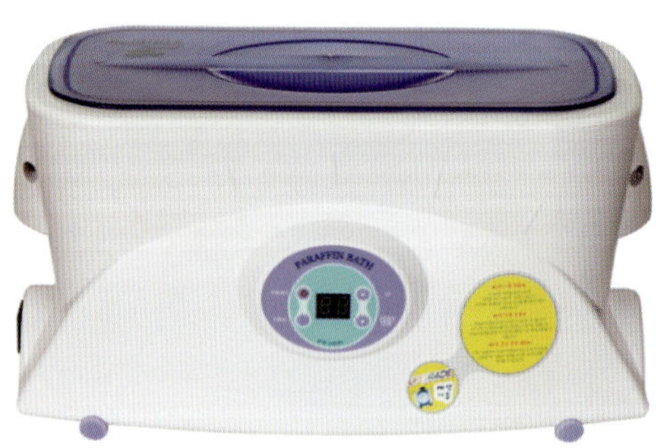

그림 2-3 파라핀기

(4) 손 관리 전동기기(Nail Machine)

손 관리 시 두꺼워진 손발톱의 표면이나 아크릴 표면을 빠르게 정리할 때 적당한 드릴을 끼워 사용한다.

그림 2-4 손관리 전동기기

(5) 습식 소독기(Water Sanitizer)

도구의 소독과 살균을 위해 소독제를 채워서 도구를 담가 두었다가 사용할 때 꺼내서 쓴다. 사용하지 않을 때에는 뚜껑을 항상 닫아 놓는다. 70~90%의 알코올에 20분 이상 담가둔다.

그림 2-5 습식 소독기

(6) 솜 보관기(Cotten Case)

손 소독에 필요한 솜들을 쓰기 편하게 미리 소독액을 채운 용기에 담가 두었다가 사용하면 더욱 편리하다.

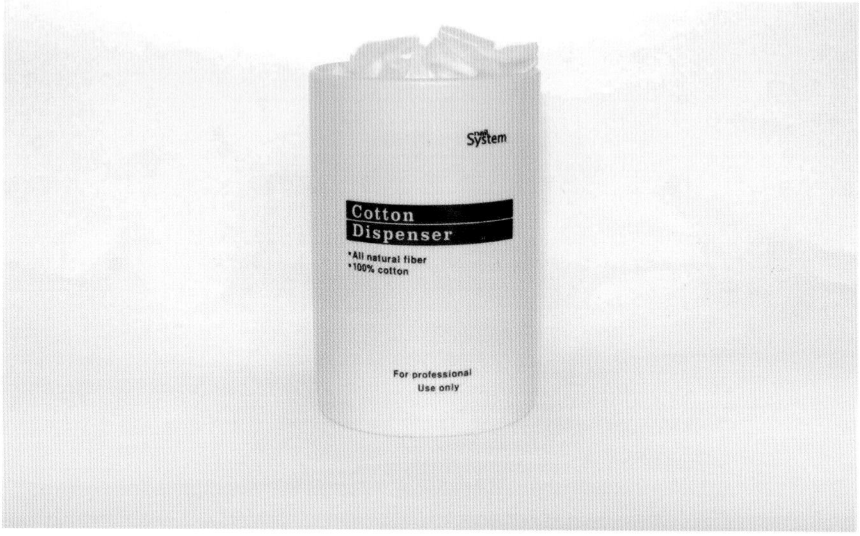

그림 2-6 솜 보관기

(7) 재료 받침대(Supply Tray)

작업대를 깔끔하게 정리하고 재료의 이동을 편리하게 하기 위해 사용하는 쟁반이나 받침대 등을 말한다.

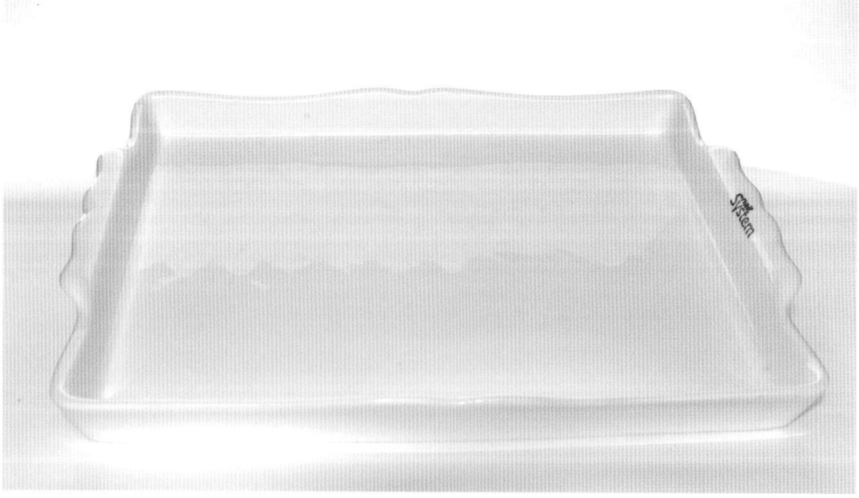

그림 2-7 재료 받침대

(8) 전기 네일 드라이어(Electric Nail Dryer)

선풍기를 축소시킨 것처럼 생긴 건조기구로서 기기 안에 팬(fan)이 달려 있어 전원을 켜면 팬이 돌아가면서 바람을 만들어 에나멜을 빠르게 말려준다.

그림 2-8 전기 네일 드라이어

(9) 자외선 살균 소독기

시술 전에 시술도구를 자외선 살균 소독기에 넣어 두었다가 사용하면 살균 · 소독이 된다. 도구는 여러 개를 구비하여 매번 교체하여 사용하도록 한다.

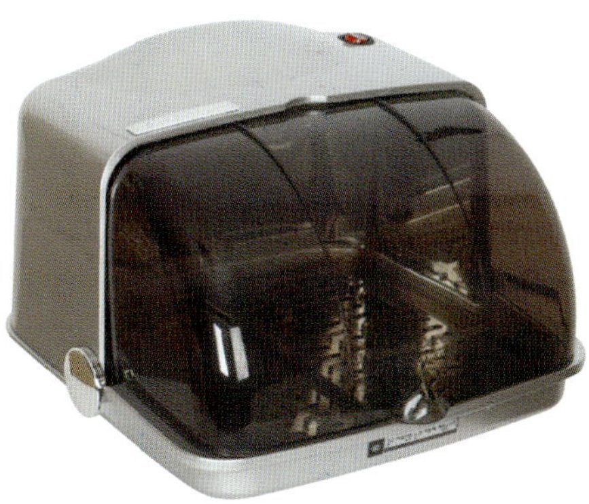

그림 2-9 자외선 살균 소독기

(10) 손목받침대, 쿠션

고객의 팔을 편안하게 하고 시술이 쉽도록 손목이나 팔에 쿠션을 받친다.

그림 2-10 손목받침대

(11) U.V. 젤 라이트기

U.V. 젤(GEL) 시술 시 젤을 경화시킬 때 조사한다.

그림 2-11 U.V. 젤 라이트기

(12) 팁 프리(Tip Free)

인조네일을 제거할 때 아세톤 원액을 부어 사용하며 팁을 쉽게 제거할 수 있다.

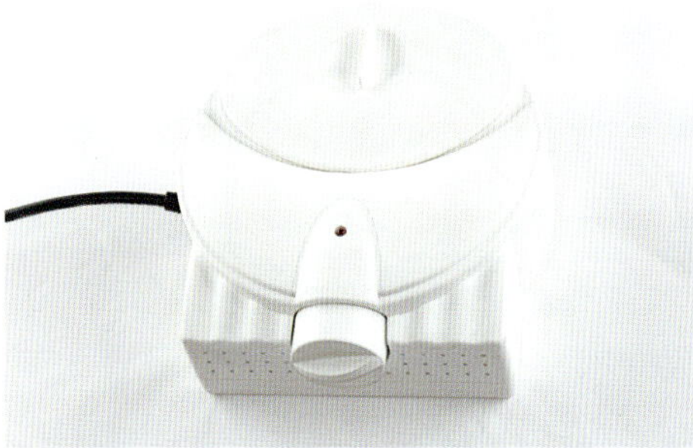

그림 2-12 팁 프리

(13) 왁스 워머기(Wax Warmer)

불필요한 털의 제모를 위하여 고체상태의 왁스를 녹이거나 데울 때 사용한다.

그림 2-13 왁스 워머기

(14) 각탕기

페디큐어를 실시하기 전에 목욕용 소금이나 각탕 전용 소금을 첨가하여 발을 불리거나 피로를 풀어줄 때 사용한다.

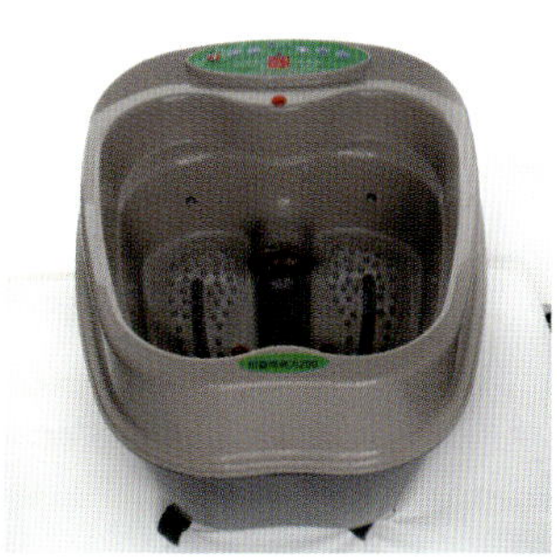

그림 2-14 각탕기

2 네일케어 도구

매니큐어(Manicure) 시술을 할 때 사용되는 물품들로 살균, 소독처리를 하여 지속적으로 사용할 수 있다.

(1) 큐티클 니퍼(Cuticle Nipper)

손톱 주위에 거스러미나 조소피(큐티클, cuticle)를 제거할 때 사용한다.

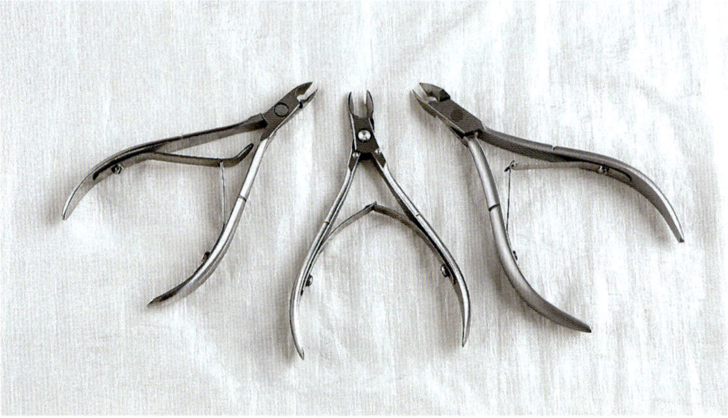

그림 2-15 니퍼

(2) 푸셔(Pusher)

푸셔는 메탈푸셔, 스톤푸셔 등이 있는데, 여러 가지 용도로 사용하는 오렌지 우드 스틱도 푸셔의 기능을 한다. 메탈푸셔는 금속으로 되어 있으며, 스톤푸셔는 고운 돌 성분으로 되어있다. 푸셔는 큐티클을 밀 때에 사용하며, 반드시 **45° 각도**로 비스듬히 세워서 손톱 표면이 상하지 않도록 주의하여 사용해야 한다.

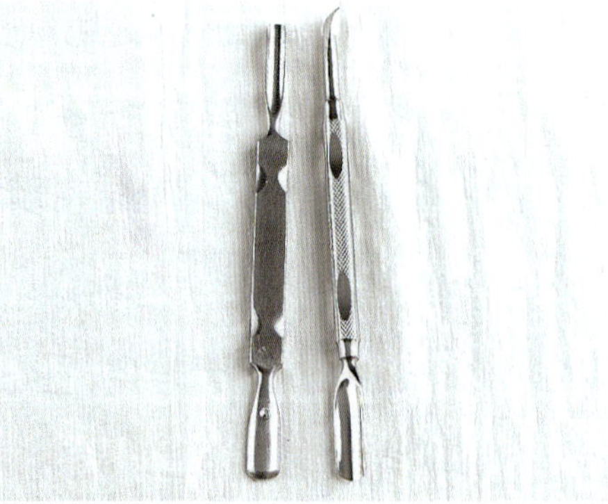

그림 2-16 푸셔

(3) 오렌지 우드스틱(Orange Wood Stick)

오렌지 나무막대로 큐티클을 밀어주거나 다듬을 때, 또는 큐티클 주위의 오일이나 에나멜을 제거하거나 수정할 때 오렌지 우드스틱 끝에 솜을 말아 사용한다.

그림 2-17 오렌지 우드스틱

(4) 파일(File)

손톱의 모양을 만들거나 인조네일을 다듬을 때 사용한다. 그리트(Grite)가 클수록 입자가 가늘고 부드럽다. 보통 100그리트는 인조손톱에, 자연손톱은 150~180그리트를 사용한다.

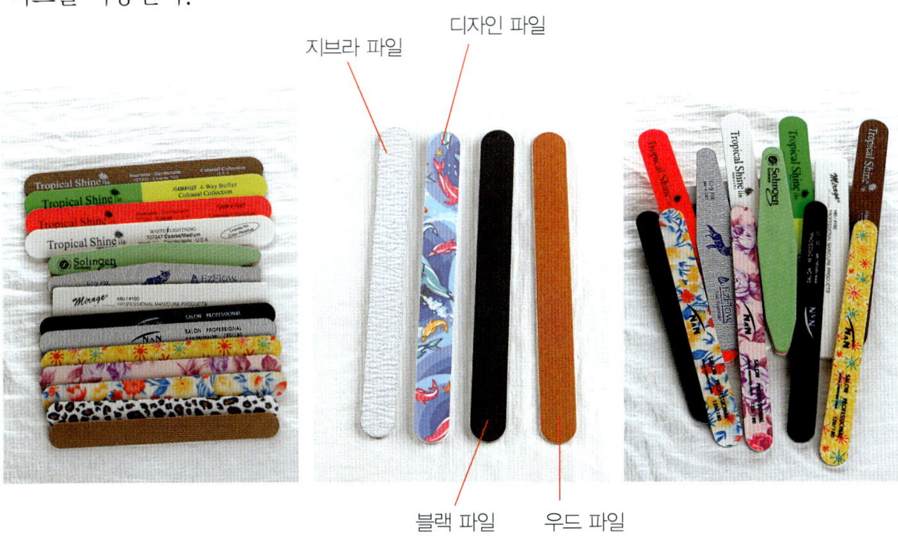

그림 2-18 파일

(5) 팁 커터기(Tip Cutter)

인조 팁을 잘라 길이를 조절할 때 사용한다.

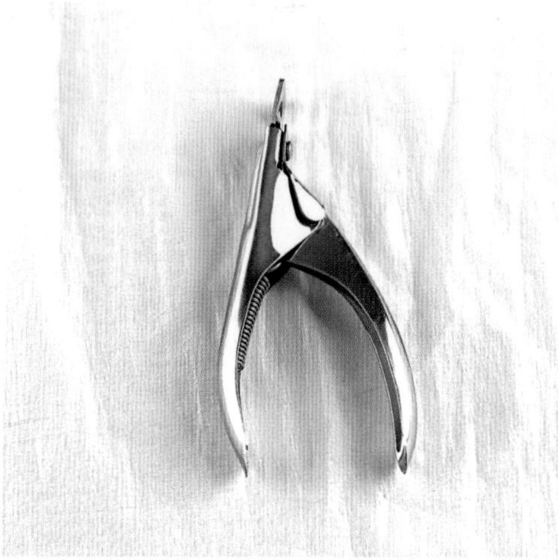

그림 2-19 팁 커터기

(6) 클리퍼(Nail Clipper)

자연손톱과 인조손톱을 잘라서 길이를 조절할 때 사용한다(실크나 아크릴 익스텐션을 커팅).

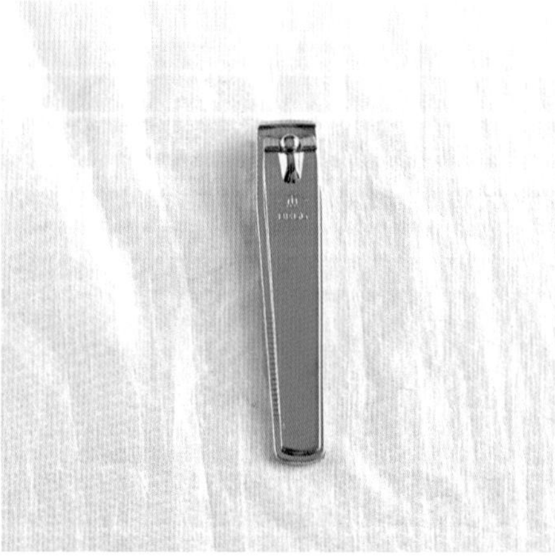

그림 2-20 클리퍼

(7) 실크 가위

실크를 재단할 때 사용한다.

그림 2-21 실크 가위, 황새 가위

(8) 네일 브러시(Nail Brush)

파일링 후 생기는 먼지가루 등을 털어낼 때 사용한다. 솔, 더스트 브러시, 핸드 브러시라고도 한다.

그림 2-22 네일 브러시

(9) 핸드 드릴 (Hand Drill, 댕글 드릴)

댕글을 달기 위해 손톱에 구멍을 뚫을 때 사용한다.

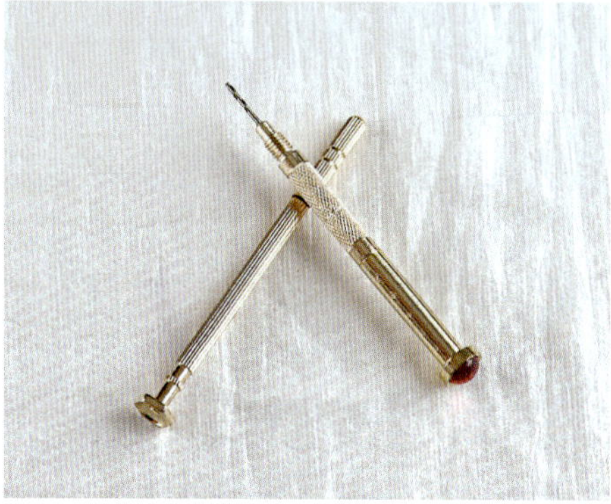

그림 2-23 핸드 드릴

(10) 아크릴릭 브러시 (Acrylic Brush)

아크릴릭 파우더로 볼을 만들어 인조손톱을 만들 때 사용한다.

그림 2-24 아크릴릭 브러시

(11) 3-Way

강도가 각기 다른 세 면을 가지고 있으며, 거친 면에서 부드러운 면의 순서로 사용한다. 재질은 합성수지이며 손톱 표면에 광택을 낼 때 비벼서 사용한다.

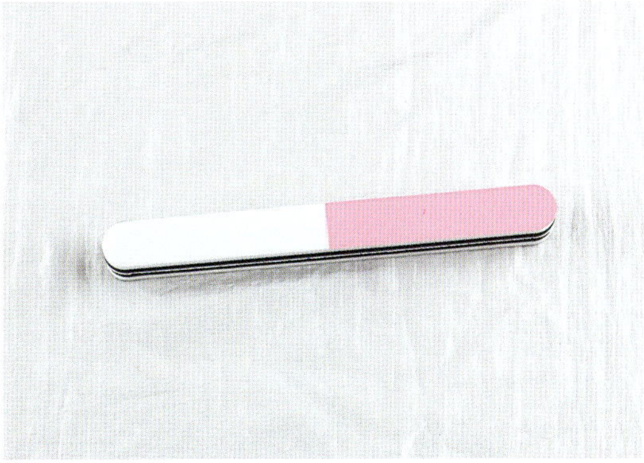

그림 2-25 3-Way

(12) 가죽 버퍼

가죽 소재이며 3-Way 사용 후 광택을 더 내고자 할 때 사용한다. 너무 빠르게 시술하면 열이 발생하므로 주의한다. 울퉁불퉁한 손톱을 매끄럽고 부드럽게 하는 데도 사용한다.

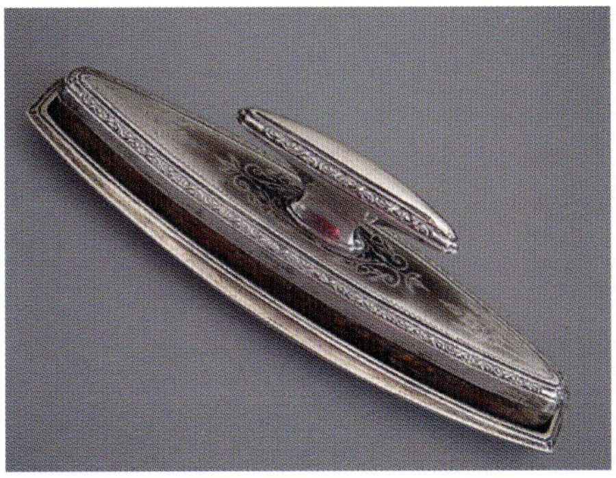

그림 2-26 가죽 버퍼

(13) 핑거볼(Finger Bowl)

습식 매니큐어를 시술할 때 손톱의 때를 제거하고, 손톱 주위의 굳은살을 연화하여 큐티클을 용이하게 제거하기 위해 미온수를 채운 후 손을 담가서 불릴 때 사용한다. 사용 후에는 깨끗하게 씻고 소독한다.

그림 2-27 핑거볼

(14) 아크릴릭 폼지(Acrylic Form)

팁 없이 아크릴릭 파우더만을 가지고 네일을 연장할 때에 프리 엣지 부분에 대어서 사용하므로 일종의 받침대 역할을 하는 것이다. 시중에 일회용으로 된 종이 형태와 알루미늄 소재로 된 형태가 나와 있는데 스티커 모양으로 된 일회용 종이 형태의 제품이 사용하기에 편리하다.

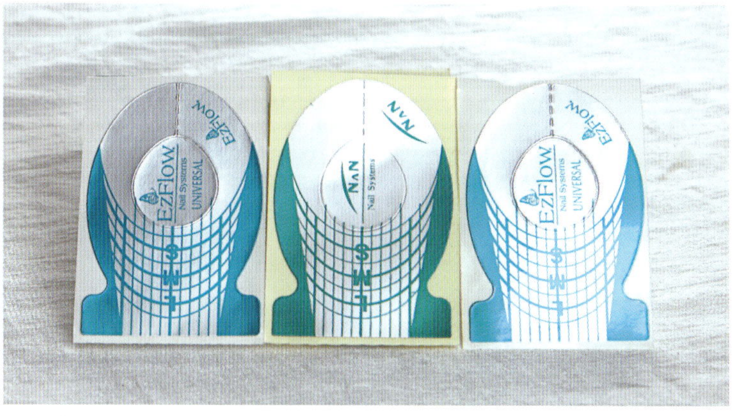

그림 2-28 아크릴릭 폼지

(15) 리무버용 디스펜서(Dispenser)

디스펜서는 사용하기 쉽도록 여러 가지 용액들을 담아두는 용기로, 리퀴드용 · 리무버용 · 로션용 · 알코올용 등의 용도로 사용된다. 재질로는 도자기와 플라스틱 두 가지가 있다. 디스펜서는 빈번하게 사용하는 제품일 뿐만 아니라 독특한 용기의 디자인이 외형적인 멋을 더해 준다.

그림 2-29 디스펜서

(16) 스파출라(Spatula)

마사지 크림 등을 덜어낼 때 사용한다. 덜어 낸 크림을 다시 용기에 넣거나 손으로 직접 떠서 사용하면 크림이 변질되기 쉬우므로 스파출라를 사용한다.

그림 2-30 스파출라

(17) 패디 파일(Pedi-file)

발바닥의 굳은살을 제거하거나, 크레도 사용 후 발바닥의 버핑을 위해 사용한다.

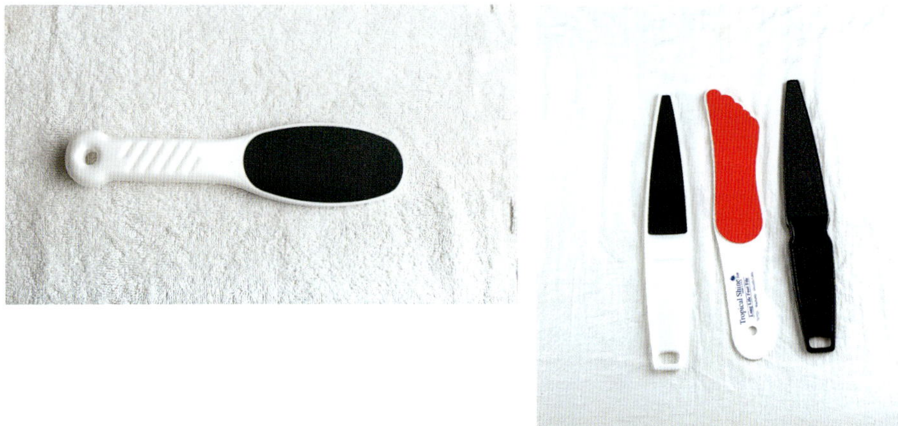

그림 2-31 페디 파일

(18) 콘 커터(Corn Cutter)

발바닥의 굳은살 제거를 위한 도구이다. 면도날로 되어 있으므로 상처가 생기지 않도록 조심해서 사용한다.

그림 2-32 크레도

(19) 토우 세퍼레이터(Toe Seperator, 발가락 끼우개)

발톱에 컬러링 서비스를 할 때, 발가락 사이에 끼워 발가락을 분리해서 고정하여 준다.

그림 2-33 토우 세퍼레이터

3 네일케어 재료

(1) 알코올(Alchol)

70% 농도의 알코올을 사용하며 작업 테이블과 기구 소독 등의 소독에 사용하거나, 시술자와 고객의 손 소독에도 사용한다.

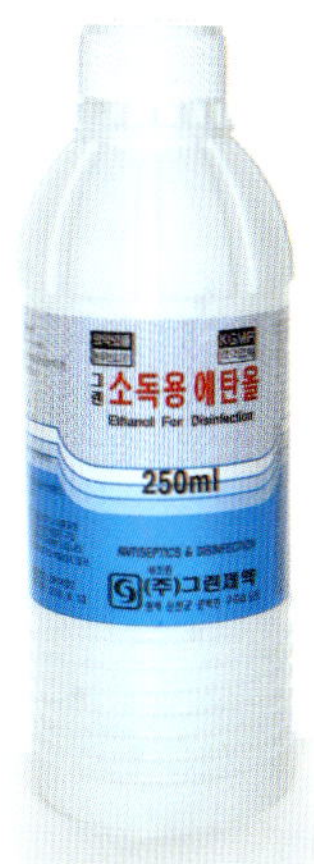

그림 2-34 알코올

(2) 안티셉틱(Antiseptic, 손 소독제)

시술하기 전에 시술자와 고객의 손을 소독할 때 사용하며, 소독력이 약해서 네일기구나 도구의 소독에는 사용하지 않는다.

그림 2-35 안티셉틱

(3) 종이타월(Paper Towel)

수건 위에 종이타월을 깔고 매니큐어 시술 시 손의 물기 제거와 파일가루 등으로 인해 지저분할 때 마다 갈아준다.

(4) 비닐 주머니(Vinyl Pack)

매니큐어를 시술하는 동안 각종 소모품, 폐기물 등을 버리는 용도로 테이블 옆에 붙여놓고 사용하면 편리하다.

(5) 네일 에나멜 리무버(Nail Enamel Remover)

에나멜을 제거하기 위해 사용하며 일반적으로 용제를 주성분으로 한 액상 제품이 많지만 크림 제품도 나와 있다.

에나멜을 제거할 때와 인조네일을 제거하는 경우 넌리무버는 냄새가 적고 피부에 대해 자극이 적다. 아세톤 성분이 너무 강하면 인조손톱의 끝을 녹인다.

그림 2-36 네일 에나멜 리무버

(6) 솜 (Cotten)

에나멜을 제거하거나 오렌지 우드스틱 끝에 솜을 말아서 손톱의 프리 에지 부분을 닦아낼 때 사용한다.

(7) 큐티클 오일 (Cuticle Oil)

큐티클을 정리하기 전에 큐티클 연화를 위해 발라주거나 광택을 내기 위해 사용한다.

그림 1-37 큐티클 오일

(8) 베이스 코트(Base Coat)

네일 에나멜을 바르기 전 손톱 표면의 보호와 에나멜의 착색방지 등을 목적으로 코팅막을 형성하기 위해 발라 준다.

그림 2-38 베이스 코트

(9) 탑 코트(Top Coat)

니트로 셀룰로오즈 성분이 들어 있어서 에나멜을 보호해 줄 뿐만 아니라 광택을 더해주며, 에나멜이 빨리 벗겨지는 것을 방지해 준다. 역시 코팅막 역할을 한다.

그림 2-39 탑코트

(10) 네일 보강제(Nail Treatment & Nail envy)

손톱 강화제의 일종으로서, 자연네일의 보강과 영양분 공급을 위해 발라 준다. 갈라지거나 찢어지는 손톱을 튼튼하게 해 주는 효과가 있다.

그림 2-40 네일 보강제

(11) 로션(Hand Lotion & Foot Lotion)

손이나 발을 마사지할 때 윤활과 보습효과를 주기 위해 사용한다.

그림 2-41 로션

(12) 지혈제(Styptic)

습식 매니큐어 시술 시 큐티클을 과다하게 제거했을 때나 잘못된 니퍼의 사용으로 인해 출혈이 있을 경우 출혈 부위에 한 방울 떨어뜨려 주면 혈액이 응고된다.

그림 2-42 지혈제

(13) 네일 표백제(Nail Breach)

자연 손톱이 담배, 잉크, 잦은 에나멜 시술로 누렇게 변색되었을 때 표백시켜 주는 용도로 사용한다.

(14) 네일 화이트너(Nail Whitener)

손톱의 프리 에지 부분이 희게 보이게 해주는 것으로 크림이나 치약처럼 되어 있다.

(15) 에나멜(Enamel)

손톱에 컬러를 내기 위해 발라주는 유색 화장제. 흔히 폴리시, 락카, 에나멜 등의 명칭으로 부른다.

그림 2-43 에나멜

(16) 에나멜 드라이어(Enamel Dryer)

에나멜을 바른 뒤, 빨리 말려 주기 위해 스프레이한다.

그림 2-44 에나멜 드라이어

(17) 넌 아세톤 리무버(Non-acetone Remover)

아세톤의 성분을 제외하고 다른 지우는 성분을 함유하여 글루나 아크릴을 녹이지 않으므로 인조네일을 시술할 때도 사용한다. 독한 아세톤이 들어있지 않기 때문에 자연네일의 손상이 적다.

그림 2-45 넌리무버 리무버

(18) 라운드 패드(Round Pad, 디스크 팩)

네일을 파일링한 뒤, 손톱 밑의 떨어지지 않은 찌꺼기들을 털어내기 위해 사용한다.

그림 2-46 디스크팩

(19) 샌딩 블럭(Sand Buffer)

손톱 표면의 울퉁불퉁한 면들을 없애기 위한 표면 정리와 원네일의 유분기 제거를 위한 버핑을 목적으로 사용한다.

그림 2-47 샌딩 블럭

(20) 글루(Glue)

팁이나 실크를 접착할 때나 네일 표면 전체의 보강을 위해 사용한다.

그림 2-48 글루

(21) 필러 파우더(Filler Powder)

팁을 붙였을 때 턱을 보강하거나 실크를 붙이거나 연장할 때 보강을 위해 사용한다.

그림 2-49 필러 파우더

(22) 젤(Gel)

글루보다 두께감이 있고 접착성이 강하며 끈적끈적하다. 실크나 팁의 접착이나 인조네일을 더 오래 유지하기 위해 보강할 때 사용한다.

그림 2-50 젤

(23) 글루 드라이어(Glue Dryer)

글루나 젤 도포 후 빠른 작업을 위해 말려줄 때 스프레이한다.

그림 2-51 글루 드라이어

(24) 랩

약한 손톱이나 인조 팁 위에 덧씌움으로써 튼튼하게 유지시켜 주기 위해 사용한다. 랩의 종류로는 실크(Silk), 린넨(Linen), 화이버글라스(Fiberglass) 등이 있다.

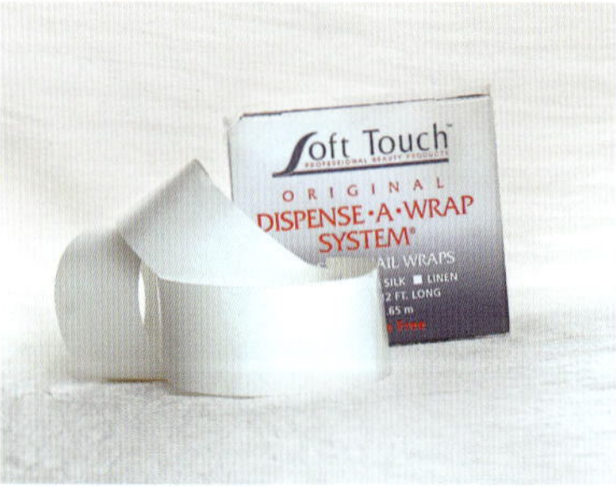

그림 2-52 랩

(25) 프라이머(Primer)

손톱표면에 불순물 및 유분기를 제거하여 아크릴릭 시술 시 접착력을 높여주기 위해서 발라준다.

그림 2-52 프라이머

(26) 아크릴릭 파우더(Acrylic Powder)

손톱을 연장하거나 보강하기 위하여 분말로 되어 있는 이 파우더와 리퀴드를 믹스하여 믹스춰 볼을 만든 뒤에 사용한다

그림 2-53
아크릴릭 파우더

(27) 아크릴릭 리퀴드(Acrylic Liquid)

아크릴릭 파우더를 녹여서 볼을 만들어 반죽할 때 사용한다.

그림 2-54
아크릴릭 리퀴드

(28) 브러시 크리너(Brush Cleaner)

아크릴 믹스할 때 파우더를 녹여 주는 역할을 하며, 붓에 파우더가 엉겨 붙었을 때 이를 녹여내기 위해 사용한다.

그림 2-55 브러시 크리너

(29) 띠너(Enamel Thinner)

굳어 있는 에나멜을 유화시킬 때 넣어준다.

그림 2-56 띠너

(30) 팁(Tip)

손톱을 연장할 때 사용한다. 팁에는 레귤러 팁, 풀 팁, 프렌치 팁, 롱 팁, 컬러 팁 등 다양한 종류가 있다.

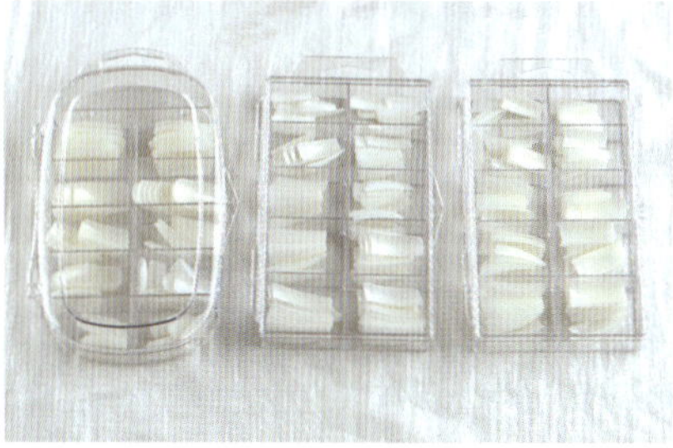

그림 2-57 팁

CHAPTER 03 | 네일 테크닉의 기초

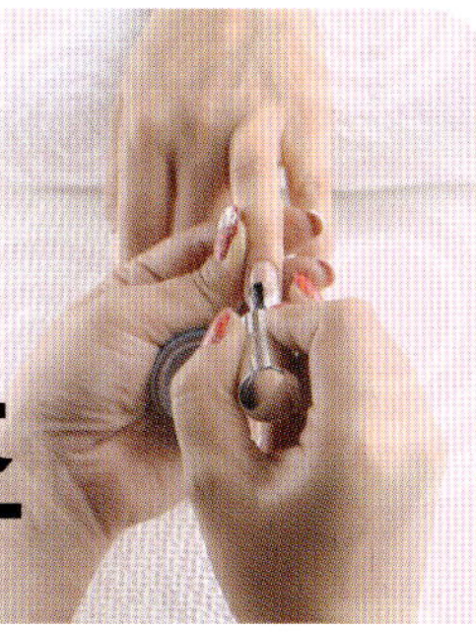

1 손톱의 형태

손톱의 형태는 고객이 원하는 대로 하는 것이 가장 중요하지만, 팁 시술 전의 손톱의 형태는 **라운드 형**으로, 팁 시술 후의 손톱의 형태는 **스퀘어 또는 오버 스퀘어 형태**로 하는 것이 가장 적당하다. 고객의 손가락 굵기와 길이 및 생활양식과 선호도에 의해서 네일의 길이와 모양이 결정된다.

(1) 손톱의 5가지 기본형태

① 스퀘어형 (Square Shape)

파일의 각도는 **90°**, 손끝을 많이 사용하는 사람이나 사무직에 종사하는 사람들처럼 짧은 네일을 원하는 고객들에게 시술한다. 다른 모양의 네일보다 튼튼하여 잘 부러지지 않고 도시적이고 샤프한 느낌을 주며 개성적인 이미지를 나타낸다.

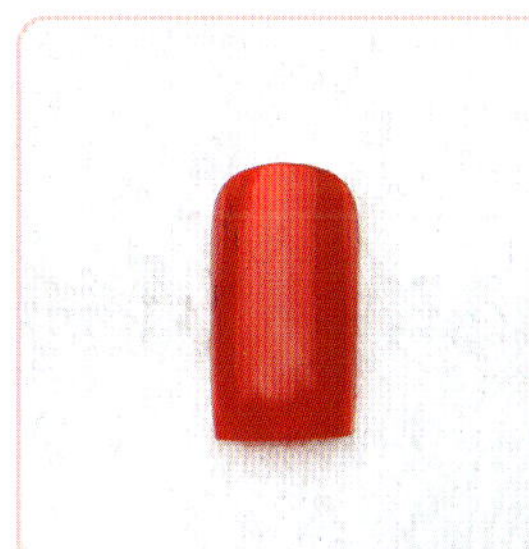

② 오버 스퀘어형 (Over Square Shape)

파일의 각도는 **30°**, 가장 무난한 형이며 스퀘어형에서 프리 에지 부분의 사이드가 약간의 곡선을 이루기 때문에 손톱이 약한 사람들에게도 적당하다.

③ 라운드형(Round Shape)

파일의 각도는 **45~60°**, 평범하고 가장 무난한 형이다. 프리 에지 부분이 각이 없는 둥근 모양이다.

파일링 시 사이드 라인이 큐티클 라인으로 너무 깊게 패이지 않도록 주의해야 한다. 큐티클 안쪽까지 라인을 잡으면 손톱이 파고드는 원인이 된다.

④ 오발형(Oval Shape)

파일의 각도는 **15°**, 총알 형태의 네일로 가장 여성적인 매력을 더해주며 손이 길어 보이게 한다.

⑤ 포인티드형(Pointed Shape)

파일의 각도는 **180°**, 거의 파일을 눕혀서 시술을 한다. 손톱이 아몬드형이 되므로 잘 부러지는 단점이 있다.

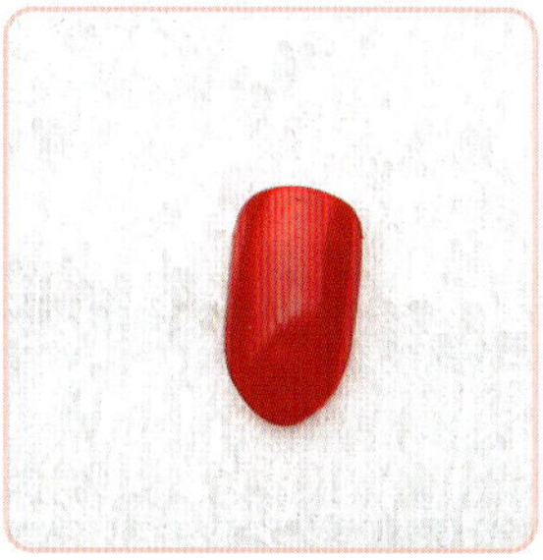

2 파일링의 방법

(1) 에나멜을 깨끗하게 바르려면 표면이 균일하여야 한다.

(2) 파일링을 할 때에는 손목의 힘을 완전히 뺀 뒤 파일을 바르게 잡고 시술한다.

① 1지는 파일의 바깥쪽 1/3지점에 대고 2지는 파일의 끝을 받친 뒤, 나머지 3지는 구부린 후에 파일링한다.

② 1지는 파일의 바깥쪽 1/3지점에, 2지는 파일의 가장자리에 두고 파일링한다.

③ 손톱의 사이드 라인은 일직선이 되어야 손이 길어 보이므로, 파일을 세워

1지로 잡고 파일을 세로로 하여 사이드 라인을 갈아 준다.

④ 손톱의 길이를 조절할 때에는 1, 2지로 잡고 파일을 가로로 세워 파일링한다.

⑤ 샌딩 블럭을 사용할 때에는 1지와 3지를 이용해 양 끝부분을 잡고 파일링한다.

(3) 파일을 쥐는 각도가 클수록 손톱의 형태는 둥글어진다.

그림 3-1 파일링하는 방법

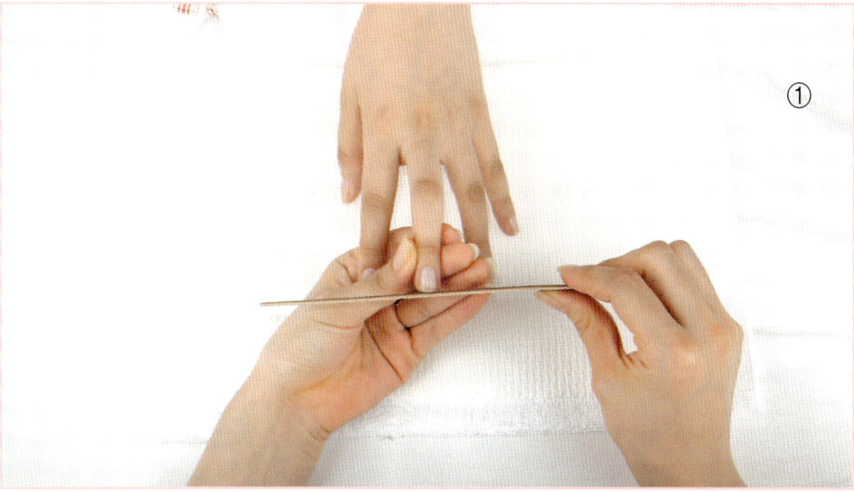

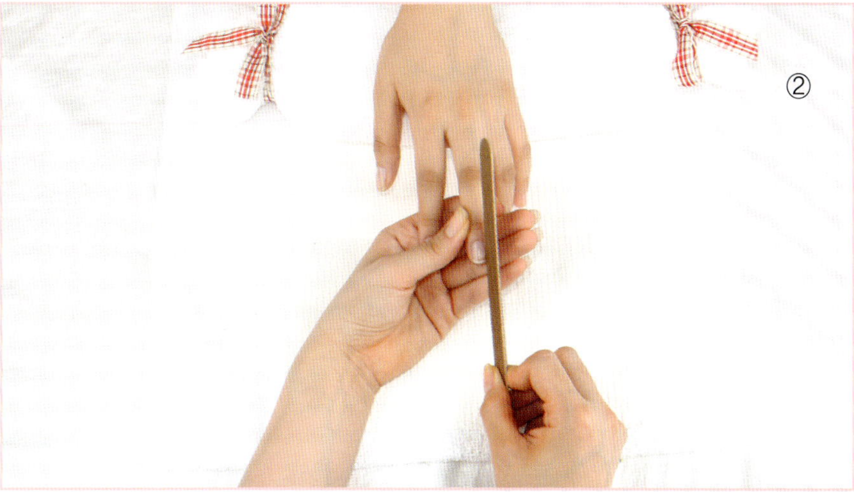

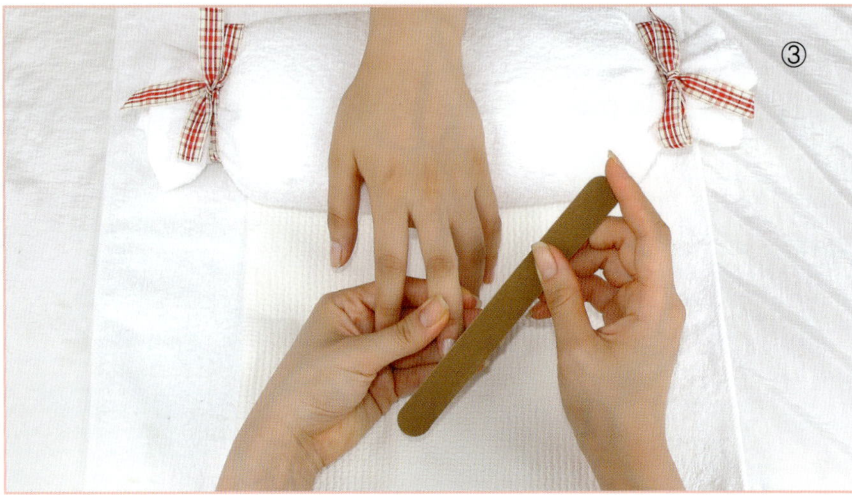

3 에나멜을 바르는 순서와 방법

에나멜은 손톱을 보호하고 색채와 광택을 주어서 손을 더욱 아름답게 하고 개성이 더욱 돋보이도록 도와 준다. 에나멜을 잘 바르려면 에나멜의 솔이 퍼짐이 좋고 브러시 대의 길이가 약간 긴 것이 좋으며 에나멜 농도가 적절해야 한다.

에나멜을 보관할 때에는 항상 병의 입구를 청결히 하고 이물질이 들어가지 않도록 주의하여 사용할 때는 위아래로 흔들지 말고 병을 좌우로 비벼 준 뒤에 사용한다(흔들어 사용하면 붓대의 위에 에나멜이 묻어서 덩어리지기 쉽다).

에나멜이 굳었을 때 절대 리무버를 섞지 말고(리무버는 휘발성이라 오히려 응고를 촉진시키고 나중에 에나멜이 이중으로 분리되게 한다) 띠너를 넣어서 사용한다.

(1) 에나멜을 바르는 방법(Ⅰ)

오른손잡이를 기준으로 한 에나멜 바르기 방법이다.

① 에나멜은 항상 **왼손 5지부터** 바른다.
② **베이스 코트** : 손톱 표면의 보호와 에나멜의 착색 방지를 위해 발라 준다.
③ **에나멜** : 2번 발라 준다(프리 에지 부분을 빼먹지 않도록 주의한다).
④ **탑 코트** : 에나멜의 광택과 오랜 유지를 위한 코팅막 형성을 위해 발라 준다.
⑤ 에나멜을 바를 때는 반드시 들고 바르고, 에나멜을 바르는 손의 5지로 고객의 손을 받친 손을 지지한 뒤 컬러링한다.

그림 3-2 컬러링하는 방법

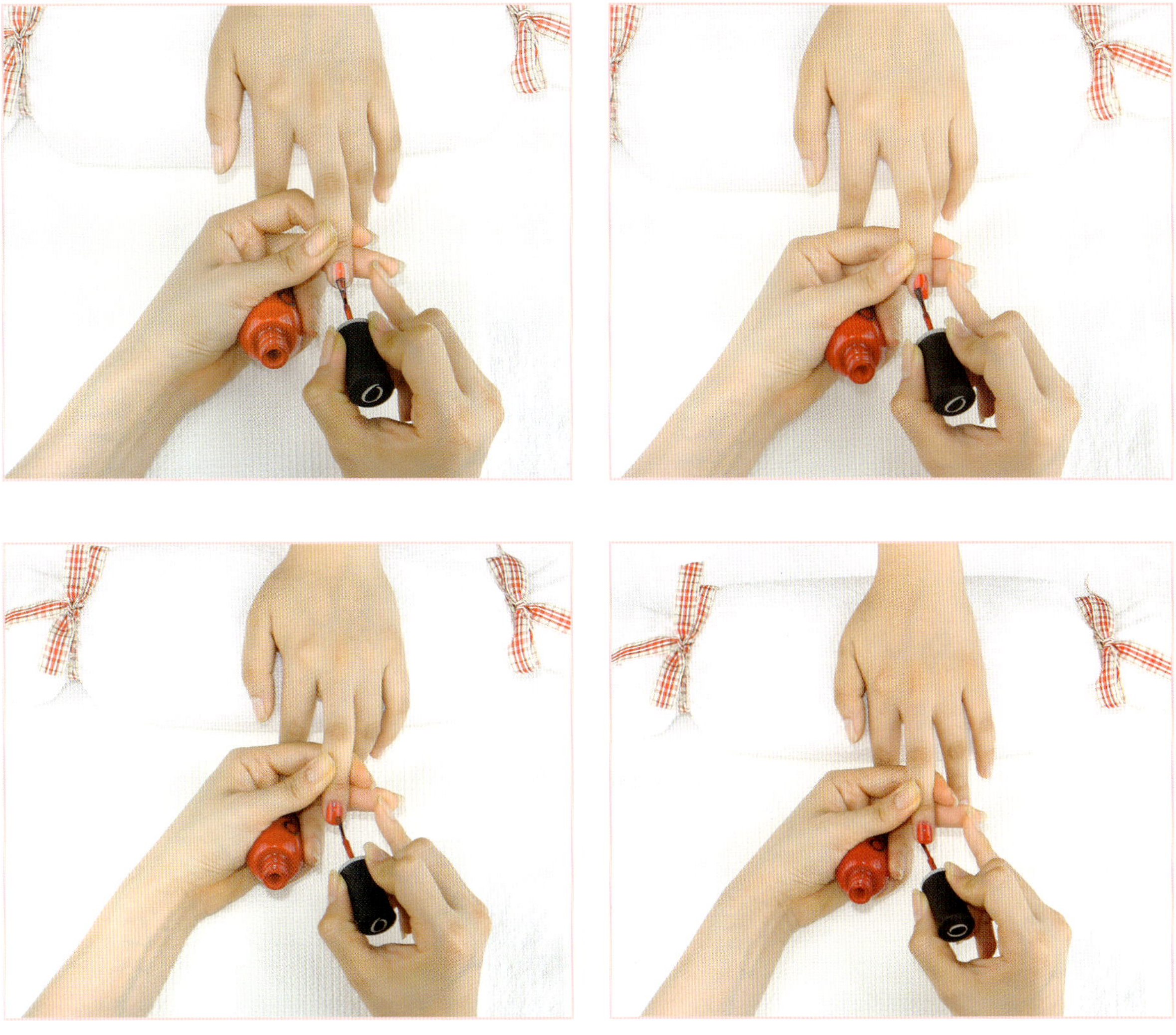

(2) 에나멜을 바르는 방법(Ⅱ)

오른손잡이를 기준으로 한 에나멜 바르기 방법이다.

① 시술자의 왼손 1, 2지로 고객의 시술할 손을 잡는다.
② 시술자의 왼손 4, 5지로 에나멜 케이스를 잡는다.
③ 시술자의 왼손 3지에 오른손 5지를 지지한다(손 흔들림 방지).
④ 시술자의 오른손 1, 2지로 에나멜 브러시를 잡는다.

⑤ 에나멜 브러시를 꺼낼 때 병입구에서 에나멜을 양을 조절한다.

⑥ 고객의 손톱 **중앙을 바른다.**

⑦ 시술자가 바라보는 방향에서 **왼쪽을 바른다.**

⑧ 시술자가 바라보는 방향에서 **오른쪽을 바른다**(오른쪽과 왼쪽의 방향은 바뀌어도 무관하다).

⑨ 브러시를 세워서 **프리 에지 부분**을 바른다(처음 바를 때만 시술한다).

⑩ 두 번째 바를 때는 ⑥~⑧번만 시술하고 ⑨ 프리 에지 부분은 생략한다(얼룩 예방).

(3) 에나멜 지우는 방법

에나멜 리무버는 아세톤이라는 매우 강한 화학성분을 함유하고 있는 것이 많다. 에나멜을 바르는 빈도는 1주일에 1회 정도가 가장 바람직하다. 너무 자주 에나멜을 바르면 손톱에 포함되어 있는 유분과 수분을 급격하게 잃게 되고, 손톱의 건강을 해칠 위험이 있기 때문에 주의해야 한다.

에나멜을 지울 때는 우선 액을 묻히고 나서 솜을 손톱 위에 5~6초 정도 둔다. 그런 다음 가볍게 누른 채 손끝을 향해 끌면서 닦아 낸다. 표면을 싹싹 문지르면 솜에 묻혀 나온 지워진 에나멜이 손가락과 손톱 뒤의 부드러운 살갗 주위에 묻게 된다. 그 때문에 바르는 에나멜 색에 영향을 주게 되므로 주의한다. 손톱의 안쪽과 주위에 남은 에나멜은 리무버를 적신 면봉 등을 이용해서 제거해 준다.

솜을 이용한 리무빙 동작은 오른쪽 → 왼쪽 → 중앙 → 앞 방향으로 시술한다.

(4) 컬러링의 명칭

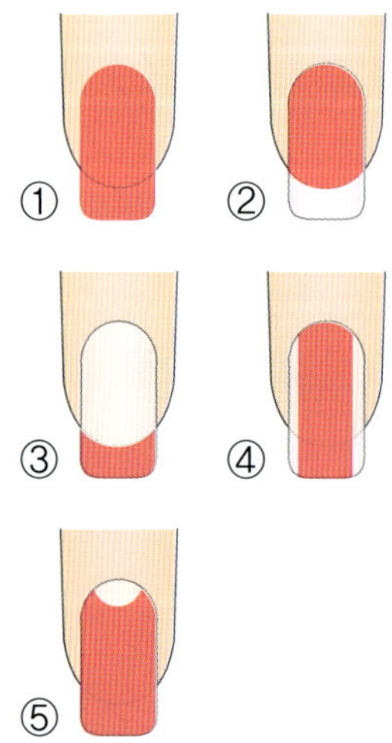

① 전체 바르기(Full Coat)
손톱 전체면을 가득 채워서 컬러링한다.

② 프리 에지(Free Edge)
프리 에지 부위만 비워두고 컬러링한다.

③ 프렌치 컬러(French Color)
프리 에지 라인만 컬러링한다.

④ 후리월(Free Walls)
양 사이드 부위를 1/16 정도 남겨두고 컬러링한다.

⑤ 반달형(Half moon or Lunula)
루눌라 부위만 남겨두고 컬러링한다.

CHAPTER 04 | 습식 매니큐어(Manicure)

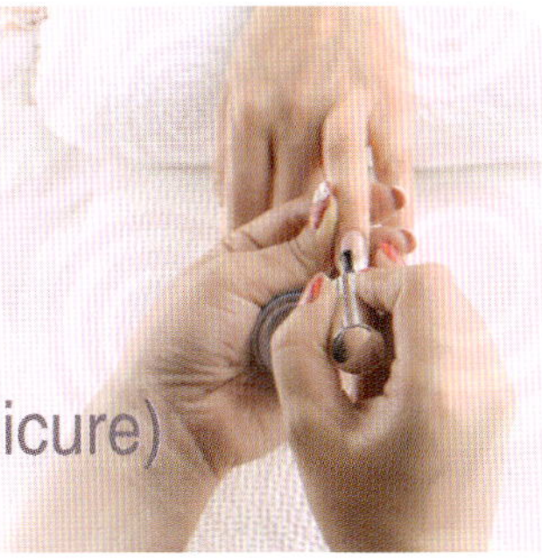

손톱 주위의 각질을 제거하기 쉽도록 손끝을 따뜻한 물에 담근 후에 손톱 표피를 손질하는 방법이 습식 매니큐어이다.

손의 청결과 마사지를 비롯하여 컬러링 및 팁 시술 전에 시술하는 가장 기본적인 원리이다. 네일숍에서 일반적으로 가장 많이 실시되는 방법이다.

1 필요한 재료

(1) 안티셉틱 (2) 솜 (3) 타월과 키친타월 (4) 리무버 (5) 니퍼 (6) 푸셔 (7) 오렌지 우드스틱 (8) 파일(종류별) (9) 지혈제 (10) 핑거 볼 (11) 큐티클 오일 (12) 핸드로션 (13) 에나멜 드라이어 (14) 네일 브러시 (15) 컬러링 재료 : 에나멜, 탑 코트, 베이스 코트

2 사전 준비

(1) 타월과 키친타월을 깔아 세팅한다.
(2) 메탈로 된 도구들은 20분 전에 소독제에 미리 담가 놓는다.
(3) 관리에 필요한 제품을 세팅한다.
(4) 비닐팩(쓰레기봉투)을 테이블에 부착한다.
(5) 핑거 볼에 미온수를 준비한다.

③ 시술방법

오른손잡이는 왼손을 먼저 시술하고 왼손잡이는 오른손을 먼저 시술하는데 그 이유는 많이 사용하는 손에 굳은살이 많기 때문이다.

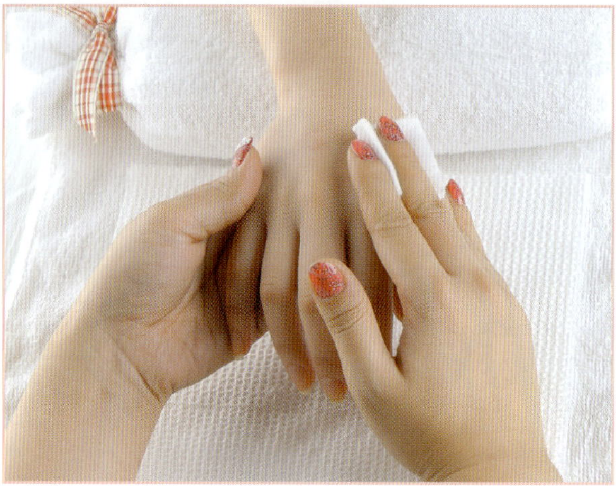

(1) 손 소독하기

① 안티셉틱을 솜에 뿌린 다음 시술자의 왼손 5지부터 소독한다.

② 안티셉틱을 솜에 뿌린 다음 고객의 왼손 5지부터 소독한다.

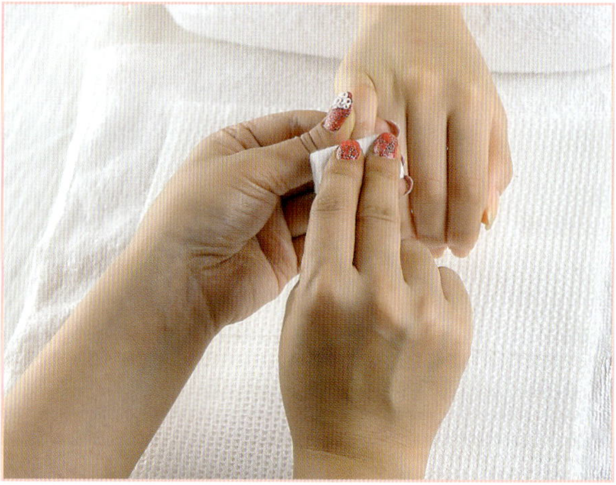

(2) 에나멜 지우기

① 솜을 반으로 접어서 리무버를 묻힌다.

② 고객의 왼손 5지부터 닦는다.

③ 닦는 방향은 왼쪽 → 오른쪽 순으로 가볍게 비벼 닦아 낸다.

④ 짙은 에나멜을 발랐을 경우, 5초 정도 눌렀다가 비비지 말고 한 번에 닦아내야 큐티클이 지저분해지지 않는다.

(3) 손톱 모양 잡기(왼손 시술)

① 파일링

- 왼손 5지부터 엄지를 향해 시술한다.
- 손톱의 길이를 먼저 조절한 뒤, 좌측과 우측의 Shape를 잡아 준다.
- 습식만 시술할 경우 고객의 취향에 맞게 시술하면 되지만, 인조네일을 시술할 때는 반드시 라운드로 맞춰 준다.

② 샌딩

- 중앙 → 좌 → 우 → 전체 순으로 버핑한다.
- 샌딩의 사이드 면을 잡고 지그재그로 비벼주면서 시술한다.
- 표면의 균일성과 유분기 제거를 위해 시술한다.

③ 디스크팩

손톱 밑의 찌꺼기를 제거한다.

④ 솔

이물질을 가볍게 털어 낸다.

(4) 손 불리기(왼손)

핑거 볼에 따뜻한 물을 담아 큐티클 제거를 위해 손을 불린다. 전용 용해제를 물에 풀어 불리면 더욱 효과가 좋다.

(5) 손톱 모양 잡기(오른손)

왼손을 핑거 볼에 불리는 동안 오른손의 손톱 모양 잡기(파일링→샌딩→디스크팩→솔)를 실시한다.

(6) 손 불리기(오른손)

왼손을 핑거 볼에서 꺼낸 다음 물기를 제거하고 오른손을 담근다.

(7) 큐티클 제거하기(왼손→오른손)

① 오일 바르기

큐티클 제거가 용이하도록 연화시키기 위해 큐티클 라인에 큐티클 오일(리무버, 이레이져 등)을 발라 준다.

② 푸셔

우드스틱이나 푸셔를 이용하여 **45° 각도**로 플레이트가 손상되지 않도록 주의하여 큐티클을 밀어 준다.

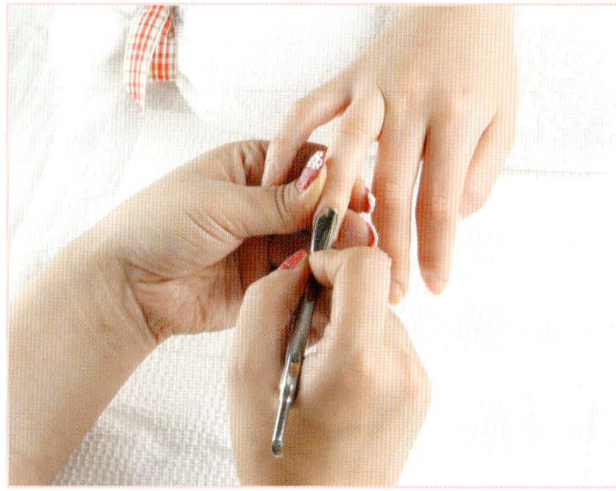

③ 니퍼

니퍼를 **45° 각도**로 하여 큐티클을 제거한다.(사진은 니퍼를 잡는 3가지 방법)

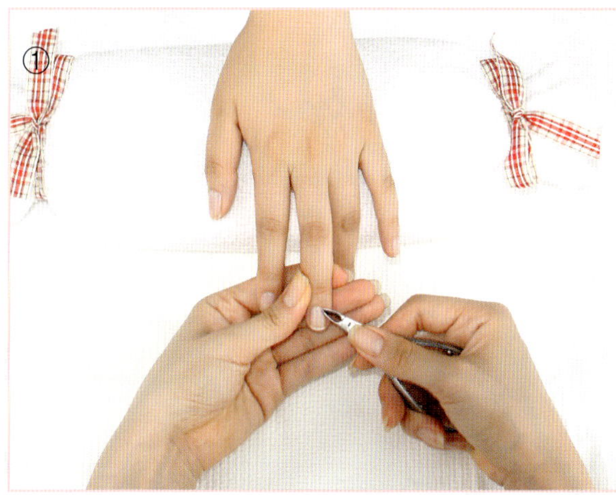

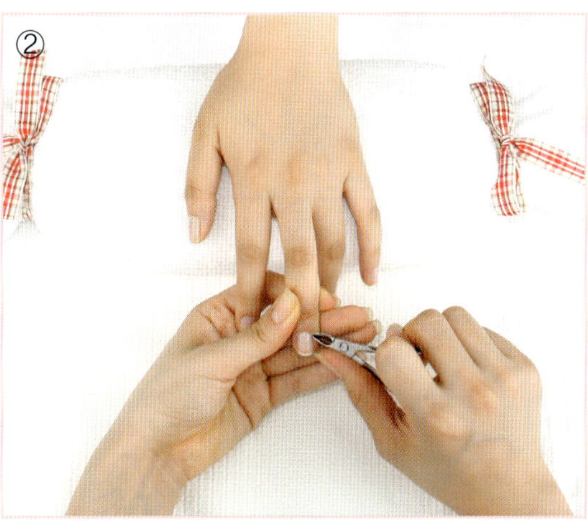

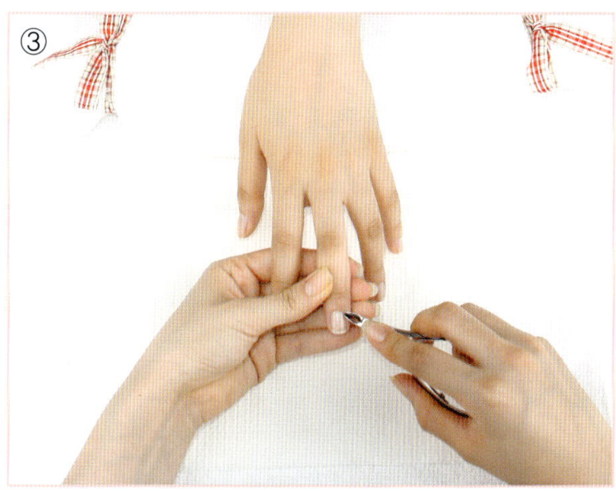

(8) 손 소독하기

예민해진 큐티클의 감염 예방하기 위해 안티셉틱을 한 번 더 시술한다(솜에 묻히지 말고 바로 스프레이한다).

(9) 손 마사지

손마사지를 실시한다(p 106 참고).

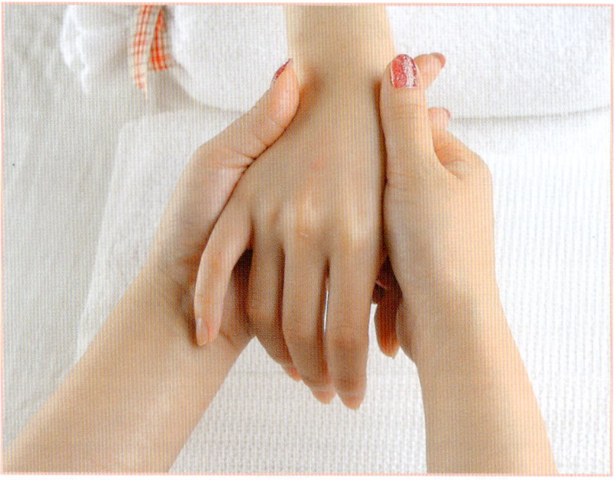

(10) 유분기를 제거한다

① 키친타월을 이용하여 손 전체의 유분기를 제거한다.

② 면봉(면봉+리무버)을 이용하여 네일 플레이트의 유분기를 제거한다.

③ 플레이트의 유분기를 제거할 때 리무버 성분이 큐티클에 닿지 않도록 주의한다.(보습 유지)

(11) 컬러링하기

① **베이스 코트**를 바른다.

손톱표면의 보호를 위해 코팅막을 형성해주어 착색되는 것을 방지해준다. 베이스 코트 대신 영양제나 강화제 등을 발라도 무관하다(손톱이 누렇게 변색됐을 경우 네일 화이트너를 면봉에 묻혀 닦아준 다음 시술한다).

② **에나멜**을 바른다.

에나멜을 두 번 바른다. 첫 번째 바를 때는 프리 에지까지 꼼꼼히 발라주고 두 번째는 플레이트만 발라 준다.

- 첫 번째 시술 : 중앙 → 좌 → 우 → 프리 엣지(free-ege)
- 두 번째 시술 : 중앙 → 좌 → 우(프리 엣지(free-ege) 생략)

* 좌우의 순서는 바뀌어도 무관하다.
시술 시 과도하게 흔들면 거품이 발생하므로 주의한다.

③ **탑 코트**를 바른다.

코팅막을 형성하여 에나멜의 광택을 더해주며, 지속력을 높여 준다.

4 손 마사지(Hand Massage)

고객에게 편안함과 휴식을 주는 것은 물론 보습과 탄력을 주려는 목적으로 실시하며, 근육을 풀어서 유연성과 탄력성을 더해 준다.

가장 큰 효과로는 피부를 자극하여 신진대사를 촉진하여 주며, 꾸준한 관리를 통하여 수분과 영양을 주어 손의 노화를 예방함은 물론이고 보습효과가 생겨서 손을 보호해 준다.

(1) 전체 쓰다듬기

양손을 교차하며, 팔을 전체적으로 쓰다듬는다 (팔꿈치까지 시술한다).

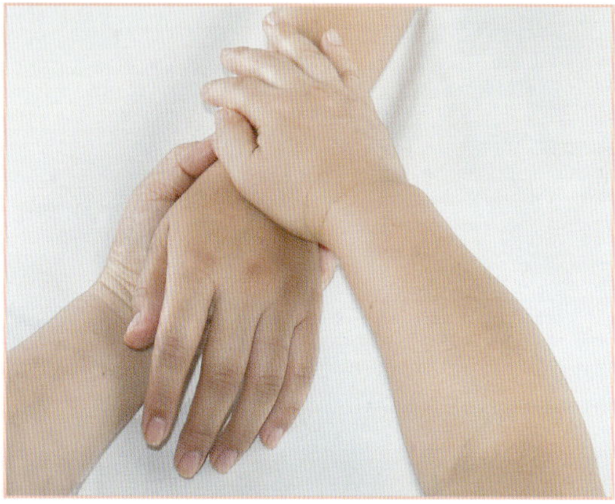

(2) 손가락 풀어주기

시술자의 엄지를 이용하여 시술한다.

① 손톱에 압을 준다.

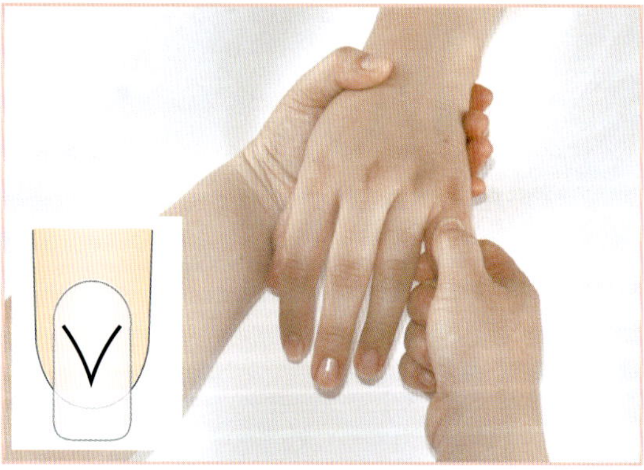

② 관절 풀기

관절 부위를 원을 그리며 돌려 준다. (볼록 튀어나온 부분)

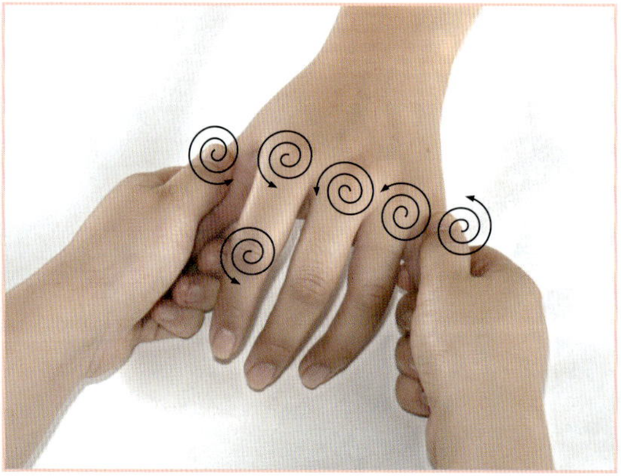

③ 마디 풀기

마디부위를 시술자 쪽으로 당기듯이 쓸어준다. 먼저 왼쪽에서 오른쪽으로 이동한 다음 오른쪽에서 왼쪽으로 이동한다.

④ 지골 사이 시술하기

다음 손가락으로 이동시 손등의 지골 사이사이를 파는 느낌으로 이동한다(양손으로 시술).

a : 양손으로 교차하여 부채꼴 모양을 만들며 올라간다.

b : 오른손(한손)으로 쓸어내리며 다음 손가락으로 이동

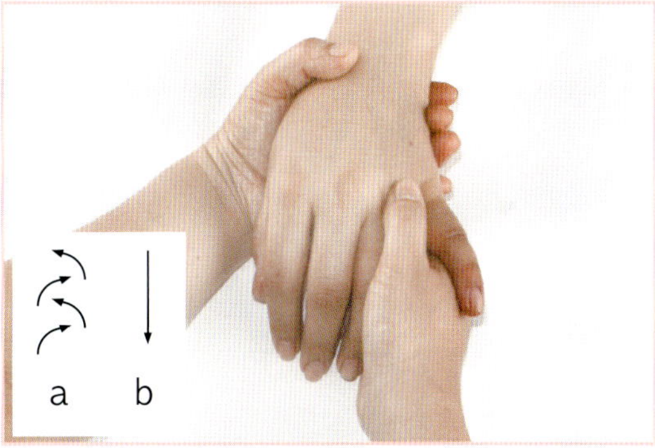

(3) 손등 · 손바닥 쓸어주기

① 시술자의 양손 엄지를 이용 고객의 손등 전체를 쓰다듬어 준다. 시술자의 양손 5지는 고객의 1지와5지 사이에 끼운다.

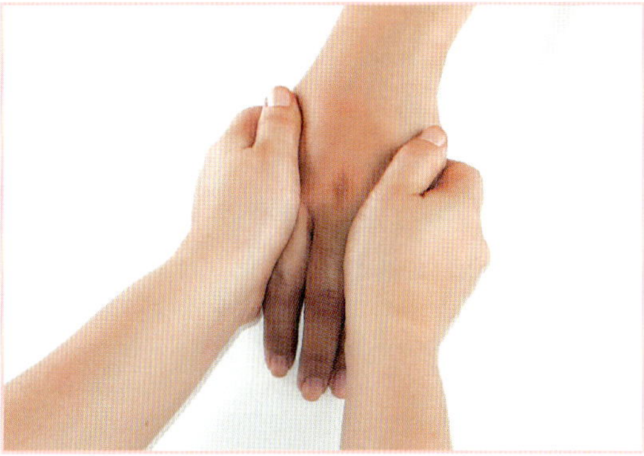

② 손바닥 쓸어주기

- 손바닥을 지압한다.
- 손바닥 전체를 끼워 준다.
- 시술을 할 때는 시술자의 양손 5지를 고객의 1지와 5지 사이에 끼워서 시술한다.

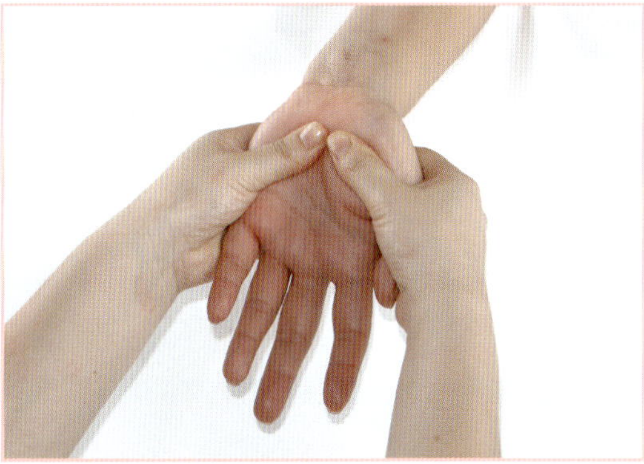

(4) 갈고리 트위스트

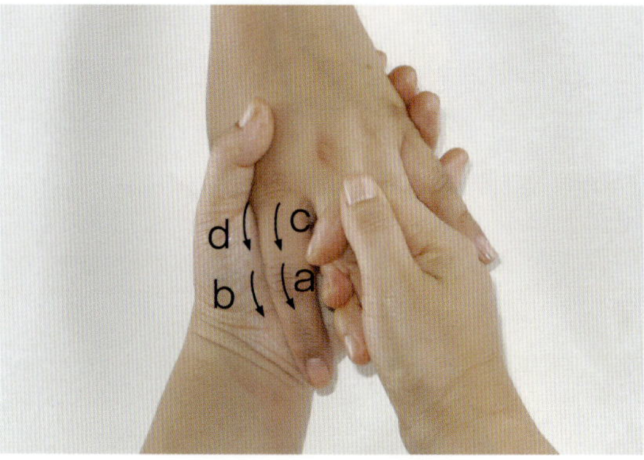

① 시술자의 2, 3지를 갈고리 모양으로 만든다.

② 고객의 손가락을 2등분하여 각 4박자씩 트위스트로 긁어 준다. 윗부분부터 시술하고 아랫부분을 시술한다

(a : 2박자, b : 2박자, c : 2박자, d : 2박자)

③ 전체적으로 긁어내며 손톱 부위에 살짝 압을 주며 빼낸다.

(5) 손등과 손바닥 두드리기

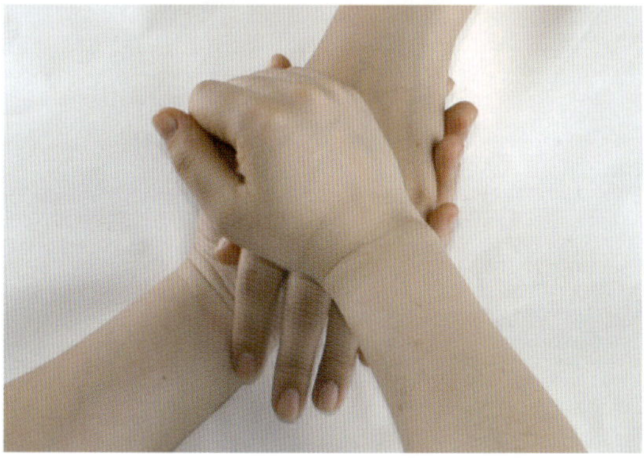

가볍게 주먹을 쥐고, 고객의 손등과 손바닥을 두드려 준다. 시술자의 스냅을 이용하여 가볍게 시술한다.

(6) 손목 근육 풀어주기

시술자의 왼손으로 고객의 손목을 잡아주고 오른손으로는 고객의 손을 서서히 앞과 뒤를 꺾어주는 동작과 돌려주는 동작을 시행해 준다.

(7) 전체 쓰다듬기

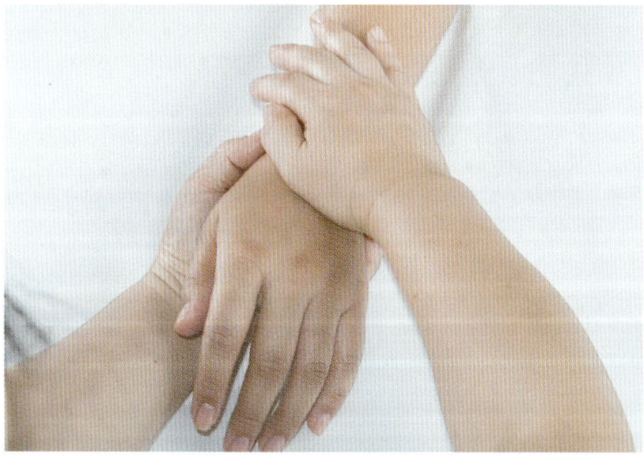

(1)번과 동일

(8) 유분기 제거

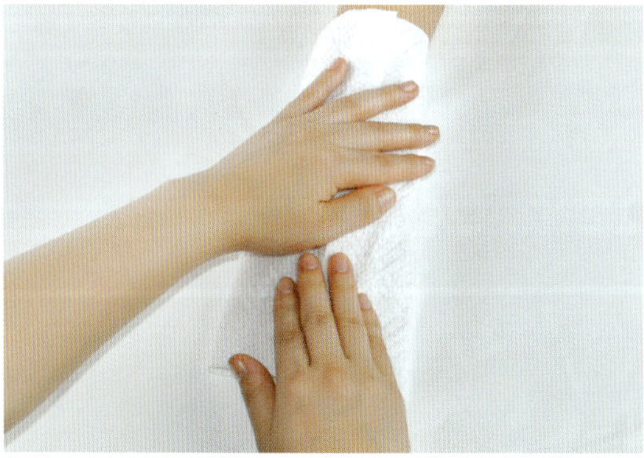

키친타월을 이용하여 손전체의 유분기를 제거한다.

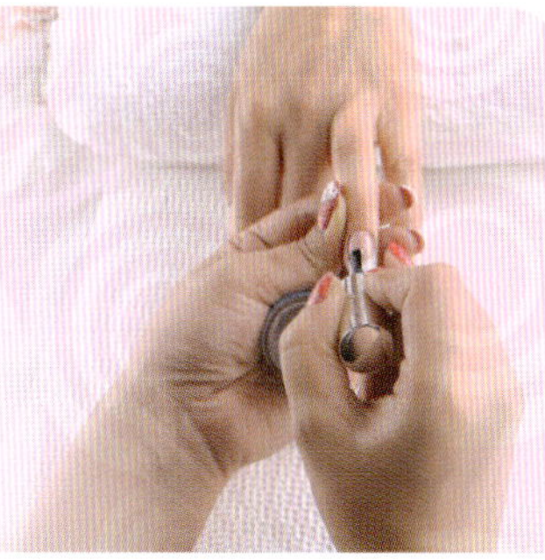

CHAPTER 05 | 페디큐어 (Pedicure)

발은 제2의 심장이라고 할 만큼 노폐물이 많이 축적되어 있고, 대사산물이 많은 곳이다. 발에는 7,000개 이상의 신경가지가 분포돼 있기 때문에 발 관리를 잘 해주면 어혈과 발의 피로 등이 풀려서 신진대사가 원활해지고 분비물의 흐름 또한 적절히 조절된다.

1 필요한 재료

(1) 안티셉틱 (2) 솜 (3) 타월과 키친타월 (4) 리무버 (5) 니퍼 (6) 푸셔 (7) 오렌지 우드스틱
(8) 파일(종류별) (9) 지혈제 (10) 큐티클 오일 (11) 핸드로션 (12) 에나멜 드라이어
(13) 네일브러쉬 (14) 컬러링 재료 : 에나멜, 탑 코트, 베이스코 트 (15) 콘 커터 (16) 페디 파일
(17) 토우 세퍼레이터 (18) 각탕기(분무기)

2 사전 준비

(1) 타월과 키친타월을 깔아서 세팅한다.
(2) 메탈로 된 도구들은 20분 전에 소독제에 미리 담가 놓는다.
(3) 관리에 필요한 제품을 세팅한다.
(4) 비닐팩(쓰레기 봉투)을 테이블에 부착한다.
(5) 각탕기(분무기)에 미온수를 준비한다.
(6) 고객은 책상 위로 올라가서 시술사의 무릎에 발을 올린다.

3 시술방법

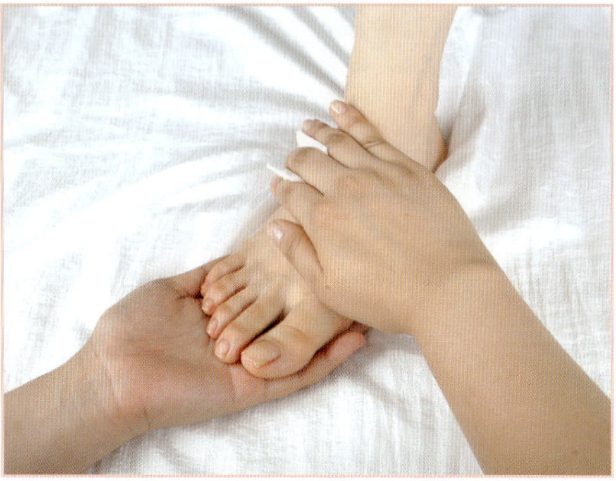

(1) 발 소독하기

① 시술자의 손을 소독한 후, 모델의 발을 소독한다.

② 왼발 5지부터 발등 → 발바닥 순으로 시술한다.

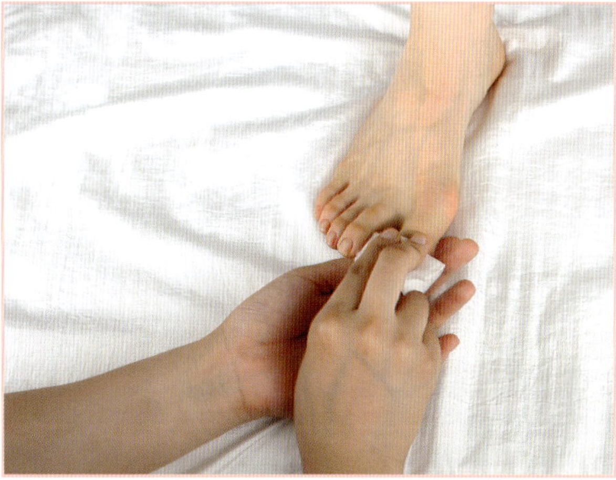

(2) 에나멜 지우기

① 솜을 반으로 접는다.

② 솜에 리무버를 충분히 적신다.

③ 왼발 5지부터 에나멜을 지운다.

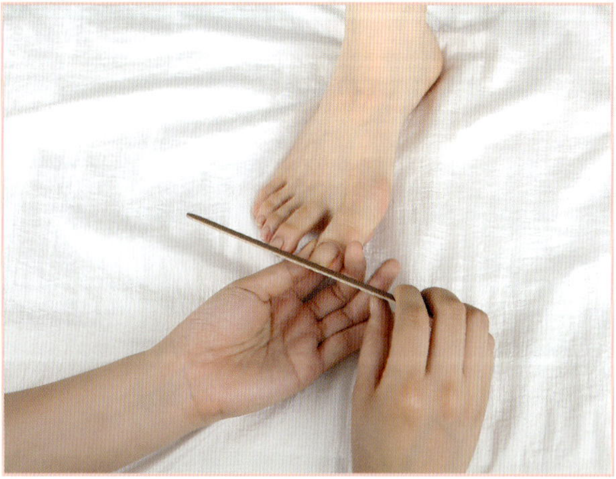

(3) 발톱 모양 잡기

① 파일링하기

왼발 5지부터 반드시 스퀘어 또는 오버스퀘어 모양으로 파일링한다(함입조 예방 목적).

* 함입조 : 발톱이 살을 파고 드는 것

② 샌딩하기

중앙→오른쪽→왼쪽→전체 순으로 표면을 버핑한다(왼쪽과 오른쪽의 시술방향은 바뀌어도 무방하다).

③ 디스크팩

발톱 밑의 찌꺼기를 제거한다(발톱이 너무 짧은 경우에는 생략할 수 있으며 솔을 이용하여 찌꺼기를 털어내도 된다).

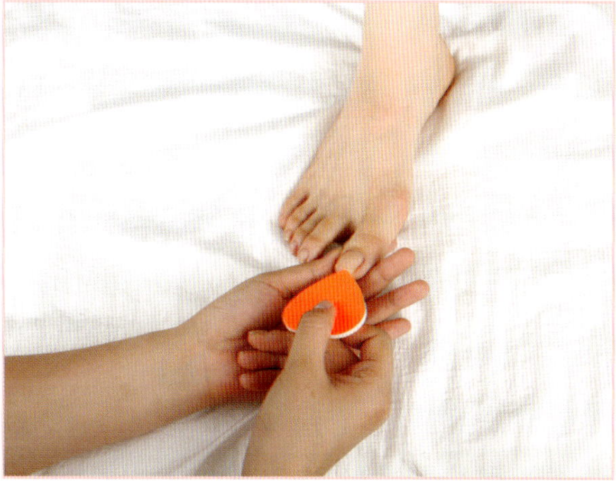

④ 솔

발의 이물질을 털어낸다.

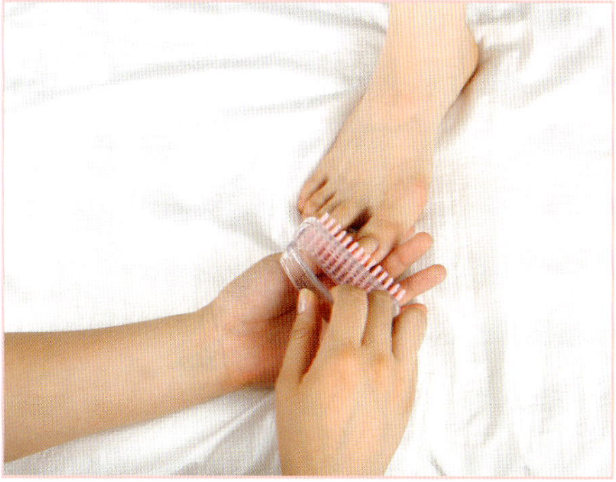

(4) 발 불리기(자격시험 시 생략)

각탕기를 이용하여 발을 불린다.

(5) 큐티클 제거

① 오일 바르기

큐티클의 연화를 위하여 **큐티클 라인**에 큐티클 전용 오일을 바른다. 큐티클 리무버, 이레이저(eraser)도 같은 용도로 사용한다.

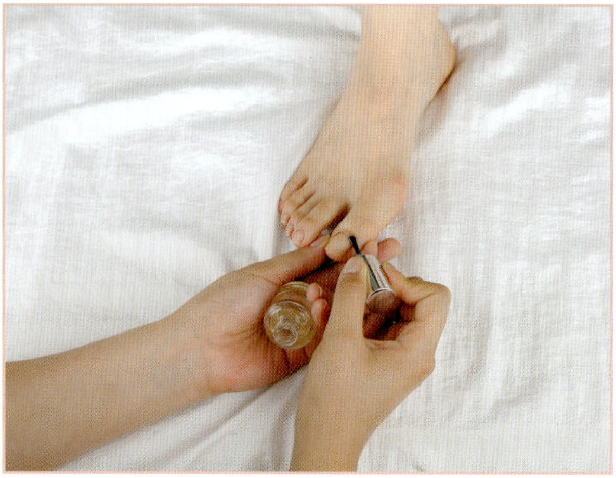

② 푸셔

우드스틱이나 푸셔를 **45° 각도**로 비스듬히 세워서 큐티클을 밀어 준다. 이때 플레이트가 손상되지 않도록 주의한다.

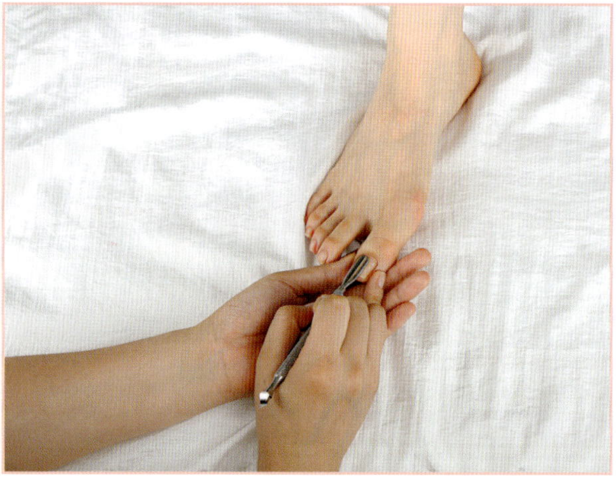

③ 니퍼

니퍼를 **45° 각도**로 이용하여 큐티클을 제거한다(사용방법은 습식 매니큐어를 시술할 때와 동일하므로 세 가지 방법 중 시술자가 편한 방법을 선택한다.).

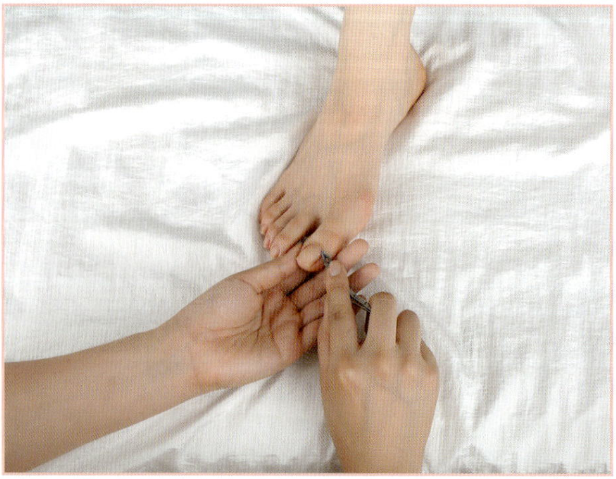

(6) 굳은살 제거하기

자격시험 시 분무기를 이용하여 발바닥에 물을 분사한 뒤 키친타월로 닦아낸다(각탕기를 사용하지 못하기 때문이다).

① **콘 커터**(크레도)

- 콘 커터를 사용하여 발바닥의 굳은살을 제거한다.
- 발바닥의 윗부분을 세로로 2등분하여 **오른쪽을 먼저 부채꼴**(족문의 결에 따라) **모양**으로 시술한 뒤, 왼쪽도 같은 방법으로 시술한다(가로 2등분, 세로 2등분). 이때 시술자의 엄지로 모델의 5지를 젖힌다.
- 뒤꿈치 부분도 같은 방법으로 시술한다. (오른쪽 → 왼쪽 시술)
- 족궁부분은 시술하지 않는다.

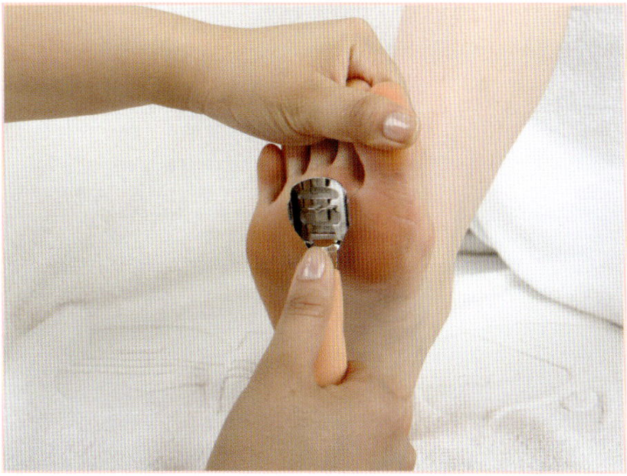

② 패디 파일

패디 파일에 발전용 크림을 묻혀서 콘 커터와 같은 방법으로 시술한다.

* 콘커터와 패디화일의 시술방법은 동일하다.

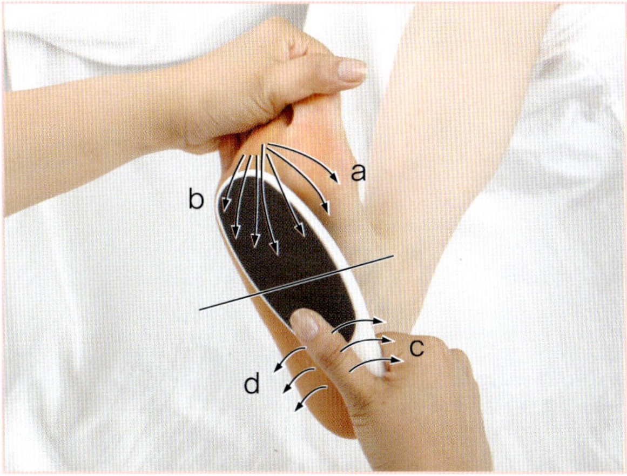

(7) 발 소독하기

- 메탈도구 사용 후, 감염예방을 위해 큐티클과 발바닥에 안티셉틱을 한 번 더 시술한다(솜을 사용하지 않고 전체적으로 분무한다).
- 큐티클과 발바닥에 모두 분사한다.

(8) 발 마사지

p. 116 참고

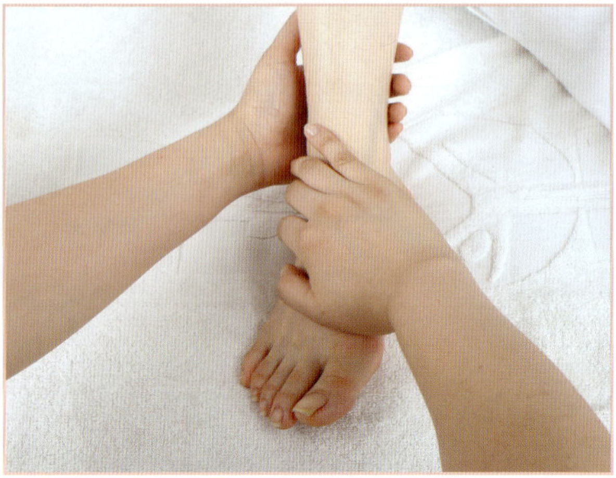

(9) 토우 세퍼레이터 끼우기

컬러링을 용이하게 하기 위하여 발가락끼우개를 끼워 준다. 5지부터 1지 순으로 끼운다.

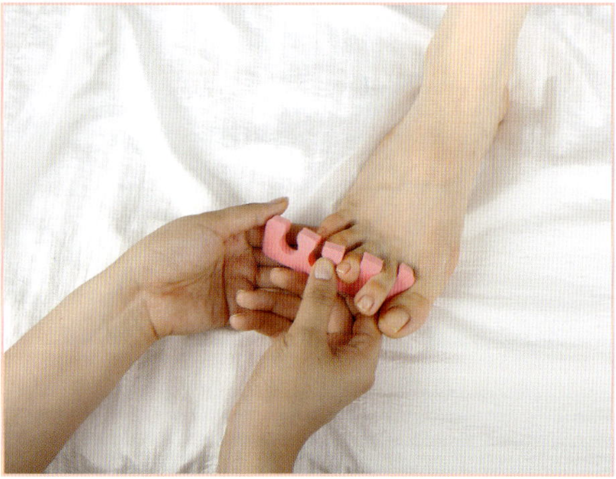

(10) 컬러링

① 베이스 코트

- 표면에 코팅막을 형성하여 수분증발을 방지하며 에나멜의 색이 착색되지 않도록 커버해준다.
- 왼발 5지부터 시작하여 엄지까지 시술하고 오른발도 5지부터 시술한다.
- 중앙 → 좌 → 우 순으로 시술한다.

② 컬러링 2번

에나멜을 두 번 바른다. 첫 번째 바를 때는 프리 에지까지 꼼꼼히 발라주고, 두 번째는 플레이트만 발라 준다.

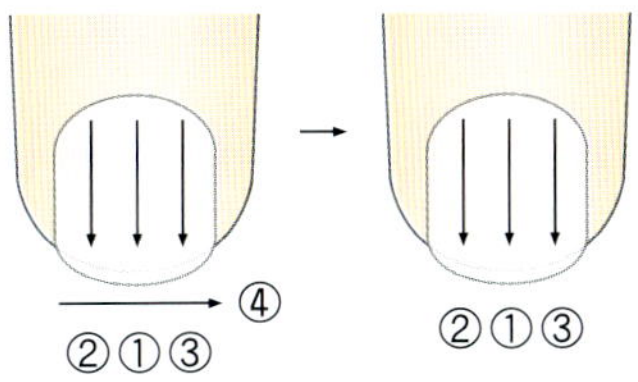

③ 탑 코트

코팅막을 형성하여 에나멜의 광택을 더해주며, 에나멜의 지속력을 높여 준다. 컬러링 수정 시에도 탑 코트를 부분적으로 사용하는데 튀어나온 부위에 탑 코트를 바른 뒤 우드스틱으로 긁어낸다.

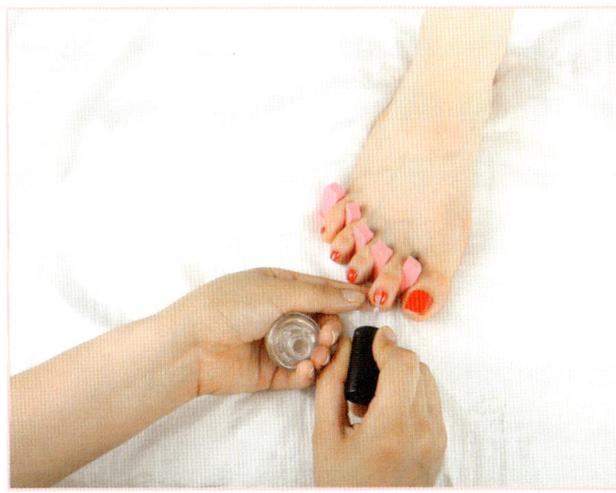

(11) 완성된 모습

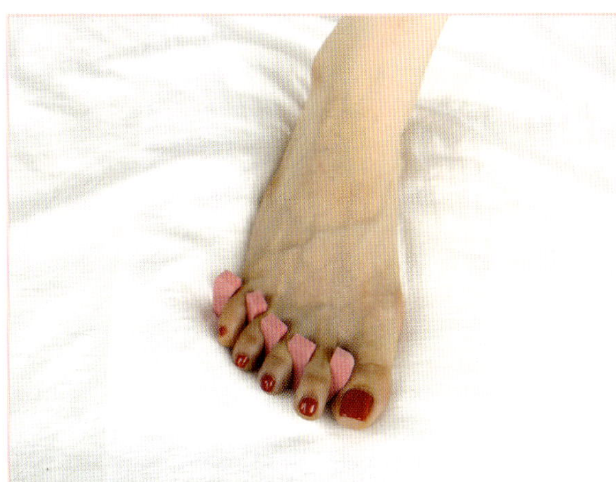

4 발 마사지(Foot Massage)

건강한 발을 위해서는 낮은 신발을 신고, 발을 잘 씻은 다음에 발 전체를 자주 주물러 주어야 한다. 잠잘 때는 항상 발을 따뜻하게 하고 발목 돌리기와 스트레칭을 자주 해주면 더욱 건강한 발을 유지할 수 있다.

(1) 전체 쓰다듬기

① 발크림을 시술자의 손에 덜어서 예열한 뒤에 시술한다.

② 양손을 교차하며 다리 전체를 쓰다듬어 준다.
(8회 반복, 무릎 위 10cm까지 시술).

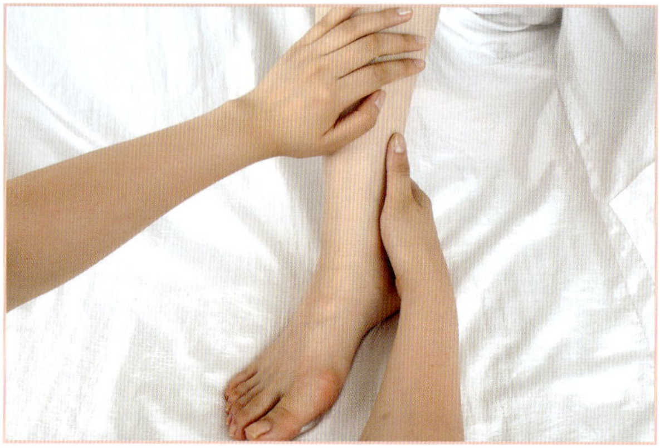

(2) 발가락 풀어주기

① 발톱을 눌러준다.

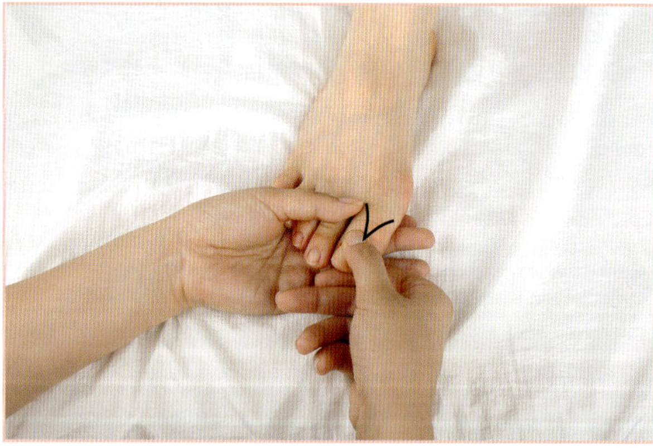

② 발가락의 마디 부분을 발톱 방향으로 쓸어 준다.

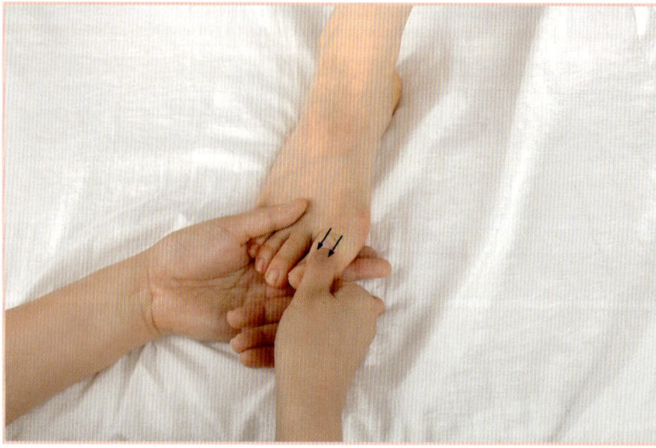

③ 발가락 사이사이를 파주며 올라간 뒤 쓸어내린다(시술자의 양손 엄지손가락을 교차하며 사이사이를 파주고 한손 엄지로 쓸어내리며 자연스럽게 다음 발가락으로 이동한다).

a : 양손 엄지 손가락을 교차하며 시술한다.

b : 한손으로 쓸어내린다.

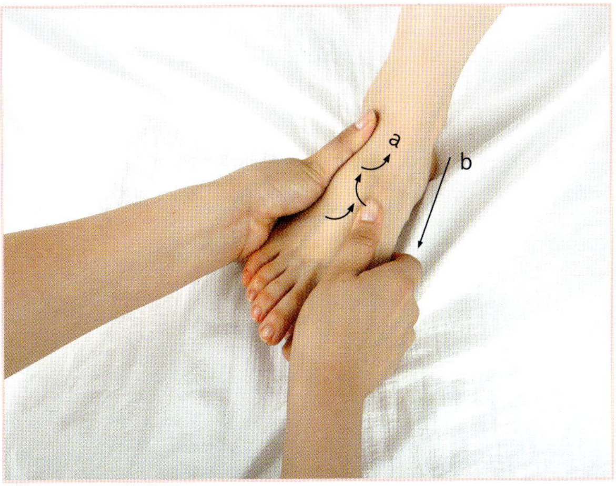

(3) 갈고리 트위스트

① 시술자의 **2, 3지**를 구부려 **갈고리 모양**을 만들어 준다.

② 발가락의 상하면만 왕복하면서 긁어 준다.

③ 주의 : 발가락의 측면을 시술하면 발가락 사이에 크림의 유분기가 들어가 습진을 유발할 수 있으므로 주의하도록 한다.

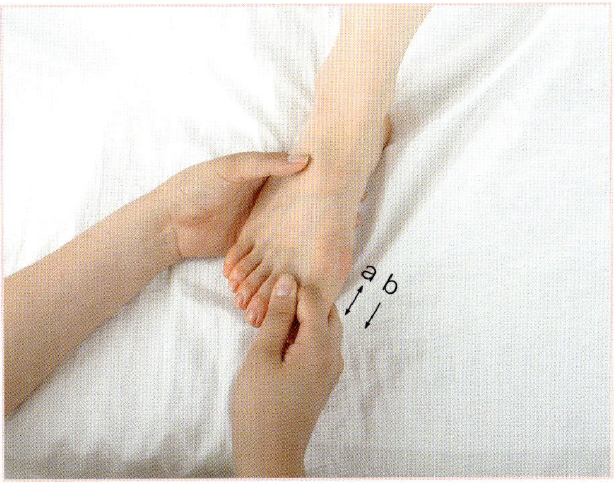

(4) 발등 쓰다듬기

양손의 엄지 손가락을 교차로 부채꼴을 만들며 전체를 훑어 준다.

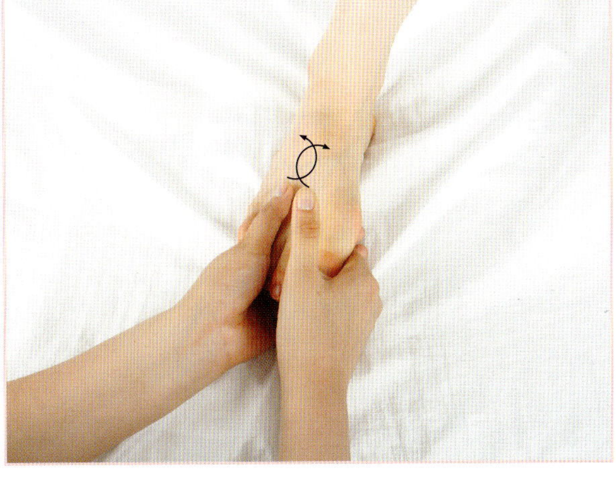

(5) 복숭아뼈

양손 엄지를 교차하고 나머지 손가락(**4지를 이용**)으로 내측을 향하여 고객의 양쪽 복숭아뼈를 부드럽게 굴려준다.

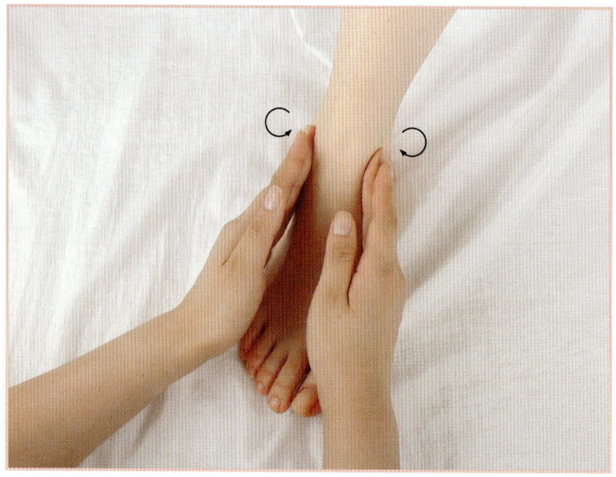

(6) 발바닥 두드리기

주먹을 가볍게 쥐고 **용천** 부분을 두드려 준다.(계란을 쥐듯이 주먹을 쥐고 가볍게 시술한다)

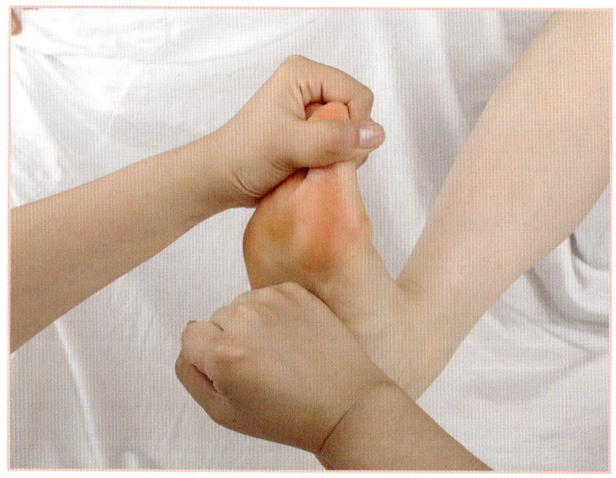

(7) 발바닥 교차쓸기

시술자의 양손 엄지손가락으로 **교차로** 반원 모양을 그리면서 쓸어 준다.

(8) 뒤꿈치 훑어주기

① 시술자의 한 손은 고객의 아킬레스건을 받친다.

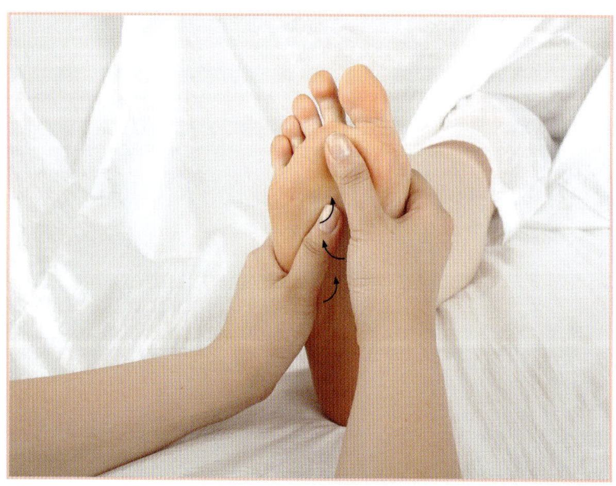

② 반대편 손의 1, 2지를 벌려 그 부분에 고객의 뒤꿈치를 갖다 대고 쓸어내린다.

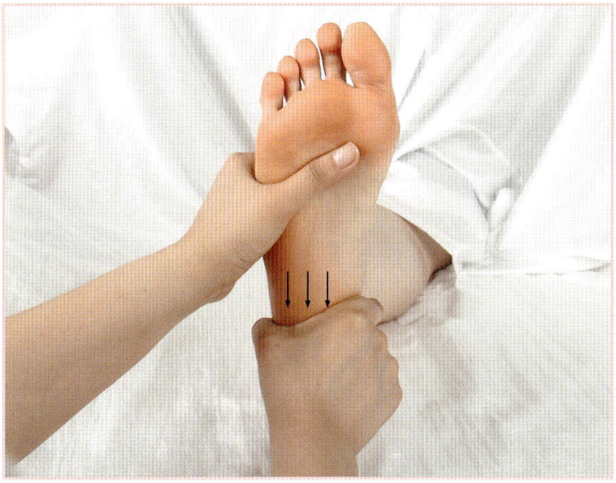

(9) 털어주기

한손은 아킬레스건을 받치고 한 손은 1,2 지를 벌려 발의 윗부분을 잡은 뒤에 가볍게 흔들어 준다.

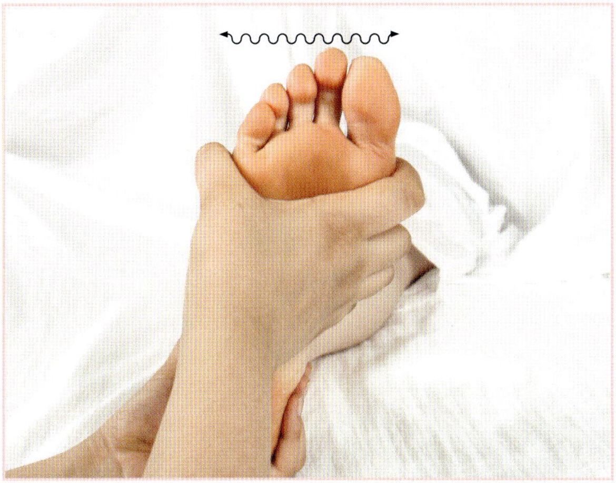

(10) 전체 쓰다듬기

한 번 더 (8)의 ①을 반복한다.

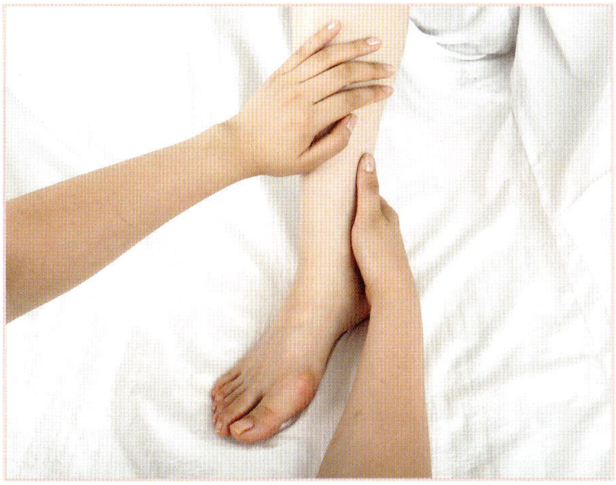

CHAPTER 06 | 팁 위드 실크(Tip with silk)

레귤러 팁을 시술한 다음 실크를 이용하여 오버레이한다. 실크를 오버레이하는 이유는 팁을 보강하여 더욱 오래 유지되도록 하기 위해서이다. 손톱이 찢어지거나 얇아서 부러지는 경우 팁 위드 실크 시술로 원네일에 오버레이하여 보강해준다.

1 필요한 재료

(1) 기본재료 (2) 실크 (3) 글루 (4) 젤 (5) 필러 파우더 (6) 레귤러 팁 (7) 글루 드라이어 (8) 팁 커터기

2 사전 준비

모든 사전 준비는 동일하다.

3 시술방법

(1) 손 소독하기

① 안티셉틱을 솜에 뿌린 다음 시술자의 왼손 5지부터 소독한다.
② 안티셉틱을 솜에 뿌린 다음 고객의 왼손 5 지부터 소독한다.

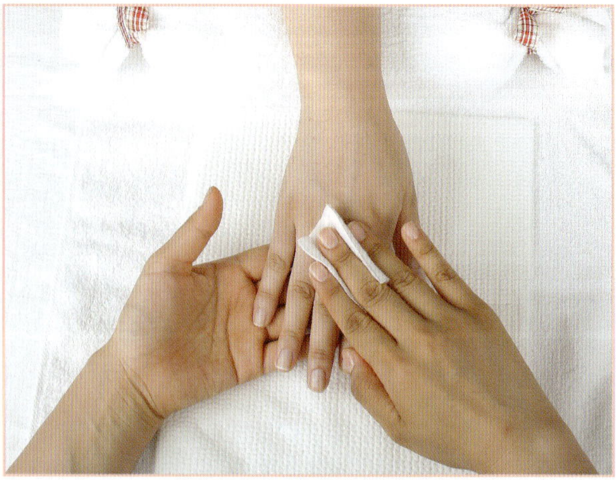

(2) 에나멜 지우기

① 솜을 반으로 접어서 리무버를 묻힌다.
② 고객의 왼손 5지부터 닦는다.
③ 닦는 방향은 왼쪽 → 오른쪽 순으로 가볍게 비벼 닦아 낸다.

④ 짙은 에나멜을 발랐을 경우, 5초 정도 눌렀다가 비비지 말고 한 번에 닦아내야 큐티클이 지저분해지지 않는다.

(3) 큐티클 밀기

푸셔나 오렌지 우드스틱으로 가볍게 민다 (45°).

(4) 손톱 모양 잡기

① 파일링

- 왼손 5지부터 엄지를 향해 시술한다.
- 손톱의 길이를 먼저 조절한 뒤, 좌측과 우측의 Shape를 잡아 준다.
- 습식만 시술할 경우 고객의 취향에 맞게 시술하면 되지만 ,인조네일을 시술할 때는 반드시 라운드로 맞춰 준다.

② 샌딩

- 중앙 → 좌 →우 →전체 순으로 버핑한다.
- 샌딩의 사이드 면을 잡고 지그재그로 비벼주면서 시술한다.
- 표면의 균일성과 유분기 제거를 위해 시술한다.

③ 디스크팩

손톱 밑의 찌꺼기를 제거한다.

④ 솔

이물질을 가볍게 털어 낸다.

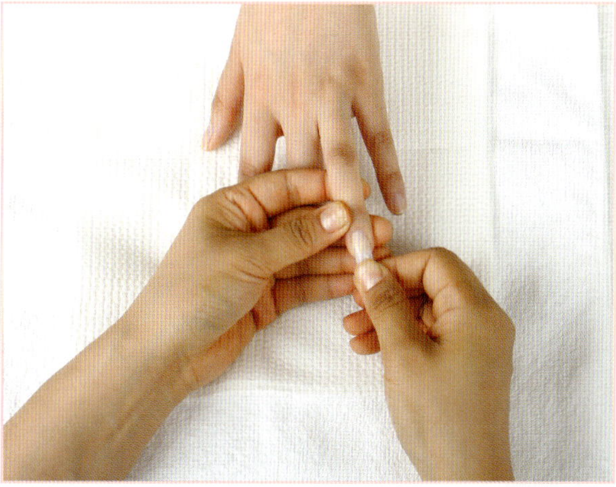

(5) 팁 붙이기

① 선택하기

양손 라인이 11자가 되도록 선택한다.(원네일과 동일한 크기의 팁을 선택한다)

② 팁 붙이기

글루나 젤을 이용하여 팁과 손톱을 45° 각도로 하여 공기가 들어가지 않도록 주의하면서 익스텐션한다.

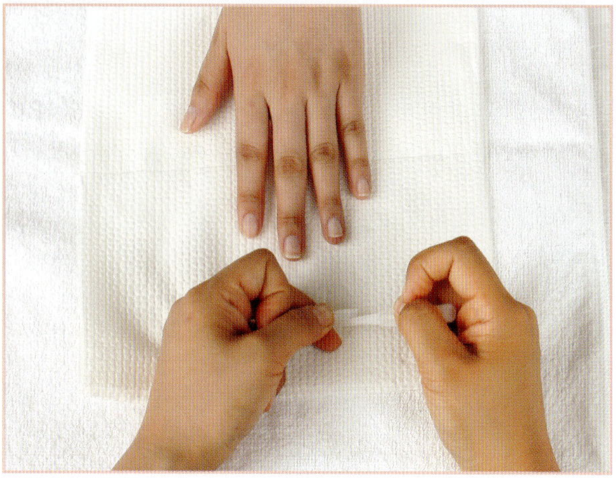

③ 길이 자르기

팁 커터기와 팁의 각도를 직각(90°)으로 하여 원하는 길이만큼 자른다(시험이나 자격시험에서는 원네일의 두 배가 되는 길이로 잘라 준다).

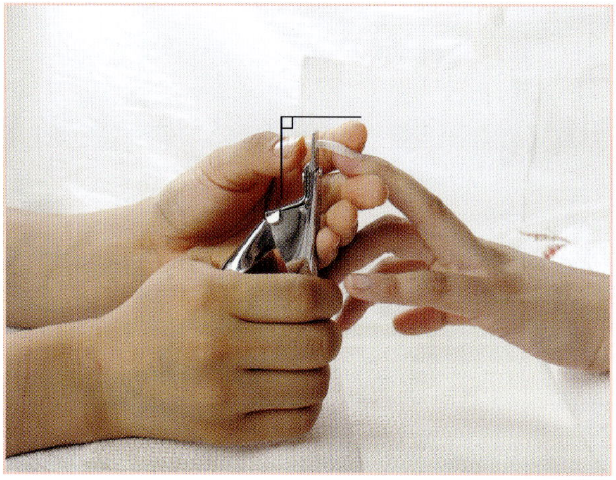

④ 턱 제거하기

블랙 파일을 이용하여 턱을 대각선으로 제거한다.(턱을 제거할 때는 원네일이 손상되지 않도록 연장된 팁의 경계만 주의해서 제거한다)

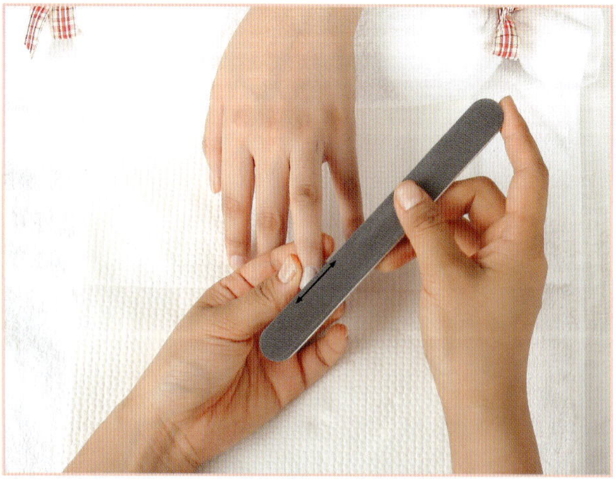

⑤ 턱 보강하기

- 글루를 전체에 도포하여 글루 드라이어로 말린 다음, 샌딩으로 전체를 버핑한다.
- 젤을 전체에 도포하여 글루 드라이어로 말린 다음, 샌딩으로 전체를 버핑한다.

* 표면이 고르지 않을 경우 필러 파우더를 이용하여 보강한다.

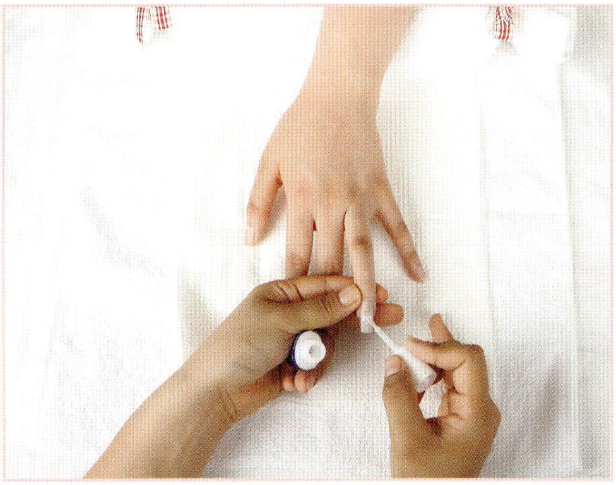

(6) 실크

① 재단하기

원네일의 플레이트보다 1 mm 짧게 자른다 (글루가 큐티클에 묻는 것을 방지).

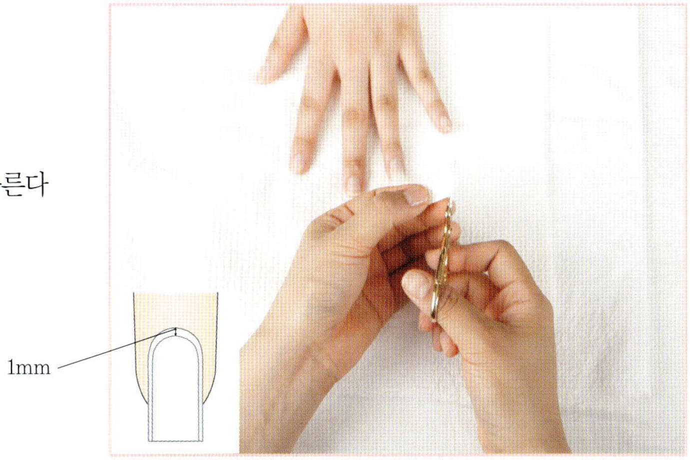

② 붙이기

실크의 접착력을 이용하여 손톱 표면에 전체적으로 붙인다.

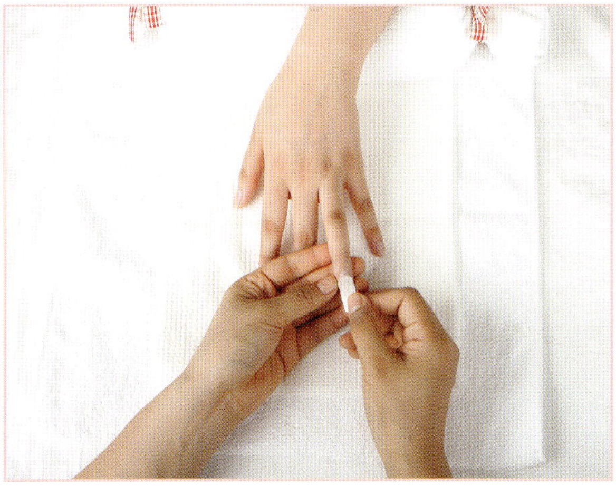

③ 글루 밀착

글루를 도포하여 실크가 완전히 밀착되도록 한다(불필요한 글루는 큐티클에 엉겨붙지 않도록 손톱을 **45° 아래**로 향하게 하여 키친타월에 흡수시킨다).

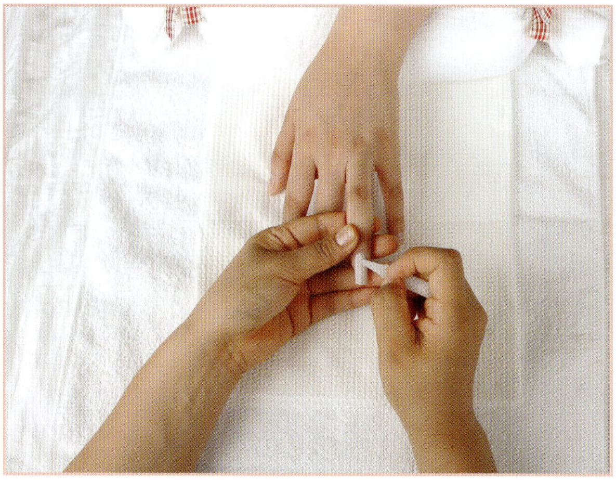

④ 필러 파우더

- 표면이 고르지 못한 경우에는 고르지 못한 면을 먼저 채운다.
- 필러 파우더를 전체적으로 도포하여 글루를 흡수시킨다.
- 표면 보강을 해준다.

* 자격시험시 생략

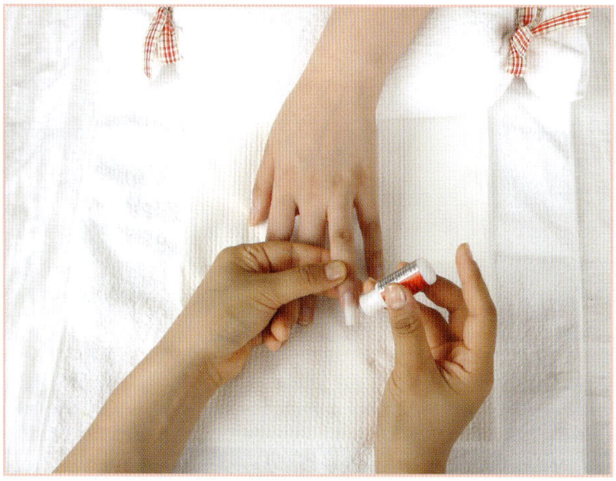

⑤ **전체 보강**(글루 코팅 → 젤 코팅)

- 글루를 전체에 도포하여 글루 드라이어로 말린 다음, 샌딩으로 전체를 버핑한다.
- 젤을 전체에 도포하여 글루 드라이어로 말린 다음, 샌딩으로 전체를 버핑한다.

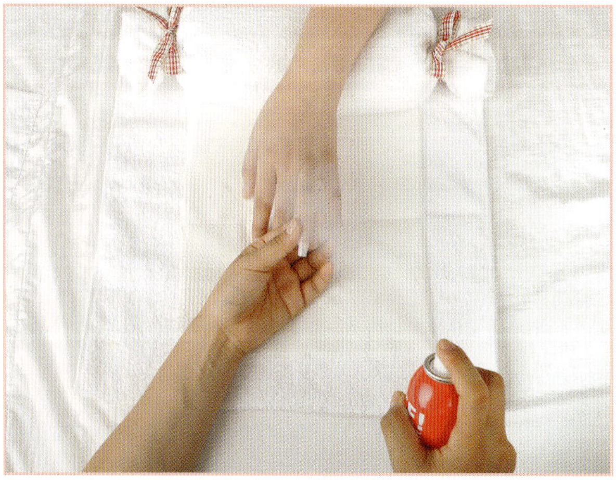

(7) 마무리
(컬러로 마무리하는 것도 가능)

① 큐티클에 오일을 바른다.
② 손으로 가볍게 문지른 뒤, 키친타월로 살짝 닦아 낸다.
③ 3WAY의 두 번째 면을 이용하여 광택을 낸다.
④ 3WAY의 세 번째 면을 이용하여 광택을 낸다.

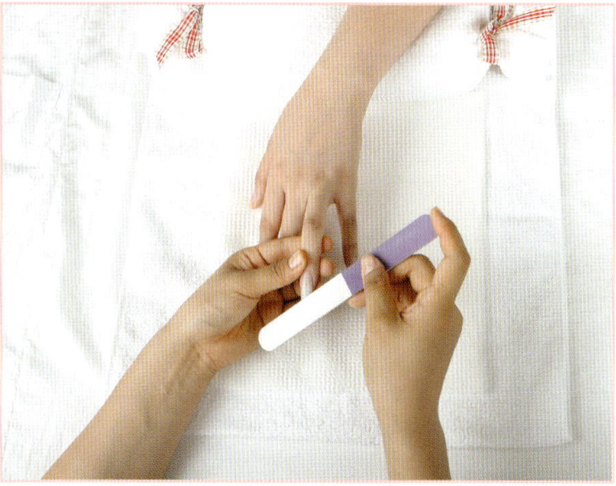

(8) 완성된 모습(오일로 마무리)

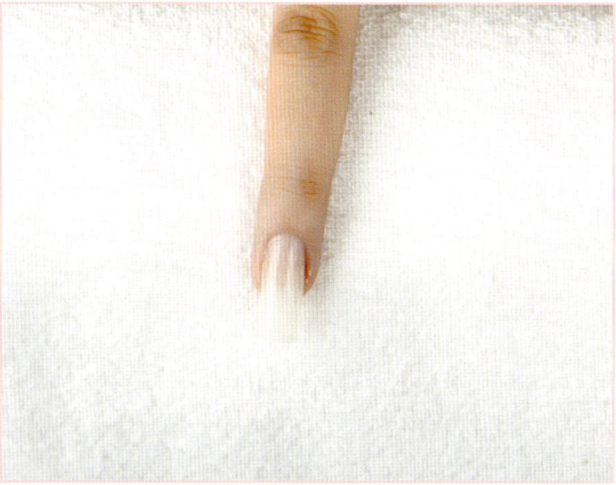

(9) 완성된 모습(컬러로 마무리)

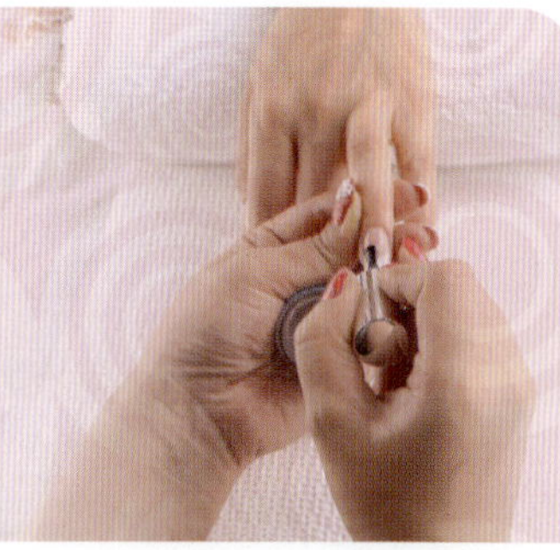

CHAPTER 07 | 실크 익스텐션 (silk extension)

1 필요한 재료

(1) 기본재료 (2) 실크 (3) 글루 (4) 젤 글루 (5) 필러 파우더 (6) 클리퍼 (7) 글루 드라이어

2 사전 준비

모든 사전 준비는 동일하다.

3 시술방법

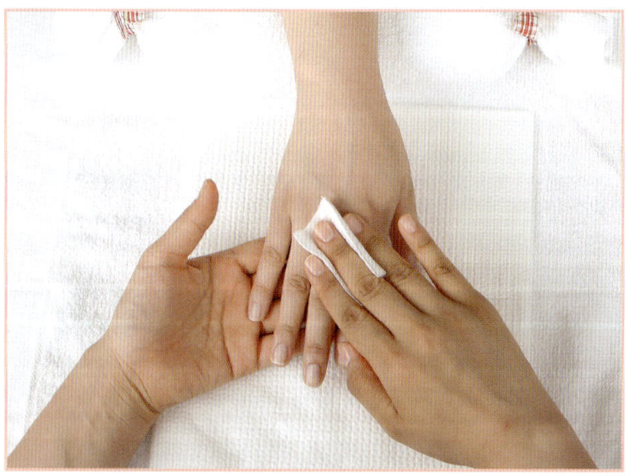

(1) 손 소독하기

① 안티셉틱을 솜에 뿌린 다음 시술자의 왼손 5지부터 소독한다.
② 안티셉틱을 솜에 뿌린 다음 고객의 왼손 5 지부터 소독한다.

(2) 에나멜 지우기

① 솜을 반으로 접어서 리무버를 묻힌다.
② 고객의 왼손 5지부터 닦는다.
③ 닦는 방향은 왼쪽→오른쪽 순으로 가볍게 비벼 닦아 낸다.
④ 짙은 에나멜을 발랐을 경우, 5초 정도 눌렀다가 비비지 말고 한 번에 닦아내야 큐티클이 지저분해지지 않는다.

(3) 큐티클 밀기

푸셔나 오렌지 우드스틱으로 가볍게 민다(45°).

(4) 손톱 모양 잡기

① 파일링

- 왼손 5지부터 엄지를 향해 시술한다.
- 손톱의 길이를 먼저 조절한 뒤, 좌측과 우측의 Shape를 잡아 준다.
- 습식만 시술할 경우 고객의 취향에 맞게 시술하면 되지만 ,인조네일을 시술할 때는 반드시 라운드로 맞춰 준다.

② 샌딩

- 중앙 → 좌 → 우 → 전체 순으로 버핑한다.
- 샌딩의 사이드 면을 잡고 지그재그로 비벼주면서 시술한다.
- 표면의 균일성과 유분기 제거를 위해 시술한다.

③ 디스크팩

손톱 밑의 찌꺼기를 제거한다.

④ 솔

이물질을 가볍게 털어 낸다.

(5) 실크

① 재단하기

원네일보다(큐티클 라인에서) 1mm 짧게, 스트레이트 포인트 부분은 일직선으로, 프리엣지 부분은 사다리꼴이 되도록 재단한다.

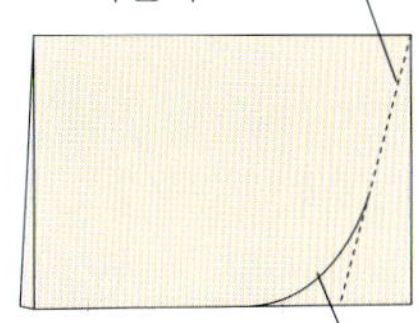

② 붙이기

실크의 접착면을 이용하여 표면에 밀착한다.

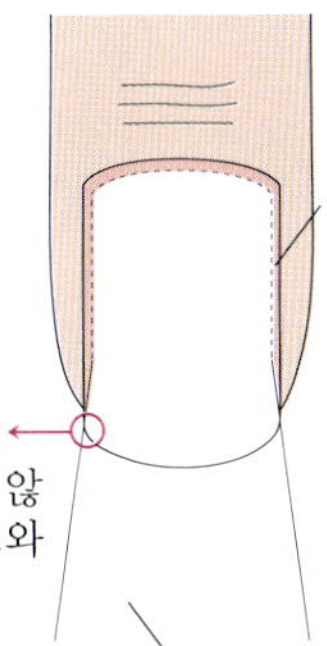

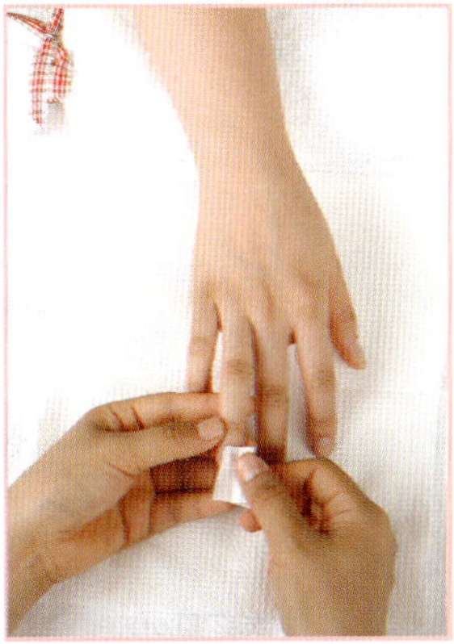

③ 글루밀착

- 플레이트에 글루를 바른 다음, 핀치를 준다.
- 연장할 프리 엣지 부분에 글루를 도포하여 연장한 다음, 핀치를 준다.
- 핀치를 주기 전에 글루 드라이어를 살짝 도포하여 표면을 말리고 나서 시술한다.

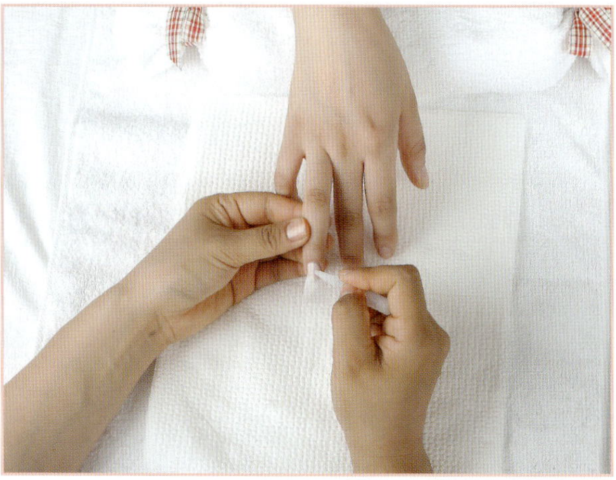

④ 프리 엣지 만들기

- 필러와 글루를 이용하여 프리 엣지 부분을 보강(연장)하여 준다.
- 전체 그라데이션 :
  필러 파우더를 전체적으로 그라데이션하여 글루를 흡수시킨다.
- 글루와 필러를 도포한 후 반드시 글루 드라이로 말리고 나서 핀치를 준다.

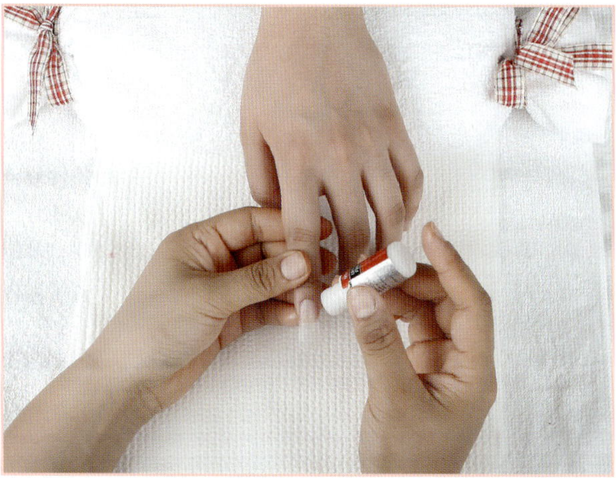

⑤ 표면 보강

- 글루를 전체에 도포하여 글루 드라이어로 말린 다음, 샌딩으로 전체를 버핑한다.
- 젤을 전체에 도포하여 글루 드라이어로 말린 다음, 샌딩으로 전체를 버핑한다.

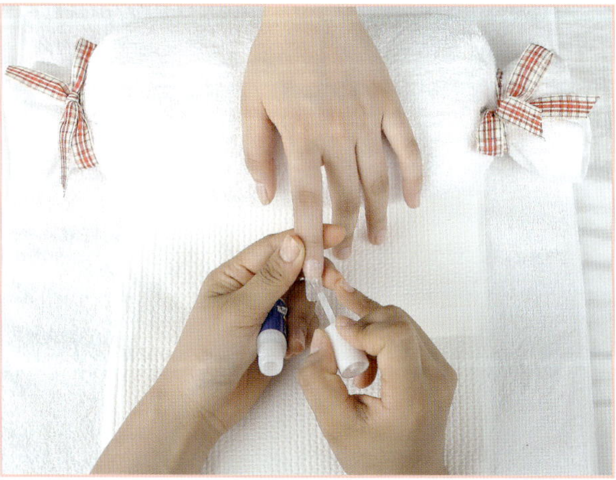

(7) 마무리
(컬러로 마무리하는 것도 가능)

① 큐티클 오일을 바른다.
② 손으로 가볍게 문지른 다음, 키친타월로 살짝 닦아 낸다.
③ 3WAY의 두 번째 면을 이용하여 광택을 낸다.
④ 3WAY의 세 번째 면을 이용하여 광택을 낸다.

(8) 완성된 모습

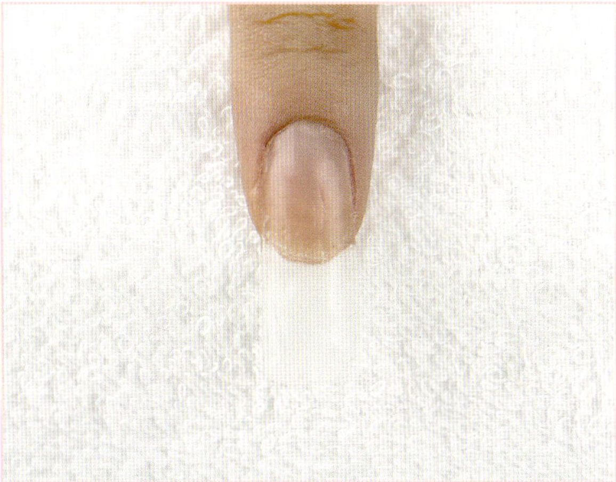

CHAPTER 08 | 아크릴릭 오버레이 (Acrylic overlay)

1 필요한 재료

(1) 습식 재료 (2) 아크릴 브러시 (3) 글루 (4) 젤 (5) 필러 파우더 (6) 클리퍼 (7) 글루 드라이어 (8) 브러시 크리너 (9) 아크릴 파우더(클리어 파우더) (10) 아크릴 리퀴르 (11) 프라이머 (12) 레귤러 팁

2 사전 준비

모든 사전 준비는 동일하다.

3 시술방법

(1) 손 소독하기

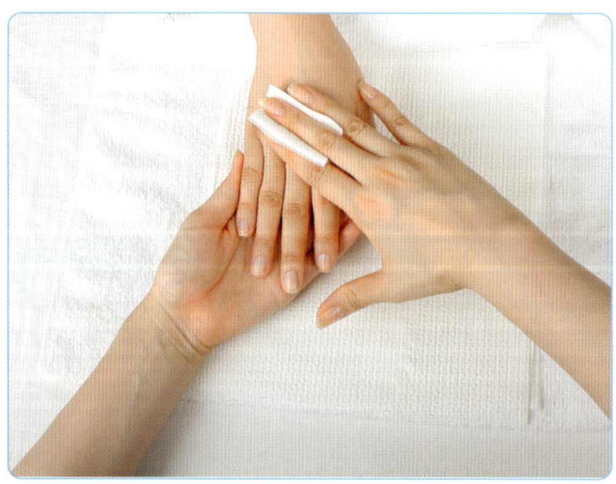

① 안티셉틱을 솜에 뿌린 다음 시술자의 왼손 5지부터 소독한다.
② 안티셉틱을 솜에 뿌린 다음 고객의 왼손 5지부터 소독한다.

(2) 에나멜 지우기

① 솜을 반으로 접어서 리무버를 묻힌다.
② 고객의 왼손 5지부터 닦는다.
③ 닦는 방향은 왼쪽→오른쪽 순으로 가볍게 비벼 닦아 낸다.
④ 짙은 에나멜을 발랐을 경우, 5초 정도 눌렀다가 비비지 말고 한 번에 닦아내야 큐티클이 지저분해지지 않는다.

(3) 큐티클 밀기

푸셔나 오렌지 우드스틱으로 가볍게 민다(45°).

(4) 손톱 모양 잡기

① 파일링

- 왼손 5지부터 엄지를 향해 시술한다.
- 손톱의 길이를 먼저 조절한 뒤, 좌측과 우측의 Shape를 잡아 준다.
- 습식만 시술할 경우 고객의 취향에 맞게 시술하면 되지만 ,인조네일을 시술할 때는 반드시 라운드로 맞춰 준다.

② 샌딩

- 중앙 → 좌 → 우 → 전체 순으로 버핑한다.
- 샌딩의 사이드 면을 잡고 지그재그로 비벼주면서 시술한다.
- 표면의 균일성과 유분기 제거를 위해 시술한다.

③ 디스크팩

손톱 밑의 찌꺼기를 제거한다.

④ 솔

이물질을 가볍게 털어 낸다.

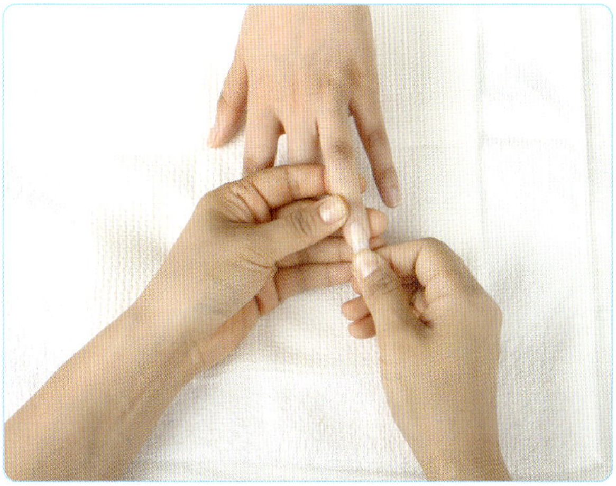

(5) 팁 붙이기

① 선택하기

양손 라인이 11자가 되도록 선택한다.
(원네일과 동일한 크기의 팁을 선택한다.)

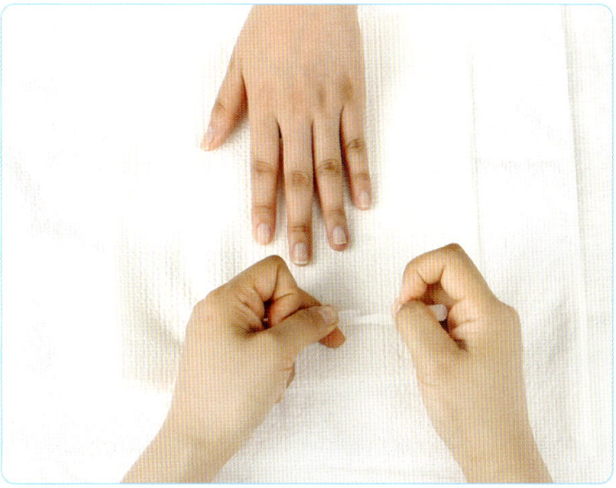

② 붙이기

글루나 젤을 이용하여 팁과 손톱을 45° 각도로 하여 공기가 들어가지 않도록 주의하여 익스텐션한다(공기가 들어가면 곰팡이가 생기거나 팁과 원네일이 쉽게 떨어질 수 있다).

③ 길이 자르기

- 팁 커터기와 팁의 각도를 90° 직각으로 하여 원하는 길이만큼 자른다.
- 시험이나 대회응시 시 연장된 팁의 길이는 원네일의 배가 되도록 시술한다.

(연장된 팁의 모양은 스퀘어나 오버 스퀘어로 하고, 길이는 1~1.5cm로 정한다.)

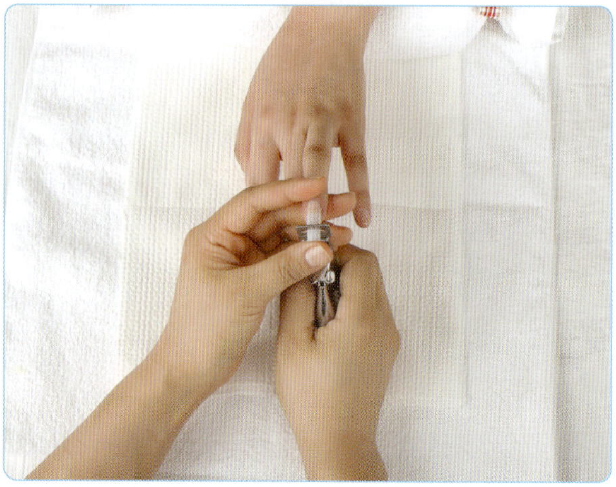

④ 턱 제거하기

블랙파일을 이용하여 턱을 대각선으로 제거한다(턱을 제거할 때는 원네일이 손상되지 않도록 연장된 팁의 경계만 주의해서 제거한다).

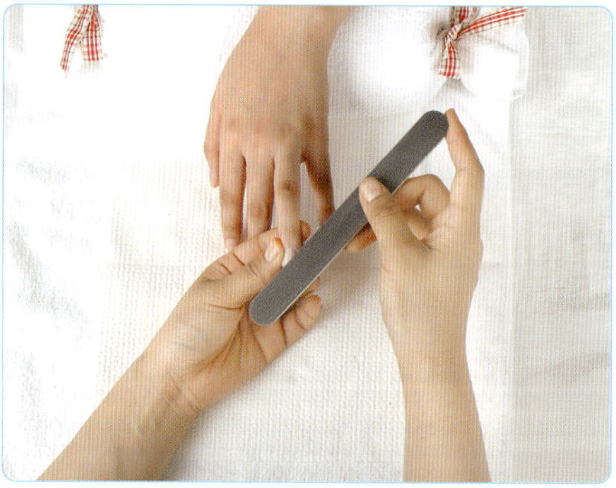

⑤ 턱 보강하기

- 글루를 전체에 도포하여 글루 드라이어로 말린 다음 샌딩으로 전체를 버핑한다.
- 젤을 전체에 도포하여 글루 드라이어로 말린 다음 샌딩으로 전체를 버핑한다.

(글루 드라이는 30cm 정도 띄운 상태에서 분사하며, 너무 가벼운 상태에서 분사하면 글루에서 기포가 생길 수 있다.)

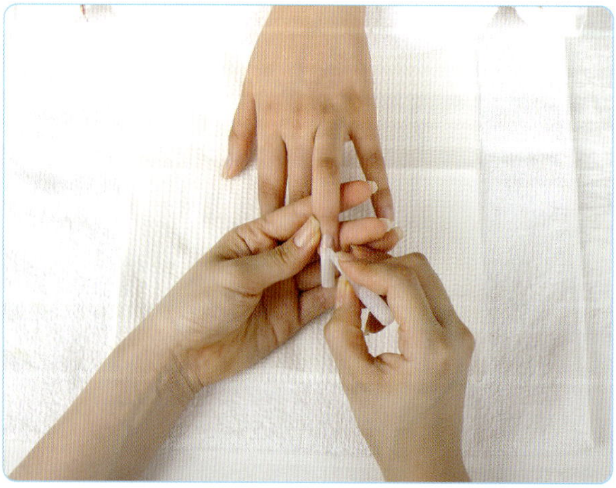

(6) 프라이머 바르기

원네일에 프라이머를 2번 바른다.

프라이머의 역할

- pH 밸런스를 맞춰 준다.
- 방부 역할을 해 준다.
- 유분기를 조절해 준다.

(프라이머는 피부에 접촉되지 않게 주의해서 바른다.)

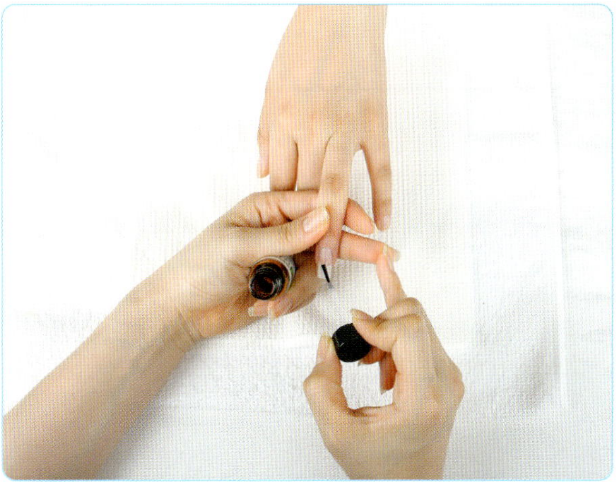

(7) 아크릴볼 올리기

- 브러시를 리퀴드에 적당히 적셔 파우더를 묻힌 후 알맞은 크기로 만들어 손톱을 3등분하여 프리 엣지 부분에서 큐티클 방향으로 올린다.
- 첫 볼을 가장 큰 사이즈로 만들고 마지막 볼은 소량으로 약간 묽게 큐티클을 메우듯이 올려 준다.
- 3회 반복하여 시술한다.
- 큐티클 라인에 리퀴드가 묻지 않도록 주의한다.

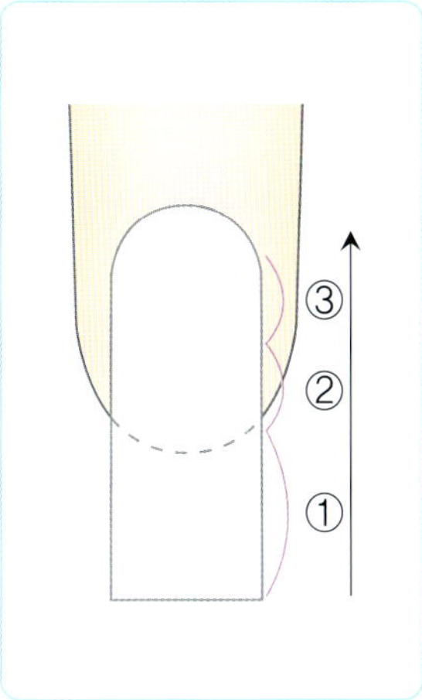

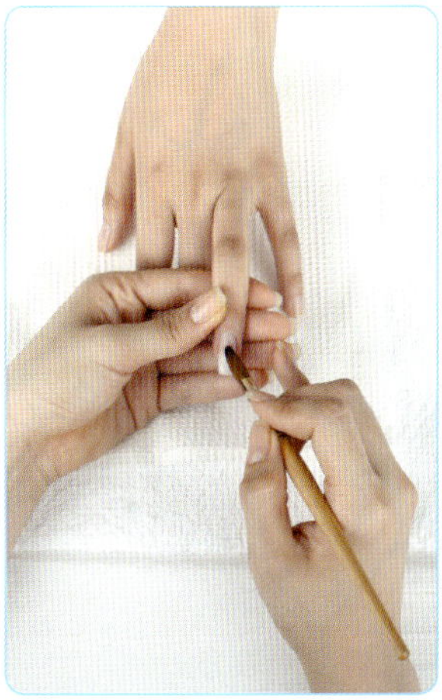

(8) 버핑하기

블랙 파일이나 샌딩을 이용하여 표면을 정리하고 Shape를 잡아 준다(완성된 네일의 모양은 스퀘어 또는 오버 스퀘어).

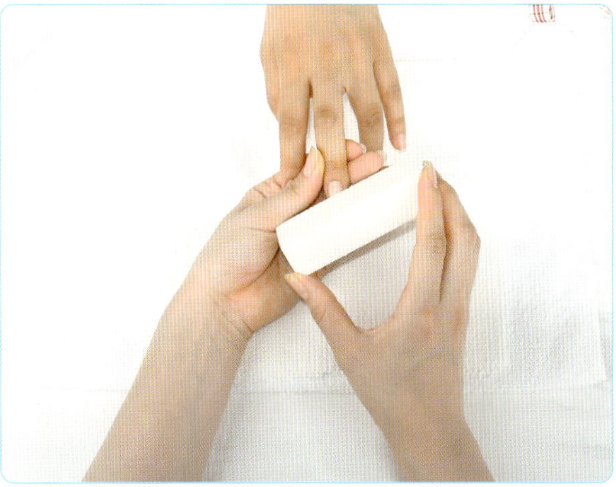

(9) 마무리
(컬러로 마무리하는 것도 가능)

① 큐티클 오일을 바른다.
② 손으로 가볍게 문지른 뒤에 키친타월로 살짝 닦아 낸다.
③ 3WAY의 둘째 면을 이용해 광택을 낸다.
④ 3WAY의 셋째 면을 이용해 광택을 낸다.
(3WAY를 시술할 때는 아세톤 원액을 화장솜에 묻혀 파일한 면에 바른 후 버핑하면 좀더 쉽게 광택을 낼 수 있다.)

(10) 완성된 모습

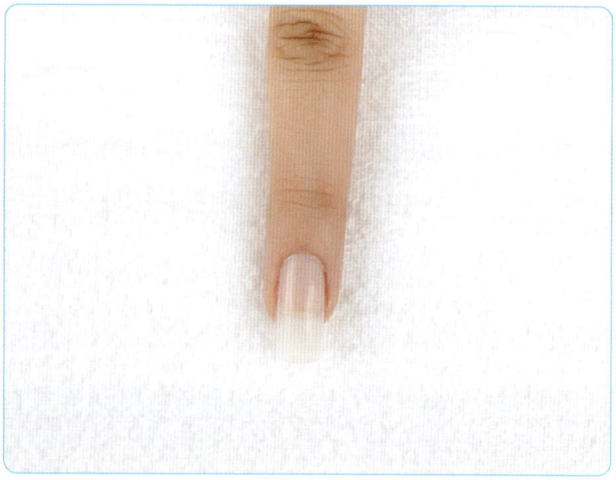

완성되면 오일을 완전히 제거한다.

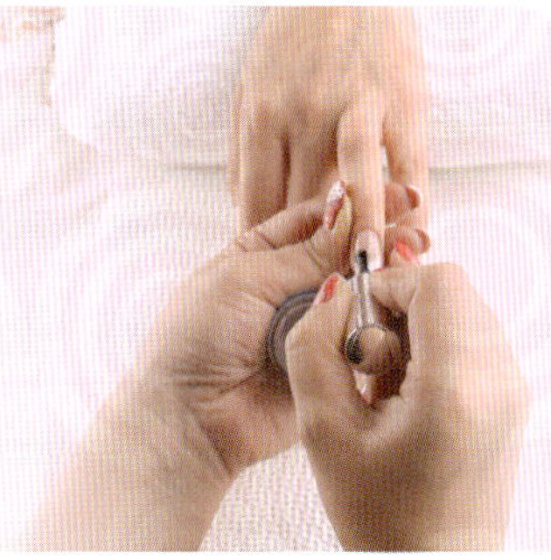

CHAPTER 09 | 아크릴릭 스캅춰 (Acrylic sculptured nail)

아크릴 파우더를 이용하여 손톱 연장, 손톱 보강, 기형적인 손톱의 교정을 위해 시술한다.

1 필요한 재료

(1) 습식 재료 (2) 아크릴 브러시 (3) 아크릴 파우더(클리어 파우더) (4) 아크릴 리퀴르 (5) 폼지
(6) 브러시 크리너 (7) 클리퍼 (8) 프라이머

2 사전 준비

모든 사전 준비는 동일하다.

3 시술방법

(1) 손 소독하기

① 안티셉틱을 솜에 뿌린 다음 시술자의 왼손 5지부터 소독한다.
② 안티셉틱을 솜에 뿌린 다음 고객의 왼손 5 지부터 소독한다.

(2) 에나멜 지우기

① 솜을 반으로 접어서 리무버를 묻힌다.
② 고객의 왼손 5지부터 닦는다.
③ 닦는 방향은 왼쪽→오른쪽 순으로 가볍게 비벼 닦아 낸다.
④ 짙은 에나멜을 발랐을 경우, 5초 정도 눌렀다가 비비지 말고 한 번에 닦아내야 큐티클이 지저분해지지 않는다.

(3) 큐티클 밀기

푸셔나 오렌지 우드스틱으로 가볍게 민다(45°).

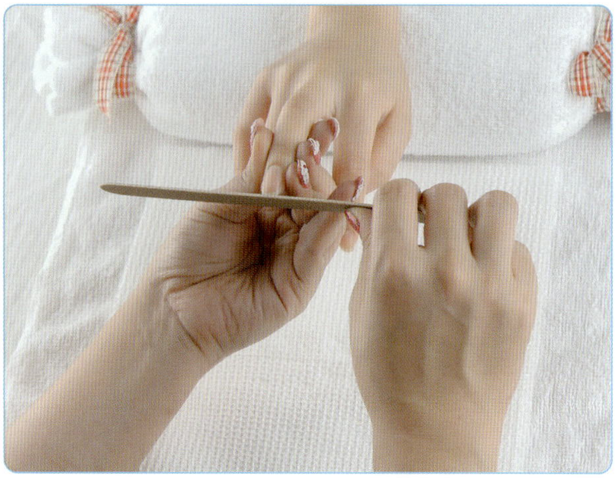

(4) 손톱 모양 잡기

① 파일링

- 왼손 5지부터 엄지를 향해 시술한다.
- 손톱의 길이를 먼저 조절한 뒤, 좌측과 우측의 Shape를 잡아 준다.
- 습식만 시술할 경우 고객의 취향에 맞게 시술하면 되지만 ,인조네일을 시술할 때는 반드시 라운드로 맞춰 준다.

② 샌딩

- 중앙 → 좌 →우 →전체 순으로 버핑 • 샌딩의 사이드 면을 잡고 지그재그로 비벼주면서 시술한다.
- 표면의 균일성과 유분기 제거를 위해 시술한다.

③ 디스크팩

손톱 밑의 찌꺼기를 제거한다.

④ 솔

이물질을 가볍게 털어 낸다.

(5) 프라이머 바르기

원네일에 프라이머를 2번 바른다.

① 프라이머의 역할

- pH 밸런스를 맞춰 준다.
- 방부역할을 해 준다.
- 유분기를 조절해 준다.

② 프라이머가 피부에 닿지 않도록 주의한다.

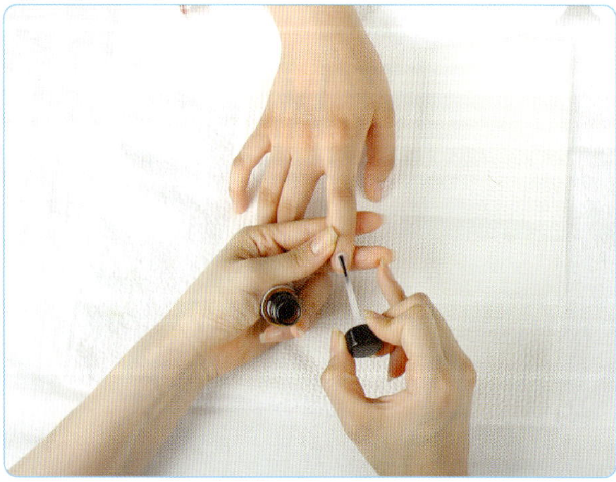

(6) 폼지 끼우기

① 시술자의 손에 폼이 처지지 않도록 11자를 유지하여, 폼지를 끼운다 (폼지는 자연네일에 최대한 밀착시켜서 부착시키며, 폼지가 밑으로 처지거나 뜨면 아크릴 연장 부분이 밑으로 처져서 완성됐을 때 머리카락 등 이물질이 걸릴 수 있다).

② 고객의 손을 45° 아래로 숙여 준다.

③ 폼지의 중앙선이 손톱의 중앙과 일치하도록 연결해 준다.

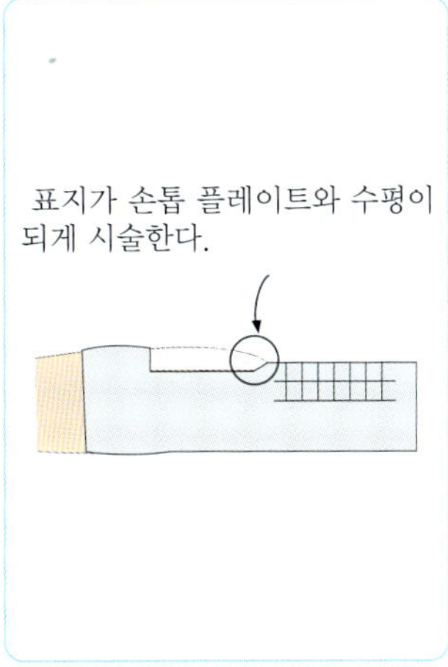

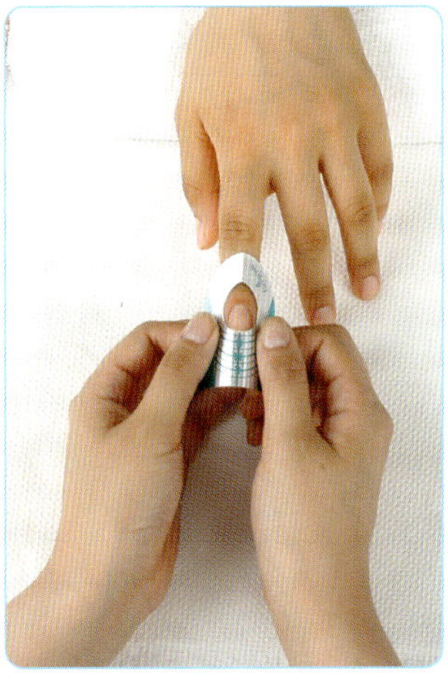

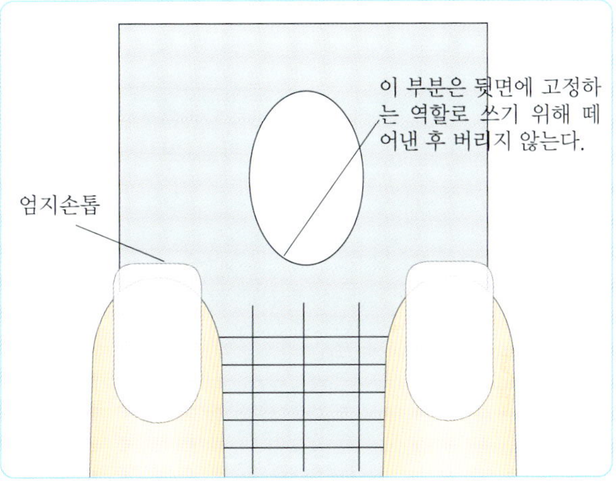

(7) 아크릴릭 볼 올리기

① 프리 에지부터 3등분하여 클리어 파우더를 올린다(첫 볼을 가장 큰 사이즈로 만들고 마지막 볼을 소량으로 약간 묽게 큐티클을 메우듯이 올려 준다).

② 큐티클 라인에 리퀴드가 묻지 않도록 주의하여 시술한다.

*시술방법은 아크릴릭 오버레이 참고

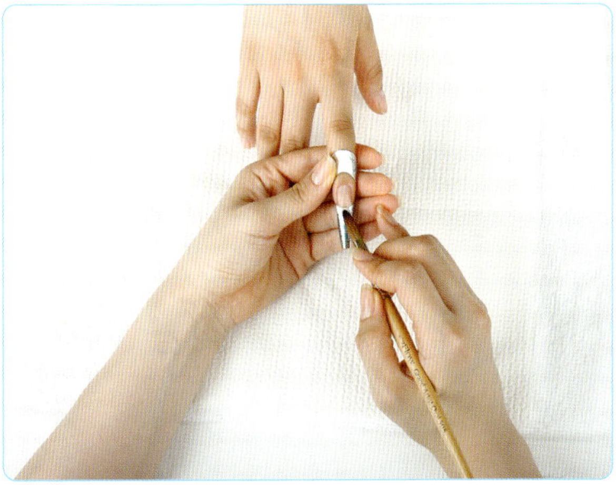

(8) 핀치 주기

① C-커브를 위해 아크릴이 완전히 굳기 전에 프리 에지 부분에 압을 준다.

② 커브가 휘어지지 않도록 원네일과 같이 핀치를 주어 **11자를 유지**한다.
(C커브는 반원이 되게 만들며 너무 굳지 않은 상태에서 핀치를 주면 아크릴이 밀릴 수 있으므로 주의한다.)

(9) 폼지 떼기

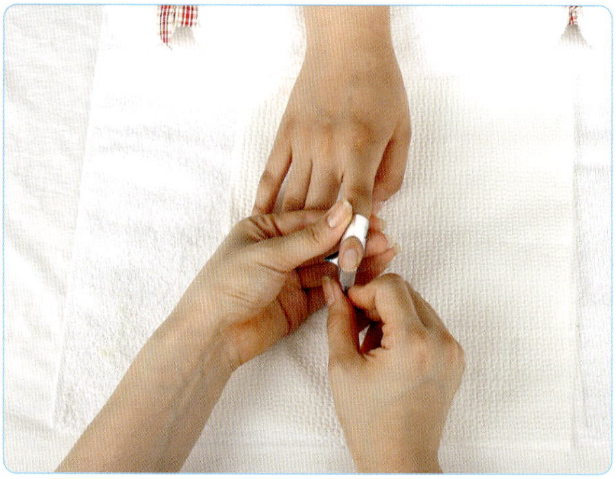

프리 에지의 아크릴을 두드려서 **맑은 소리**가 나면 완전히 건조된 것이므로 프리 에지부터 폼지를 떼어 낸다.
(아크릴이 완전히 마르지 않은 상태에서 폼지를 떼어내면 잘 떨어지지 않고 아크릴의 형태가 변형될 수 있으므로, 완전히 건조되었는지 확인한 후에 폼지를 제거한다.)

(10) 버핑하기

블랙 파일이나 샌딩을 이용하여 표면을 정리하고 Shape를 잡아 준다(완성된 네일의 모양은 스퀘어 또는 오버 스퀘어).

(11) 마무리(컬러로 마무리하는 것도 가능)

① 큐티클 오일을 바른다(앞 · 뒤).

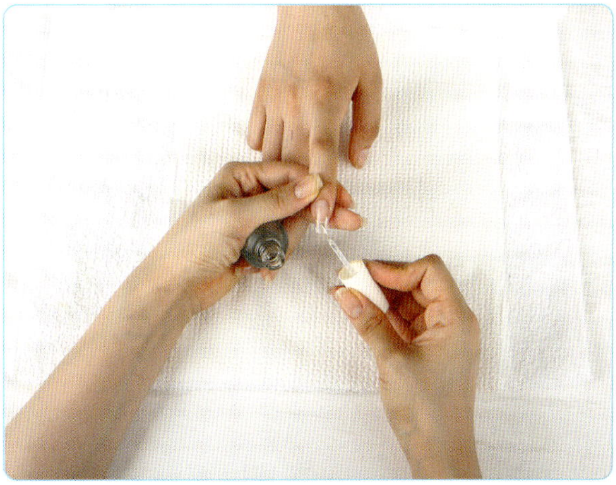

② 손으로 가볍게 문지른 뒤에 키친타월로 살짝 닦아 낸다.

③ 3WAY의 둘째 면을 이용하여 광택을 낸다.

④ 3WAY의 셋째 면을 이용하여 광택을 낸다.

(3WAY를 시술할 때는 아세톤 원액을 화장솜에 묻혀 파일한 면에 바른 후 버핑하면 좀더 쉽게 광택을 낼 수 있다.)

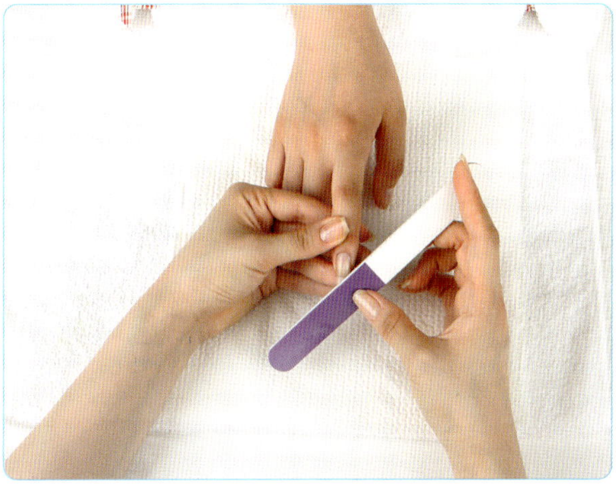

(10) 완성된 모습

완성되면 오일을 완전히 제거한다.

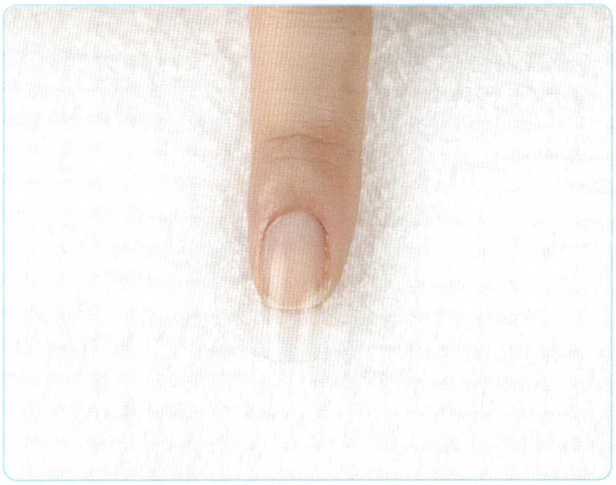

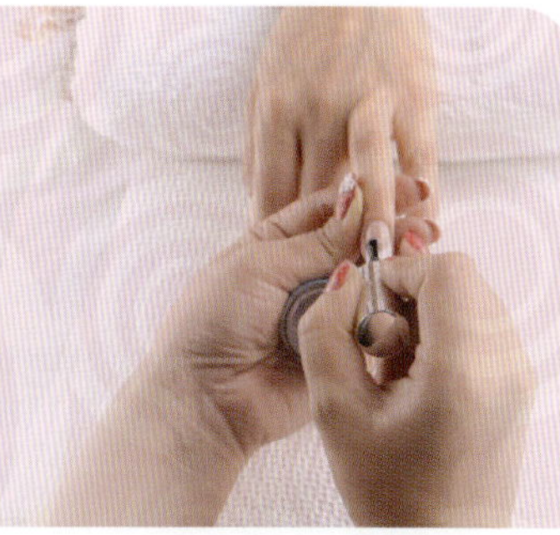

CHAPTER 10 | 네일아트 (Nail art)

1 라인스톤 (Rhine Stone : 큐빅을 이용하여 디자인하기) – 참(Charm)도 시술방법 동일

(1) **베이스 코트**를 바른다

(2) **베이스 컬러**는 발라도 되고 생략해도 무관하다.
(본인의 취향에 따라 시술한다.)

(3) 디자인 하기 :
스톤과 오렌지 우드스틱(이쑤시개)을 이용하여 디자인한다(젤 글루나 탑 코트를 접착제로 이용한다).

(4) **탑 코트**를 발라서 마무리한다.

(5) 완성된 모습

2 워터데칼(Water Decal)

(1) 베이스 코트를 바른다
(2) 베이스 컬러는 발라도 되고 생략해도 무관하다(본인의 취향에 따라 시술한다).

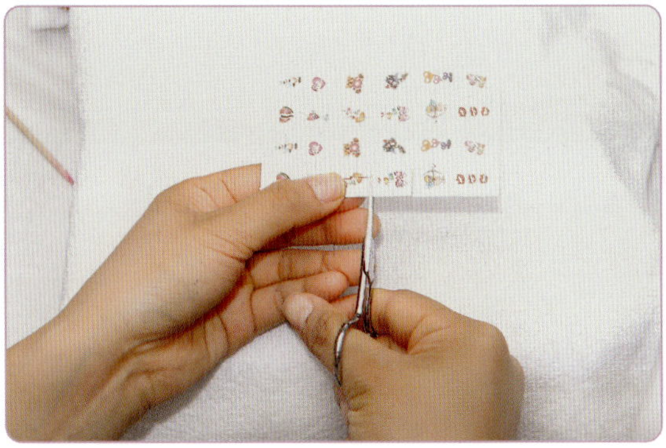

(3) 원하는 데칼을 재단하여 물에 불린다.

(4) 디자인하기
충분히 불린 데칼에서 물기를 제거하여 상 · 하 · 좌 · 우로 원하는 위치에 디자인한다.

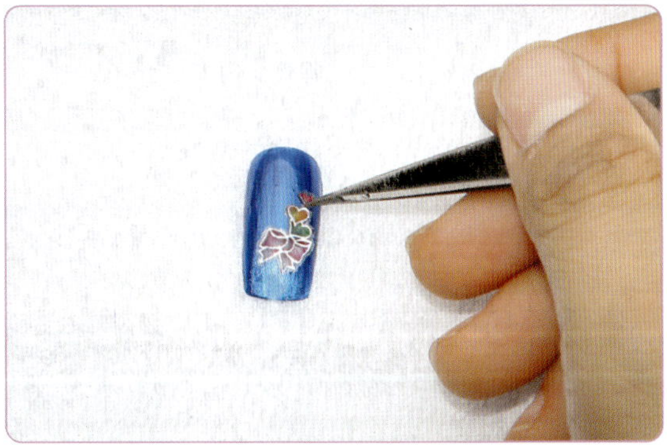

(5) 탑 코트 바르기

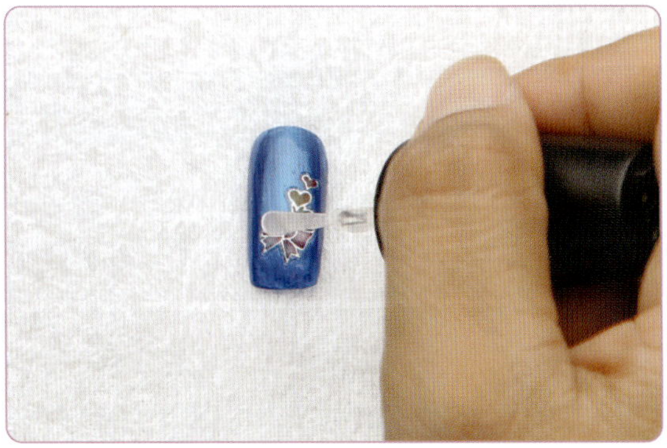

3 스티커 데칼 (3D데칼)

(1) 베이스 코트를 바른다.
(2) 베이스 컬러는 발라도 되고 생략해도 무관하다.
(본인의 취향에 따라 시술한다.)
(3) 원하는 스티커 데칼을 선택한다.

(4) 디자인하기
스티커의 접착력을 이용하여 상 · 하 · 좌 · 우 원하는 위치에 디자인한다.

(5) 탑코트 바르기

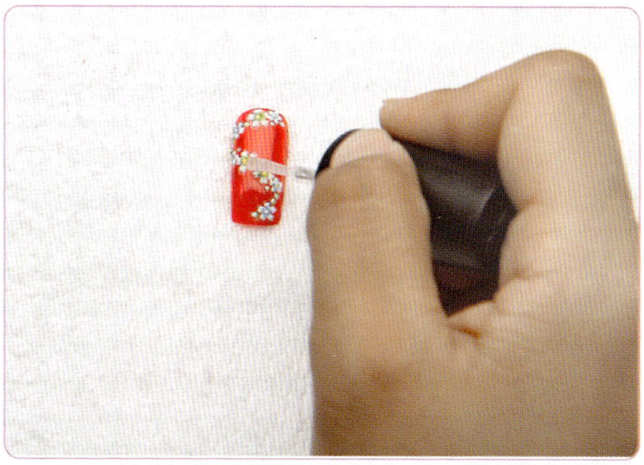

4 마블(Marble)

(1) 베이스 코트를 바른다.

(2) 베이스 컬러를 바른 다음, 베이스 컬러가 마르기 전에 디자인할 컬러를 떨어뜨린다.

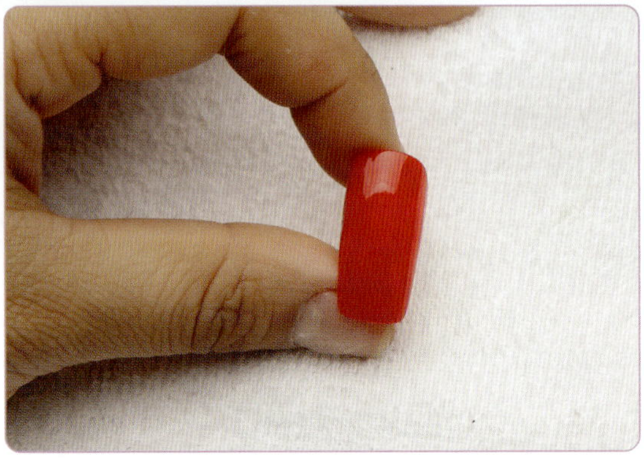

(3) 원하는 디자인이 나오도록 마블대를 사용하여 믹싱한다.

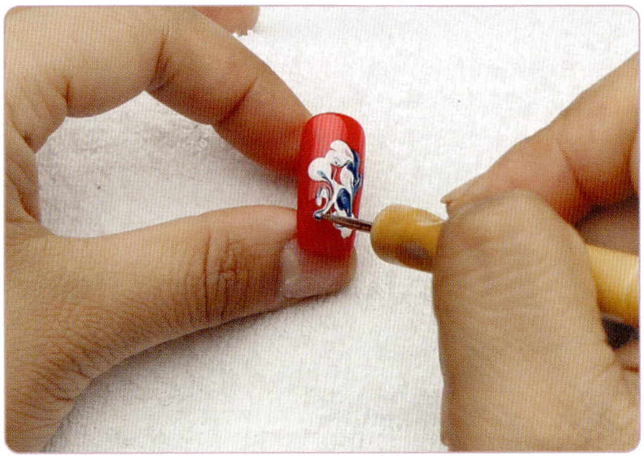

(4) 탑 코트 바르기

5 워터마블(Water Marble)

(1) 베이스 코트를 바른다.

(2) 베이스 컬러를 발라도 되고 안 발라도 된다. (흰색 베이스 컬러를 바를 때 색상이 더욱 선명하게 나온다 : 베이스 컬러를 바를 때는 베이스 컬러가 반드시 마른 다음에 시술해야 한다.)

(3) 원하는 색상의 에나멜을 차례대로 컵에 떨어뜨린다(펄이 들어간 에나멜은 퍼져 버리므로 사용하지 않는 것이 좋다).

(4) 오렌지 우드스틱을 이용하여 다양하게 디자인한다.

(5) 디자인이 나오도록 물이 가득 담겨 있는 종이 컵에 마블링한다.

(6) 종이컵에 디자인된 것을 팁에 올린 다음, 탑 코트를 발라서 마무리한다.

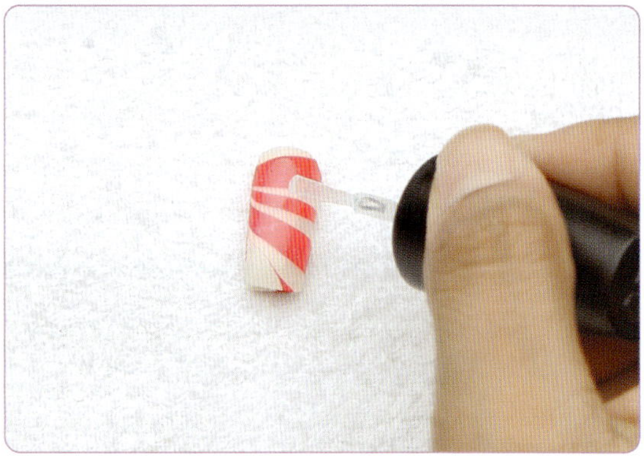

(7) 완성된 모습

6 댕글(Dangle)

(1) 베이스 코트를 바른다.

(2) 베이스 컬러를 발라도 되고 안 발라도 된다. (베이스 컬러를 바르면 색상이 더욱 선명하게 나온다 : 베이스 컬러 바를 때는 베이스 컬러가 반드시 마른 다음에 시술해야 한다.)

(3) 원하는 부분에 댕글 드릴을 이용하여 네일 바깥부분에서 안쪽으로 구멍을 뚫는다(댕글 드릴로 손톱을 뚫을 때는 가능하면 손톱 끝의 측면 쪽으로 뚫는다).

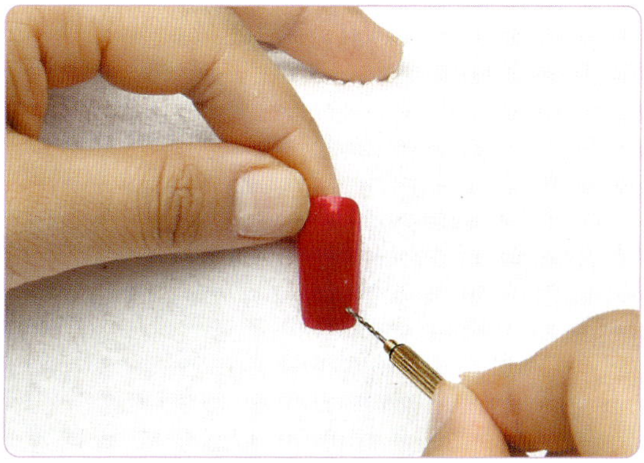

(4) 뚫린 구멍에 핀셋을 이용하여 댕글을 달아 준다.

(5) 완성된 모습

7 사선 테이프 (Line Tape, Striping Tape)

(1) 베이스 코트를 바른다.

(2) 베이스 컬러는 발라도 되고 생략해도 무방하다 (본인의 취향에 따라 시술한다).

(3) 라인 테이프을 원하는 길이로 잘라서 디자인한다.

(4) 디자인하기

자체적인 접착력을 이용하여 디자인한다. 여러 가지 사이즈와 디자인의 라인테이프를 구성하여 디자인한다.

(5) 탑코트 바르기

(6) 완성된 모습

8 프로트랜스(Pro-transe)

(1) 잡지에서 원하는 디자인을 재단한다.

접착을 용이하게 하게 위하여 재단한 잡지를 물에 불린다.

(2) 베이스 코트를 바른다.

베이스 코트를 접착제 삼아 접착하므로 베이스 코트가 마르기 전에 잡지를 바로 접착하여야 한다(베이스 컬러는 절대로 시술하면 안 된다).

(3) 디자인하기

베이스 코트를 바르고 그 위에 바로 밀착한다.

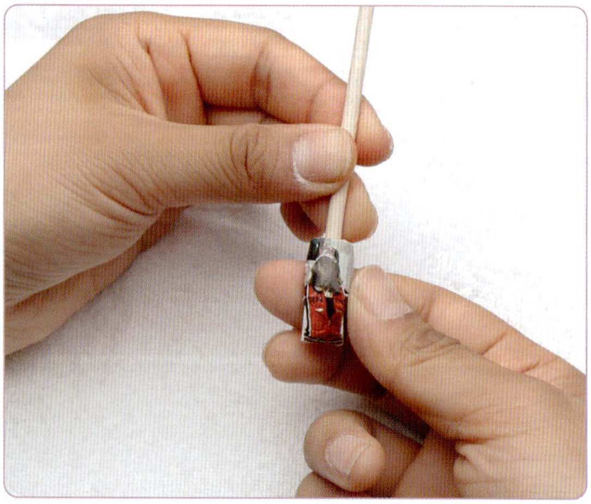

(4) 탑코트 바르기

(5) 완성된 모습

9 프렌치 컬러(French Color)

(1) 베이스 코트를 바른다

(2) 베이스 컬러에 투명한 핑크색 에나멜을 바른다.
(베이스 컬러는 선택이므로, 베이스 코트만 발라도 무관하다.)

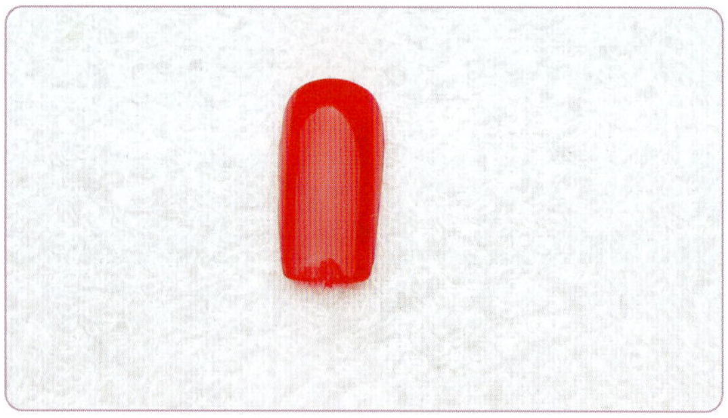

(3) 흰색 에나멜을 이용하여 프렌치 라인을 만든다.

① 왼손잡이는 오른→ 왼쪽 방향으로
오른손잡이는 왼→ 오른쪽 방향으로 한 번에 칠해준다.

② 2coat 시술한다.

(4) 탑코트를 바른다.

(5) 완성된 모습

⑩ 스탠드 글라스(Stand Glass)

(1) 베이스 코트를 바른다.

(2) 펄 에나멜을 이용하여 프리 에지부터 디자인한다.

(3) 여러 가지 색상의 펄 에나멜을 이용하여 디자인한다.

(4) 아트펜(라인펜)을 이용하여 다양한 각도의 선으로 나누어 준다.

(5) 탑코트를 바른다.

(6) **완성된 모습** : 성당 유리창의 모자이크와 같은 모습

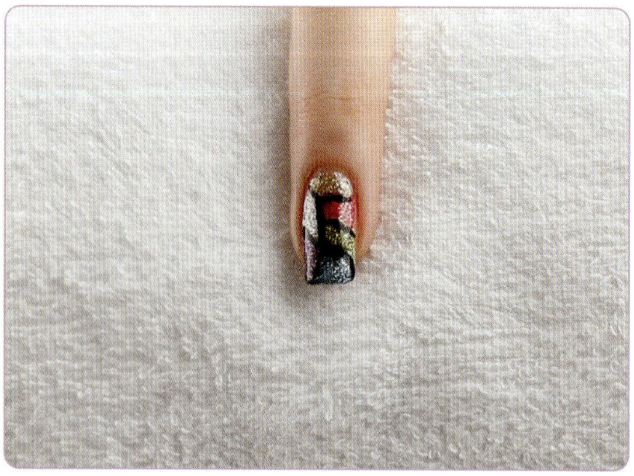

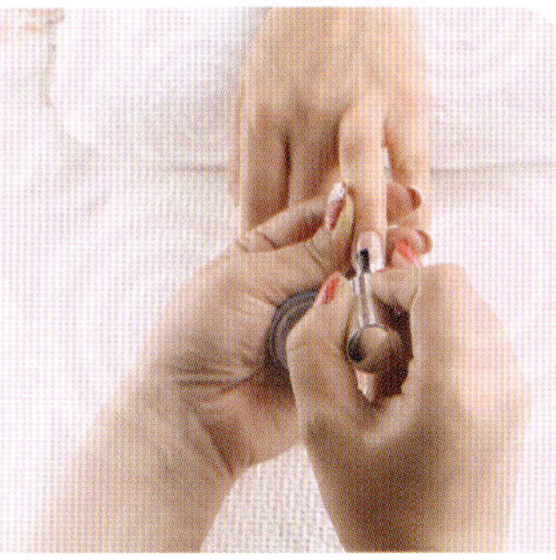

(Paraffin Manicure)

CHAPTER 11 | 파라핀 매니큐어

파라핀 매니큐어는 원래 치료를 목적으로 물리치료에서 손과 발을 파라핀액(유효성분은 콜라겐, 비타민 E 등)으로 적시는 데에서 유래하였다. 미용적인 측면에서 보면, 모공을 열고 피부에 침투하여 손과 발의 관절에 쌓인 피로를 풀어주는 효과가 있다. 특히 노화된 피부와 예민한 피부에 탁월한 효과를 발휘하며, 갈라진 손톱과 얇은 손톱 등 영양이 부족한 손톱에 직접적인 영향을 미친다. 단, 고혈압 환자, 정맥류 환자에게는 시술을 금한다.

1 필요한 재료

(1) 안티셉틱 (2) 파라핀 워머기 (3) 파라핀 (4) 일회용 비닐장갑 (5) 핸드로션 (6) 습식재료

2 사전 준비

모든 사전 준비는 동일하다.

3 시술방법

(1) 소독하기

습식처럼 시술자 손을 소독한 뒤 고객의 손을 소독한다.

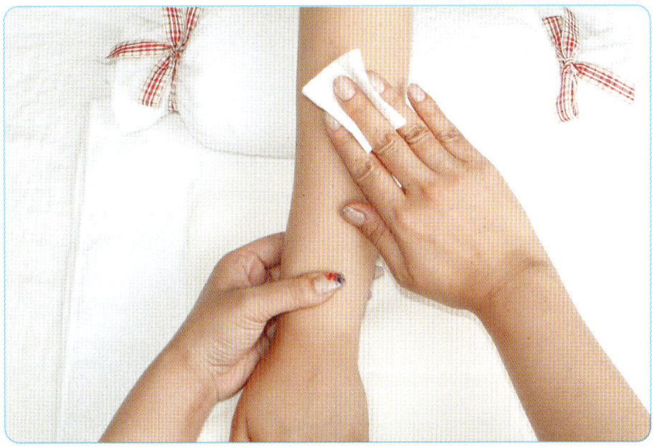

(2) 에나멜 지우기

왼손 5지부터 에나멜을 제거한다.

(3) 손톱 모양 잡기

파일링 → 샌딩 → 디스크팩 → 솔의 순서로 손톱 모양을 잡아 준다.

(4) 큐티클 제거

니퍼를 이용하여 큐티클을 제거한다.

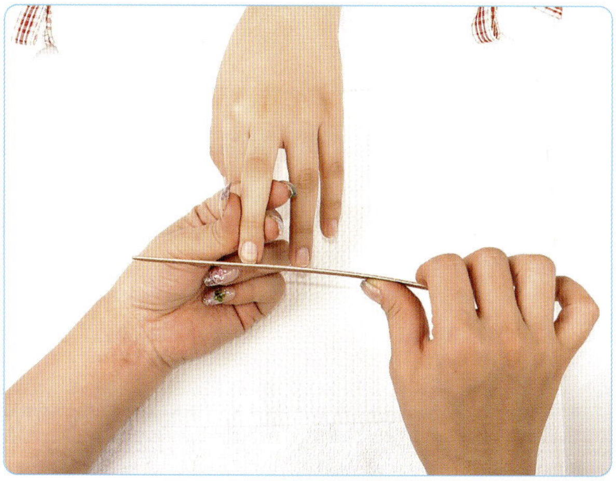

(5) 소독하기

(6) 손 마사지

콜라겐, 비타민 E 등의 성분이 함유되어 보습력이 높은 핸드크림을 이용하여 마사지 한다.

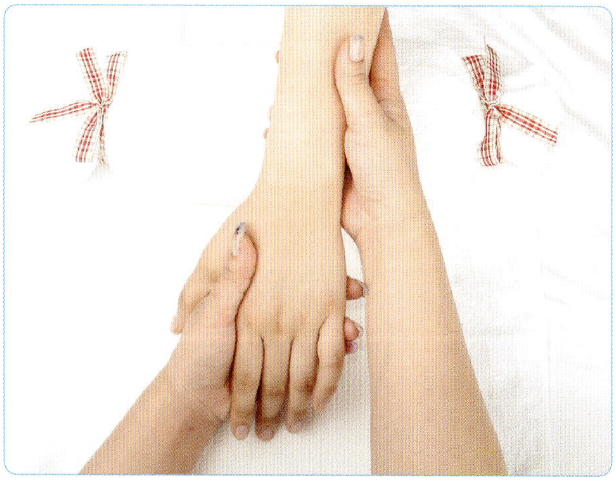

(7) 파라핀에 담그기

① 파라핀 워머기에 천천히 손을 **3~5회** 담갔다 뺐다를 반복하여 막을 형성한다.

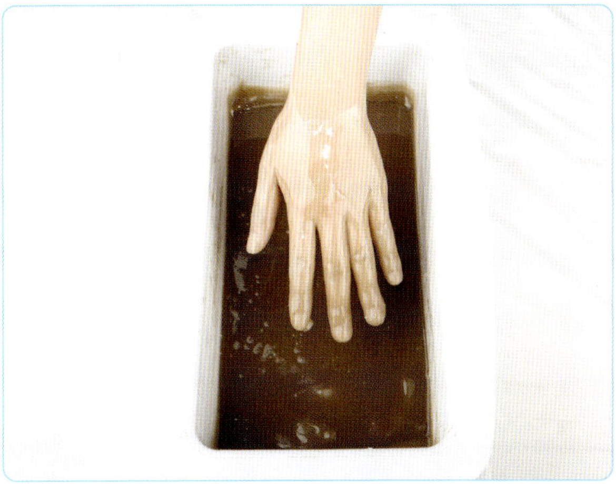

② 손목 부위까지 충분히 담그도록 한다.

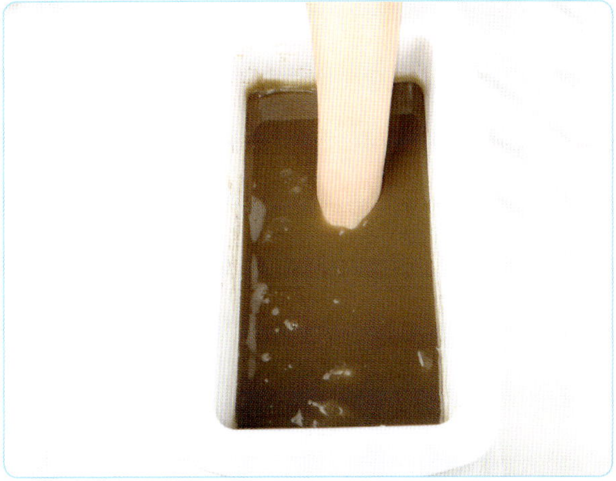

(8) 장갑 씌우기

① **1회용 장갑**을 씌운다.

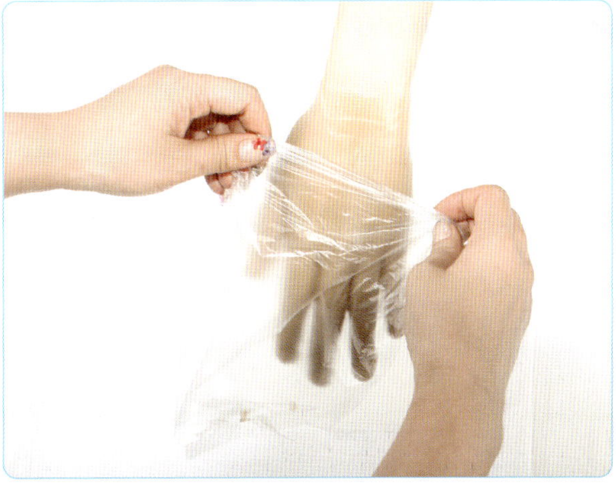

② 일회용 장갑 위에 **면장갑**을 씌운다. **(10~15분)**

(9) 파라핀 제거

손목 부위에서 가볍게 잡고 손끝 부분을 향해 벗겨 낸다.

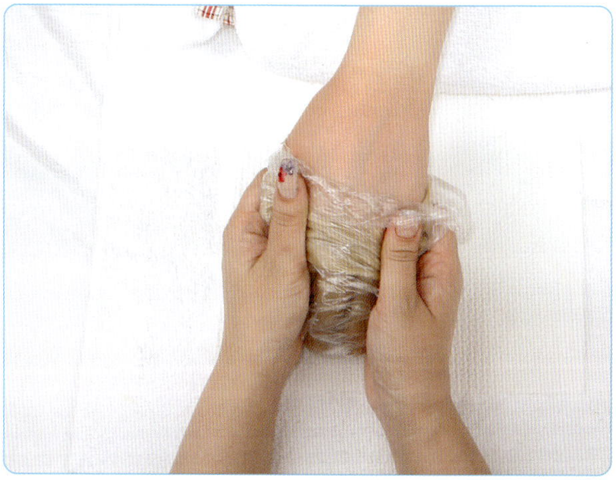

(10) 손 마사지

(6)번과 동일한 방법으로 한번 더 시술한다.

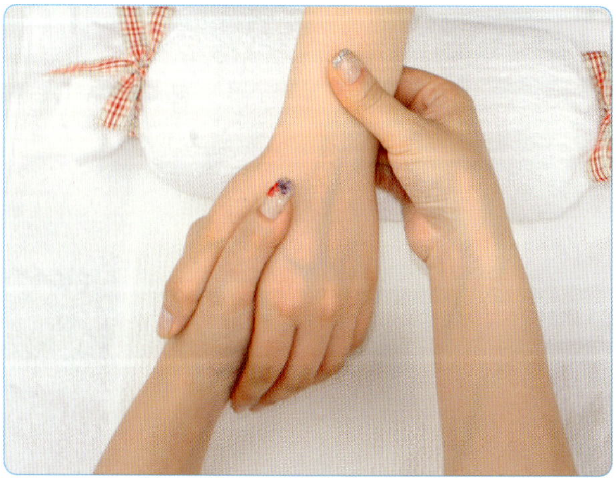

(11) 유분기 제거

① 키친타월이나 스팀타월을 이용하여 유분기를 제거한다.

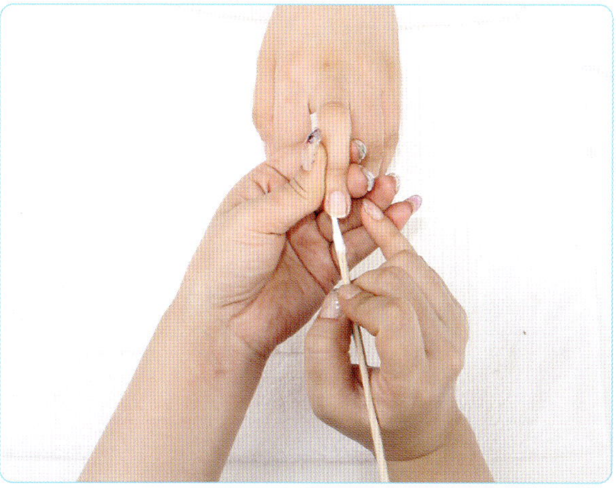

② 면봉에 리무버를 묻혀서 플레이트의 유분기를 제거한다.

③ 큐티클 라인에는 리무버가 묻지 않도록 한다.

(12) 마무리(컬러는 선택이므로 영양제만 시술하여도 무방)

① 베이스 코트를 바른다.

② 에나멜을 바른다.

③ 탑 코트를 바른다.

CHAPTER 12 | 왁 싱 (Waxing, Epilatory, Depilatory)

제모란 신체의 불필요한 털을 제거하는 방법으로 얼굴에 화장이 잘받지 않거나 피부가 매끄럽게 보이지 않을 때 실시한다. 일반적으로 신체의 특정 부위가 매력적으로 보이도록 외부에 노출된 눈썹 · 콧수염과 팔, 다리, 겨드랑이, 비키니 라인 등의 털을 가장 많이 제거한다. 단, 당뇨병 환자나 정맥류 등의 혈관이상자, 간질환자, 알레르기성 피부를 지닌 사람에게는 시술을 금하고 생리 전후의 시기를 피하는 것이 좋다.

1 필요한 재료

(1) 안티셉틱 (2) 솜 (3) 타월 및 키친타월 (4) 왁스 워머기 (5) 스파출라 (6) 무슬린 천 (7) 파우더 (8) 트위저(tweezer) (9) 오일 (10) 클렌징 패드 (11) 기구 소독제 (12) 파우더용 퍼프

2 사전 준비

모든 사전 준비는 동일하다.
(허니왁스를 왁스 워머기에 데워 두고 무슬린 천을 15~25cm 정도 적당량을 재단한다.)

(1) 소독하기

클린징 패드로 시술 부위를 소독한다.

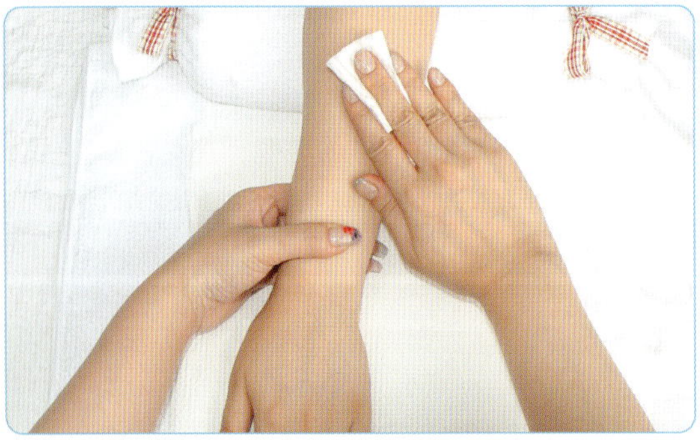

(2) 파우더 바르기

소독 후에 피부의 습기와 유분기를 제거한다.

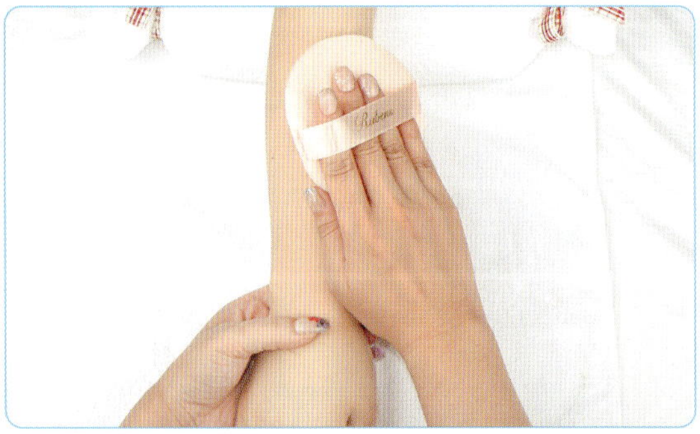

3 시술방법

(3) 왁스 온도 측정하기

① 시술자의 손목 안쪽에 실시해 온도를 측정한다.
(스파츌라로 소량의 왁스를 손목 안쪽에 묻혀서 시술에 적당한 온도를 찾는다.)

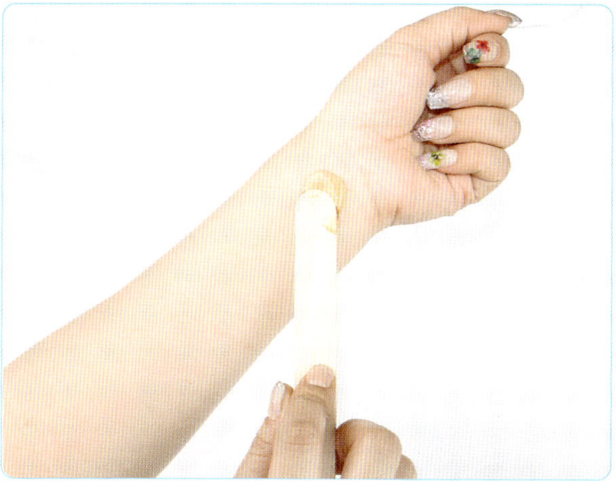

② 스파출라를 이용하여 왁스를 최대한 얇게 **털이 난 방향**으로 바른다.
③ 스파출라의 각도는 45° 를 유지한다.
(왁스의 양이 너무 많아서 두께가 두꺼워지면 왁스가 굳는 시간이 오래 걸리며 왁싱이 제대로 되지 않는다)

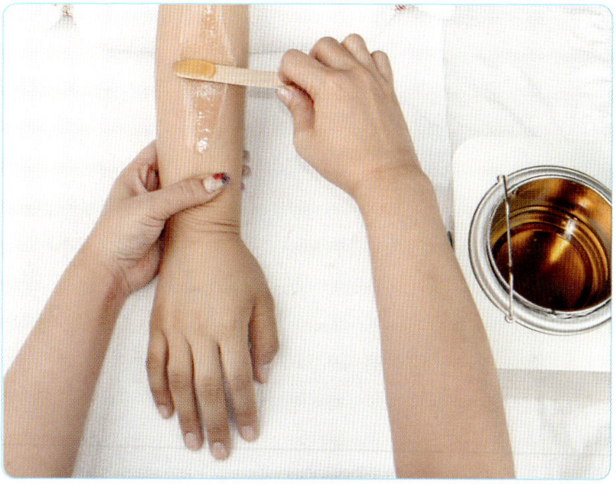

(4) 무슬린 천 밀착하기

① **털이 난 방향**으로 천을 밀착 시킨다.
(시술자가 잡을 수 있도록 1.5cm의 무슬린 천을 남겨 놓는다)
② 무슬린 천과 왁스가 접착이 잘 될 수 있도록 손바닥으로 털이 난 방향을 여러 번 쓸어내린다.

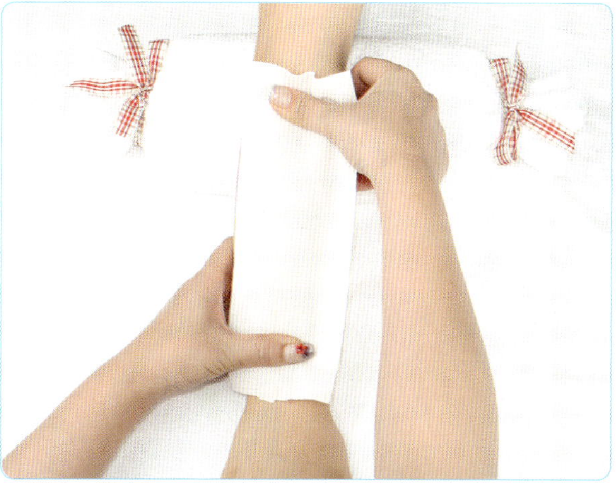

③ **털이 난 반대방향**으로 천을 한번에 떼어 낸다(무슬린 천을 재빨리 제거해야만 왁싱이 깨끗해질 뿐 아니라 떼어 낼 때의 통증도 감소한다).

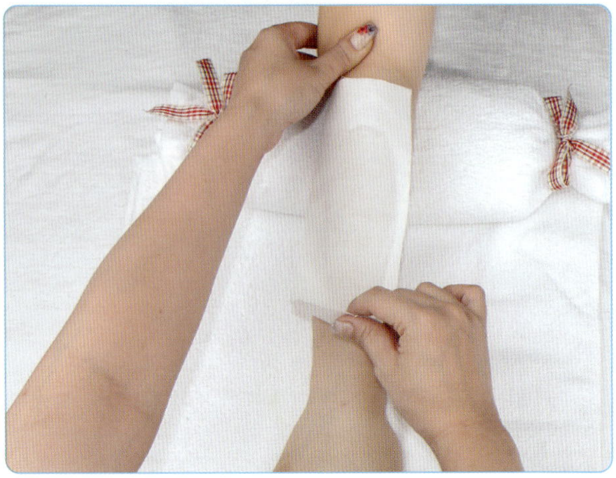

(5) 진정하기

제모 후에 예민해진 피부를 진정시켜 준다(차가운 수건 및 얼음팩을 사용하면 모공 수축에도 도움이 된다).

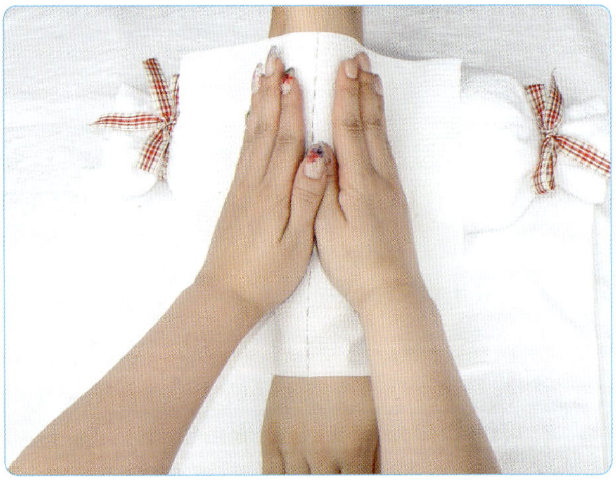

(6) 오일 바르기

잔여 **왁스를 제거**하기 위해 오일을 이용하여 닦아낸다.

(7) 유분기 제거하기

마른 솜을 이용하여 유분기를 제거한다.

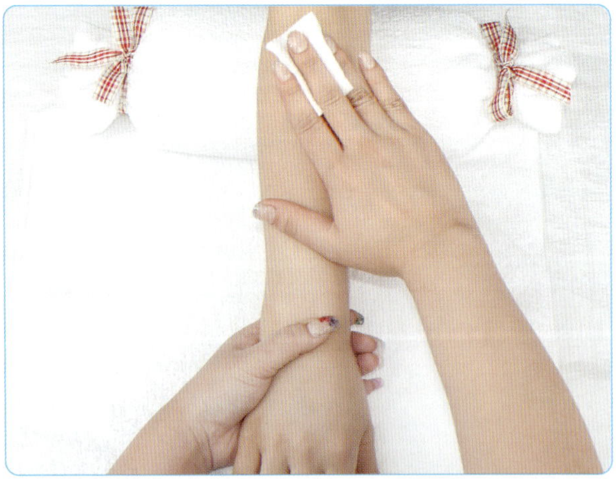

(8) 트위저 사용하기

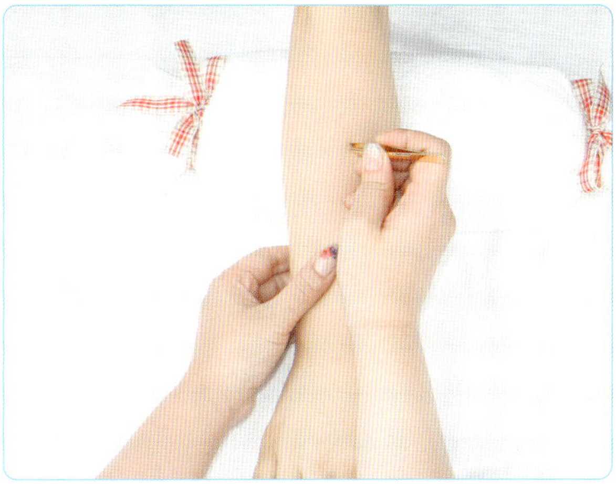

남은 **잔털**을 트위저를 이용하여 제거한다.
(쪽집게를 사용하여 털이 짧거나 왁싱으로 완전히 제거되지 않은 잔털을 제거한다.)

(9) 소독하기

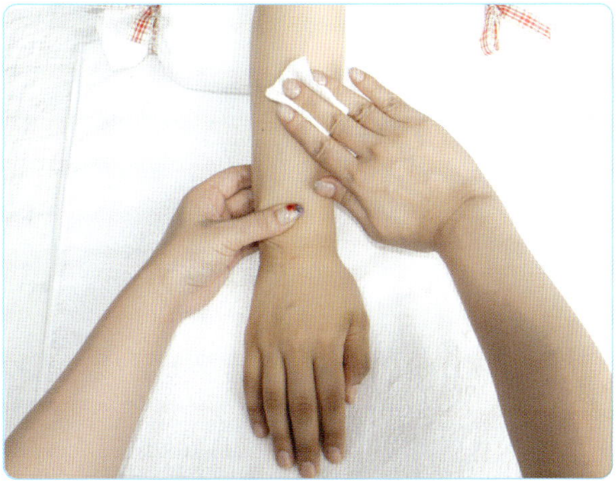

예민한 피부의 **진정과 감염예방**을 위하여 안티셉틱을 이용하여 소독한다.

(10) 스킨으로 정리하기

진정을 위하여 스킨으로 정리한다.
(스킨이 없을 때는 얼음팩을 사용한다. 이때 얼음팩은 왁싱으로 인해 넓어진 모공을 수축시키는 작용을 한다.)

(11) 파우더로 마무리하기

관리 후에 습기를 제거하여 왁싱이 더욱 깔끔하게 시술되도록 한다(관리 후에 습기제거를 위해 파우더로 마무리하는 것도 깔끔한 왁싱 시술에 도움이 된다).

CHAPTER 13 | 핸드페인팅(포크아트)

아크릴물감 또는 수성물감과 붓을 이용하여 손톱에 그림을 디자인하는 것을 핸드페인팅이라고 하며, 붓에 물감을 그라데이션하여 디자인하는 기술을 포크아트기법이라고 한다. 포크아트는 목조가구나 주방기구에 그림을 그리는 것에서 유래하여 네일에 도입되었다. 오늘날에는 핸드페인팅이 대중화되어 많은 사람들이 선호하는 네일 아트의 기법이 되었다.

1 필요한 재료

(1) 습식재료 (2) 아크릴 물감 (3) 포크아트 전용 수성물감 (4) 브러시 (5) 물통 (6) 팔레트 (7) 탑코트

2 사전 준비

모든 사전 준비는 동일하다.

3 시술방법

(1) 데이지

① 베이스 코트를 바른다.
② 원하는 컬러를 바른다.
(컬러가 완전히 마른 후에 디자인해야만 디자인이 밀리지 않는다.)
③ 꽃이 들어갈 위치를 생각하고 먼저 나뭇잎을 세 장 정도 그린다.

④ 구도를 생각하며 나머지 여백에 나뭇잎을 그린다.

⑤ 줄기를 그린다(세필붓 이용).

⑥ 큰 꽃부터 차례대로 그린다(라운드 브러시 사용).

⑦ 데이지의 중심부에 노란점을 찍는다.

⑧ 마블대나 세필붓을 이용하여 수술을 찍어준다.

⑨ 탑 코트를 바른다.
(완성된 모습)

(2) 해바라기

① 베이스 코트를 바른다.
② 원하는 컬러를 바른다.
(컬러가 완전히 마른 후 디자인해야만 디자인이 밀리지 않는다.)
③ 들어갈 위치를 생각해 나뭇잎을 그린다.
(잎사귀를 그리는 방법은 데이지 꽃과 동일하다.)
④ 세필붓으로 잎사귀의 라인을 그려 준다.

⑤ 해바라기 꽃을 그린다(아랫부분에 위치한 꽃잎)

⑥ 해바라기꽃을 그린다.
(먼저 그린 꽃잎의 사이사이에 똑같은 꽃잎을 그려 준다.)

⑦ 점 등을 이용하여 화려하게 표현한다.

⑧ 탑코트를 바른다.
(완성된 모습)

(3) 나비

① 베이스 코트를 바른다.
② 원하는 컬러를 바른다.
(컬러가 완전히 마른 후에 디자인해야만 디자인이 밀리지 않는다.)
③ 평붓을 표면에 세워 'C' 자를 그리듯이 같은 사이즈로 두 번, 그리고 조금 더 작게 두 번을 그린다.
④ 약간 밑으로 내려온 다음, 한번 더 겹쳐 그려서 두 장의 날개를 표현한다.

⑤ 라이너붓을 이용하여 몸통을 그린다.
⑥ 손에 힘을 빼고 더듬이를 그린다.

⑦ 점 등을 이용하여 화려하게 표현한다.
⑧ 탑 코트를 바른다.

(4) 포피

① 베이스 코트를 바른다.
② 원하는 컬러를 바른다.
(컬러가 완전히 마른 후에 다지인해야만 디자인이 밀리지 않는다.)
③ 꽃이 들어갈 자리에 먼저 잎을 그린다.
(꽃잎을 그리는 방법은 데이지와 동일하다.)

④ 줄기를 그린다.

⑤ 평붓을 위로 밀어올렸다가 내리면서 하트를 그리듯이 꽃잎을 한 장 그린다.

⑥ 똑같이 꽃잎을 다섯 장 그린다.

⑦ 점 등을 이용하여 화려하게 표현한다.

⑧ 탑 코트를 바른다(완성된 모습).

(5) 장미

① 베이스 코트를 바른다.

② 원하는 컬러를 바른다.
(컬러가 완전히 마른 후에 다지인해야만 디자인이 밀리지 않는다.)

③ 구도를 생각하며 꽃이 들어갈 자리에 나뭇잎을 그린다.

④ 장미꽃을 그린다.
- 나비를 그리듯이 붓을 돌리면서 속잎을 그려준다.

- 사선이나 스퀘어 브러시를 이용하여 앞부분을 막아 주듯이 감싸 준다.

• 나머지 꽃잎을 그려 준다.

⑤ 장미의 꽃봉오리를 그린다.

⑥ 점 등을 이용하여 화려하게 표현한다.

⑦ 탑코트를 바른다.(완성된 모습)

CHAPTER 14 | 유브이 젤 오버레이 (U.V. GEL Overlay)

자연 네일에 젤을 이용하여 익스텐션하는 기법으로 냄새가 없으며 아크릴보다 가볍고 투명하여 자연스러운 네일을 연출할 수 있는 기법이다.

1 필요한 재료

(1) U.V.GEL 라이트기 (2) 클리어 젤 (3) 탑젤 (4) 프라이머 (5) 크리너 (6) 페이퍼/스펀지
(7) 젤 브러쉬 (8) 팁 시술재료 일체

2 사전 준비

모든 사전 준비는 동일하다.

3 시술방법

* 주의사항 : 큐어링 시간은 제품에 따라 조금씩 차이가 있다. (정확히 인지하여 시간을 정확히 지켜 큐어링 한다
–시간이 짧을 경우 젤이 덜 굳을 수 있고, 과하게 큐어링하면 젤 네일이 깨지거나 손상될 수 있다.)

(1) 손소독 하기
(2) 에나멜 지우기
(3) 손톱모양 잡기
(4) 큐티클 밀기
(5) 팁 (팁 종류 무관)
 ① 선택
 ② 붙이기
 ③ 길이자르기
 ④ 턱제거
 ⑤ 턱보강

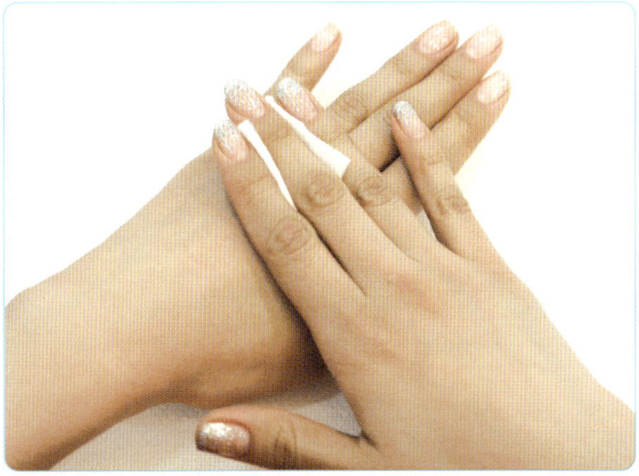

(6) 프라이머 바르기

pH 발란스와 유분기 조절을 위해 도포하는데 피부에 묻지 않도록 주의한다. (젤 타입의 프라이머 : 30초 큐어링 / 액체타입 : 바로도포)

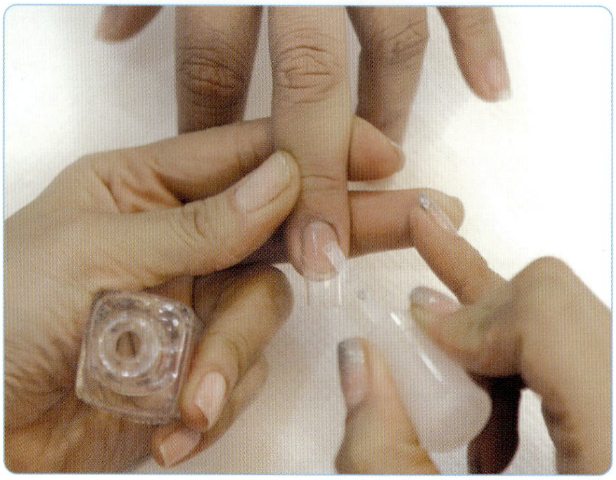

(7) 베이스젤 바르기

(젤타입의 프라이머 도포시 생략)

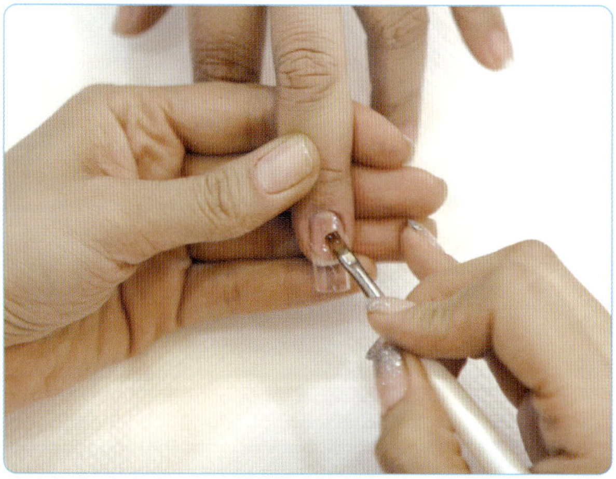

(8) 큐어링 30초 ~ 1분

(시간은 제품에 따라 차이가 있다)

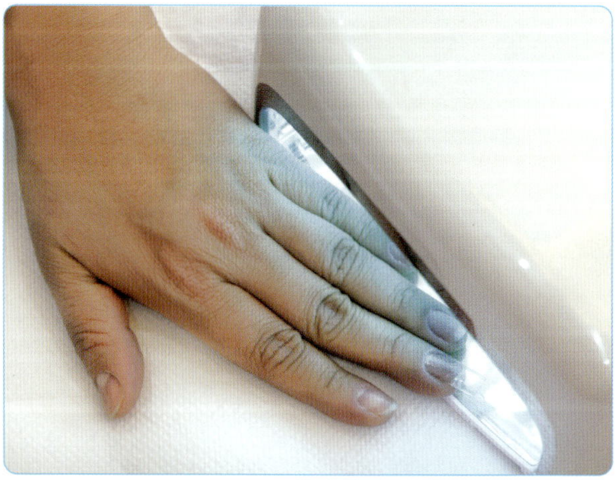

(9) 클리어 젤 오버레이

① 클리어 젤을 도포한 뒤 3분 동안 큐어링 한다.(시간은 제품에 따라 차이가 있다)

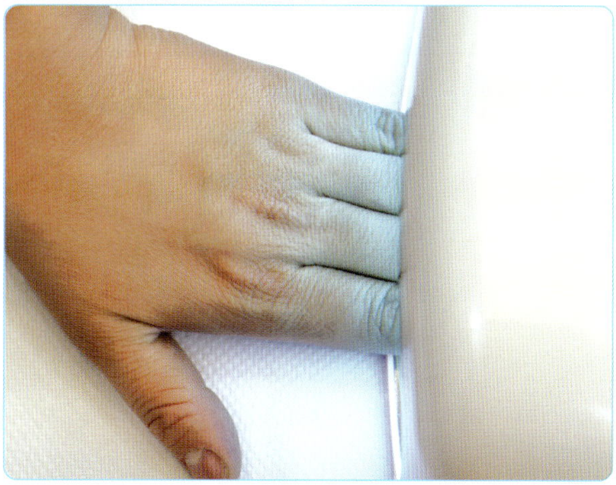

② 고르지 못한 부분이 있으면 표면을 커버하며 한 번 더 오버레이 한다.

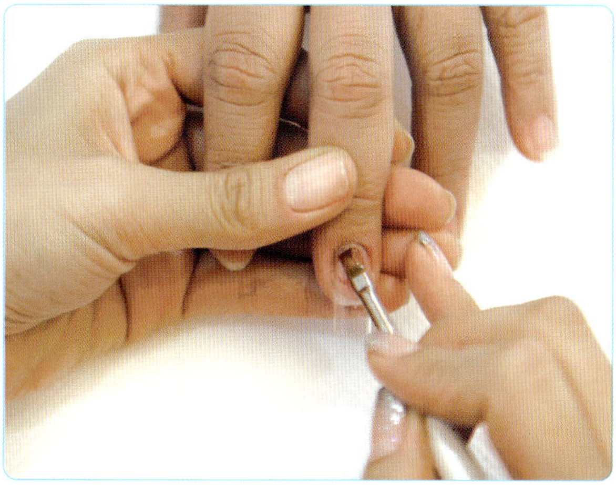

③ 큐어링 3분

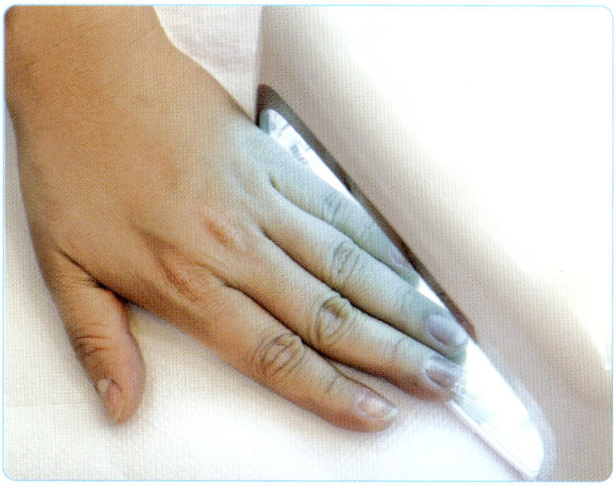

④ 크리너 : 솔루션(크리너)을 스펀지 또는 페이퍼 등을 이용하여 표면을 닦아 낸다.

* 크리너 사용목적

① 젤의 끈적임 제거

② 파일링 후 이물질을 제거한다.

③ 투명도를 높여준다.

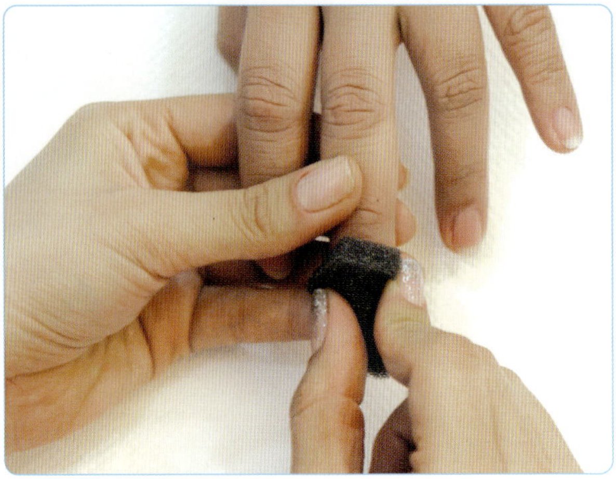

(10) 파일링 및 버핑

표면을 균일하게 버핑하고 Shape을 잡아준다.

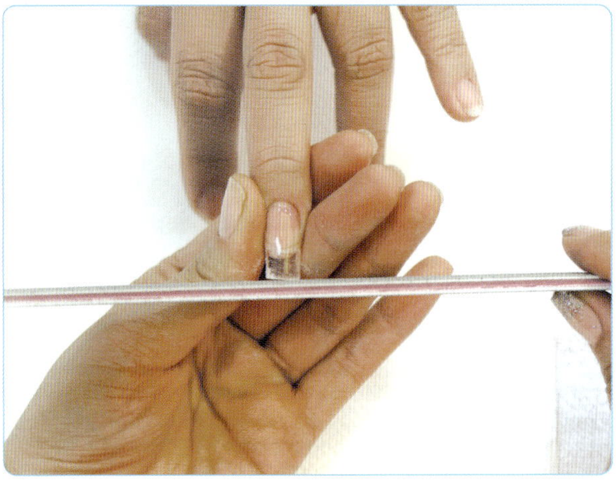

(11) 크리너

스펀지 또는 페이퍼에 크리너(솔루션)를 적셔 표면을 닦아 낸다.

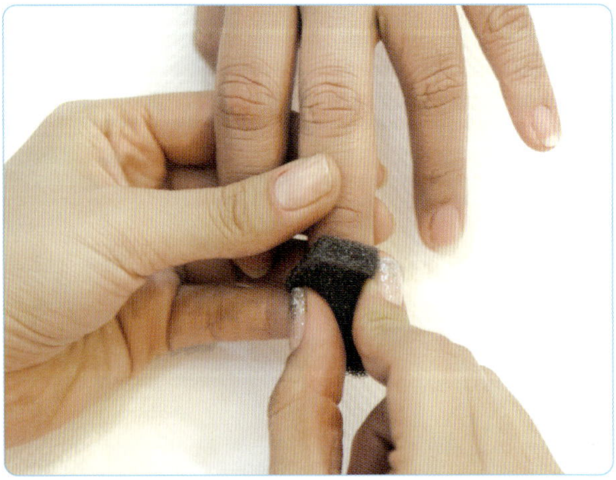

(12) 탑 젤(울트라 씰, 젤 코트)을 발라준다.
1~3분 큐어링 한다. (1분 ~ 3분으로 시간은 제품마다 차이가 있다)

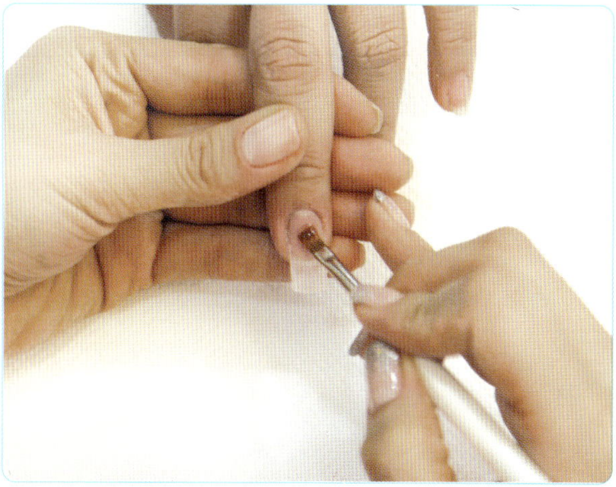

(13) 크리너
스펀지 또는 페이퍼에 크리너(솔루션)를 적셔 표면을 닦아 낸다.(제품마다 차이)

(14) 마무리 하기
큐티클 라인에 오일을 발라 문질러 흡수시킨 뒤 광택화일을 이용하여 마무리한다. (3way는 선택사항)

(15) 완성

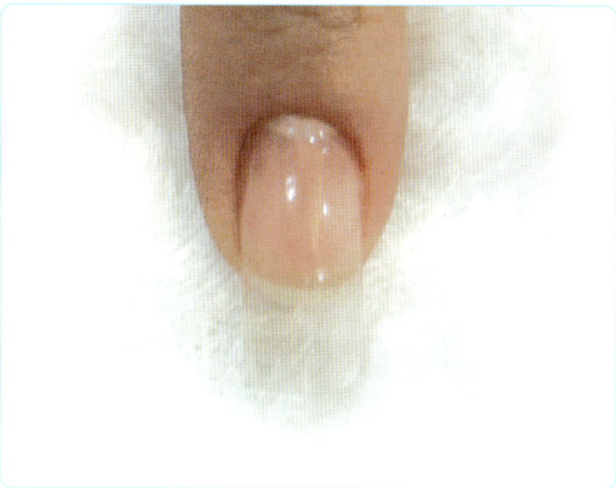

CHAPTER 15 | 유브이 젤 스캅춰 (U.V. GEL Sculpture)

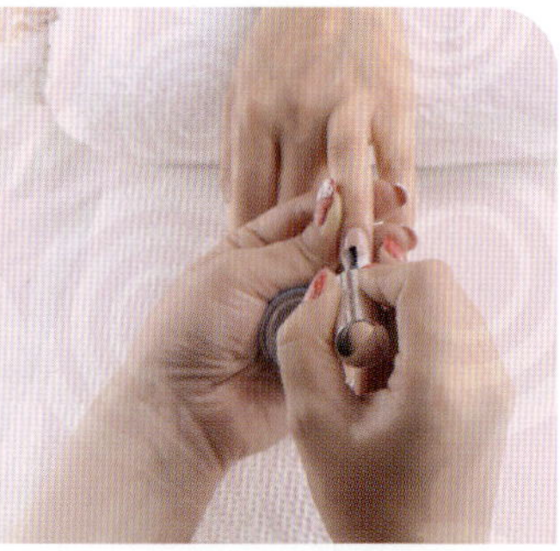

팁을 이용하지 않고 젤만을 이용하여 손톱을 연장하는 방법이다. 젤은 퍼짐성이 있으므로 너무 꽉 채워서 시술하지 않는다.

1 필요한 재료

(1) U.V.GEL 라이트기 (2) 클리어 젤 (3) 탑젤 (4) 프라이머 (5) 크리너 (6) 페이퍼/스펀지 (7) 젤 브러쉬

2 사전 준비

모든 사전 준비는 동일 하다.

3 시술방법

* 주의사항 : 큐어링 시간은 제품에 따라 조금씩 차이가 있다. (정확히 인지하여 시간을 정확히 지켜 큐어링 한다 -시간이 짧을 경우 젤이 덜 굳을 수 있고, 과하게 큐어링하면 젤 네일이 깨지거나 손상될 수 있다.)

(1) 손소독 하기
(2) 에나멜 지우기
(3) 손톱모양 잡기
(4) 큐티클 밀기

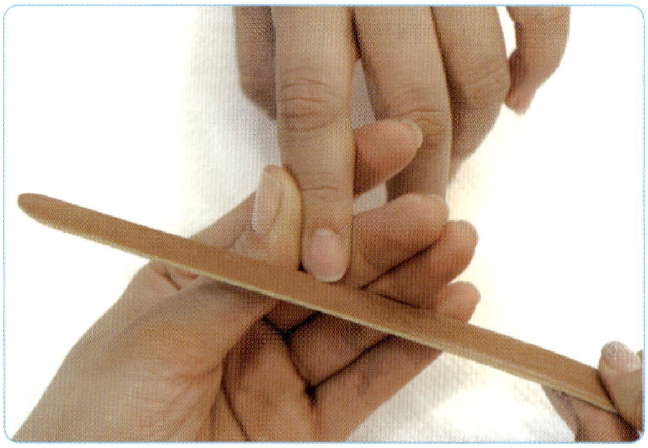

(5) 프라이머 바르기

pH 발란스와 유분기 조절을 위해 도포하는 데 피부에 묻지 않도록 주의한다.(젤 타입의 프라이머 : 30초 큐어링 / 액체타입 : 바로도포)

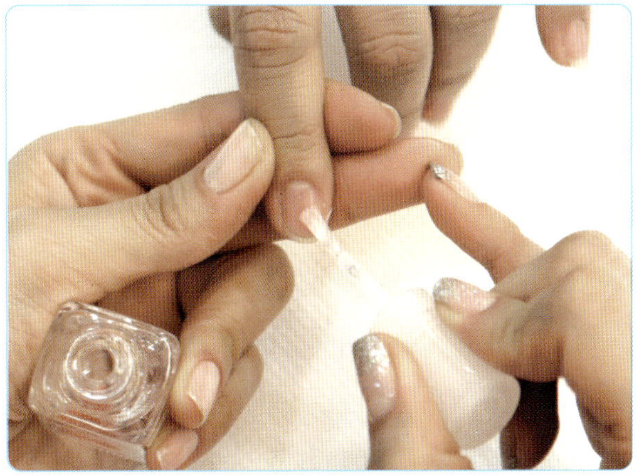

(6) 베이스젤 바르기

(젤 타입의 프라이머 도포시 생략)
큐어링 30초 ~ 1분 (시간은 제품에 따라 차이가 있다)

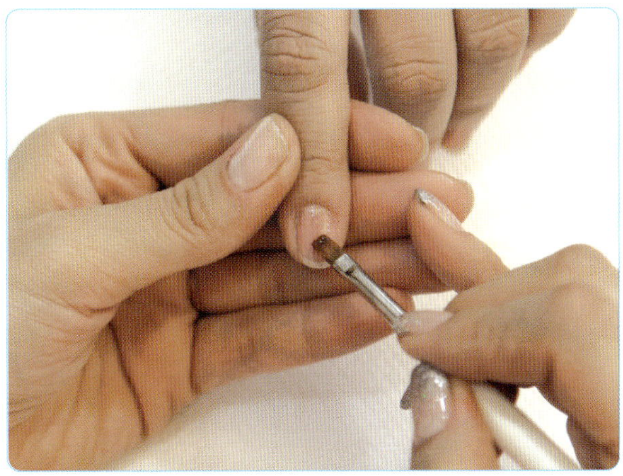

(7) 폼지 끼우기

쳐지지 않도록 주의해서 시술한다. 폼의 모양에 따라 손톱의 모양이 만들어지므로 주의한다.

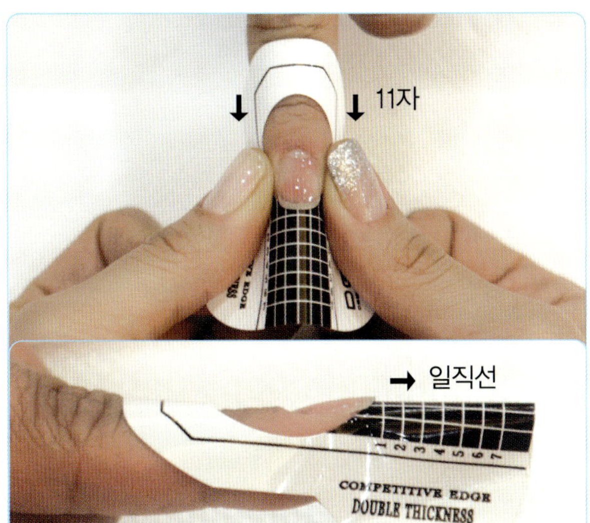

(8) 클리어 젤 익스텐션

① 클리어 젤을 도포한 뒤 3분 동안 큐어링한다. (프리엣지를 중점적으로 만들어준다. 베이스를 만든다는 느낌으로 가볍게 시술한다.) → 핀치를 준다.

② 두께를 보강하기 위해 클리어 젤을 2coat해서 큐어링 한다.

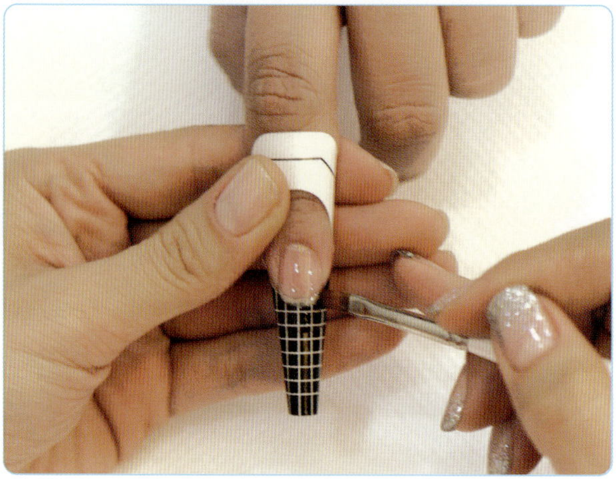

(9) 폼지제거

프리 엣지 부분부터 제거한다.

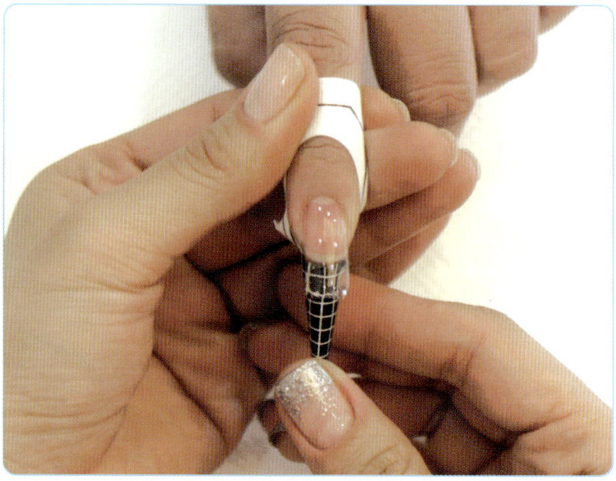

(10) 파일링 및 버핑

표면을 균일하게 버핑하고 Shape을 잡아준다.

(11) 크리너

스펀지 또는 페이퍼에 크리너(솔루션)를 적셔 표면을 닦아 낸다.

(12) 탑 젤(울트라 씰, 젤 코트)을 발라준다.

3분 큐어링 한다. (시간은 1분 ~ 3분으로 제품마다 차이가 있다.)

(13) 크리너

스펀지 또는 페이퍼에 크리너(솔루션)를 적셔 표면을 닦아 낸다.(제품마다 차이)

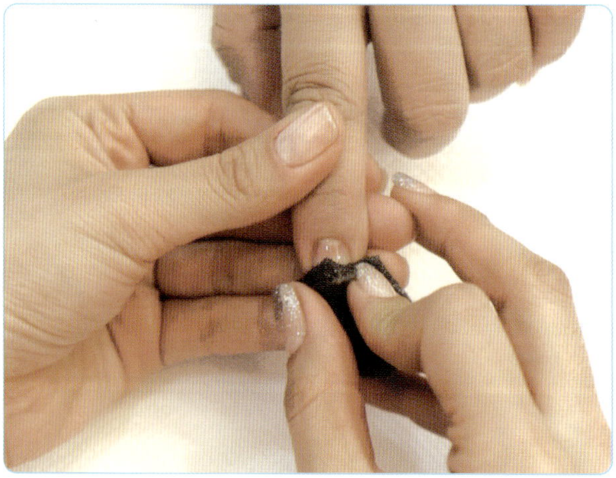

(14) 마무리 하기

큐티클 라인에 오일을 발라 문질러 흡수 시킨 뒤 광택화일을 이용하여 마무리한다. (3way는 선택사항)

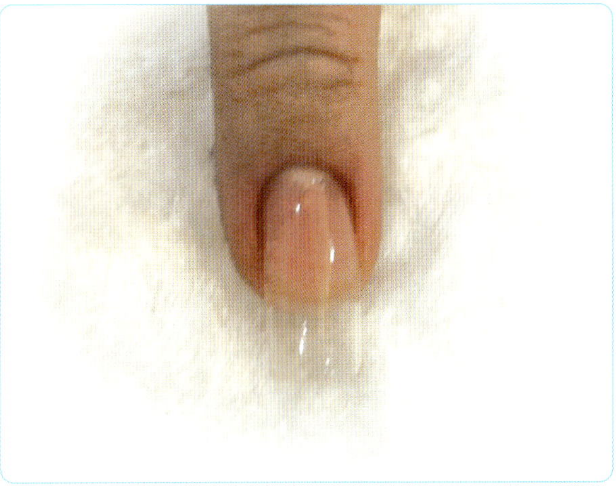

CHAPTER 16 | 유브이 젤 프렌치 스캅춰 (U.V. GEL French Sculpture)

클리어 젤과 화이트 젤을 이용한 투톤 스캅춰이다. 화이트 젤을 이용하여 프렌치 라인을 만든다음 핑크와 클리어 젤을 이용하여 오버레이 하여 완성한다.

1 필요한 재료

(1) U.V.GEL 라이트기 (2) 클리어 , 화이트, 핑크젤 (3) 탑젤 (4) 프라이머 (5) 크리너
(6) 페이퍼/스펀지 (7) 젤 브러쉬

2 사전 준비

모든 사전 준비는 동일하다.

3 시술방법

* 주의사항 : 큐어링 시간은 제품에 따라 조금씩 차이가 있다. (정확히 인지하여 시간을 정확히 지켜 큐어링 한다
 -시간이 짧을 경우 젤이 덜 굳을 수 있고, 과하게 큐어링하면 젤 네일이 깨어지거나 손상될 수 있다.)

(1) 손소독 하기
(2) 에나멜 지우기
(3) 손톱모양 잡기
(4) 큐티클 밀기
(5) 프라이버 바르기
pH 발란스와 유분기 조절을 위해 도포하는데 피부에 묻지 않도록 주의한다.(젤 타입의 프라이머 : 30초 큐어링 / 액체타입 : 바로도포)

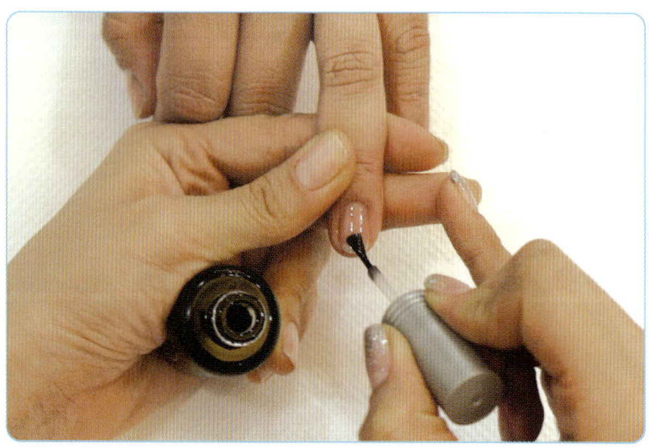

(6) 베이스 젤 바르기(또는 핑크 젤)

(젤 타입의 프라이머 도포시 생략)

큐어링 30초 ~ 1분(제품에 따라 차이)

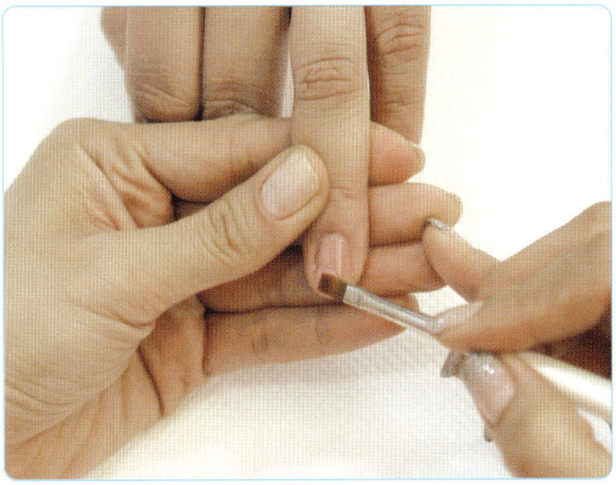

(7) 크리너로 닦기

(8) 폼지 끼우기

쳐지지 않도록 주의해서 시술한다.

폼의 모양에 따라 손톱의 모양이 만들어 지므로 주의한다.

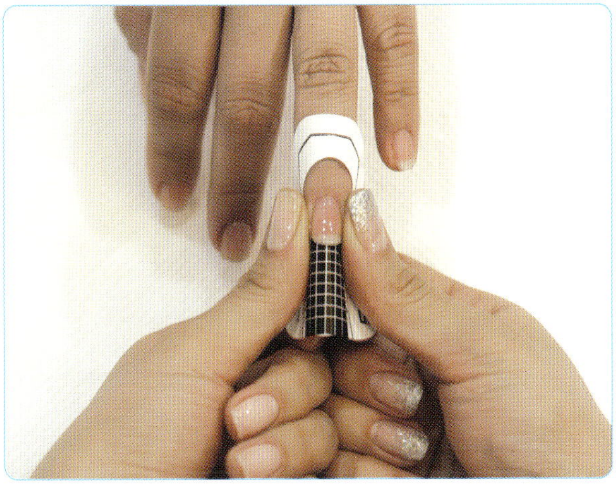

(9) 화이트 젤 익스텐션

① 화이트 젤을 이용하여 프리 엣지와 스마일라인을 완성한 뒤 2분간 큐어링한다. (핀치)

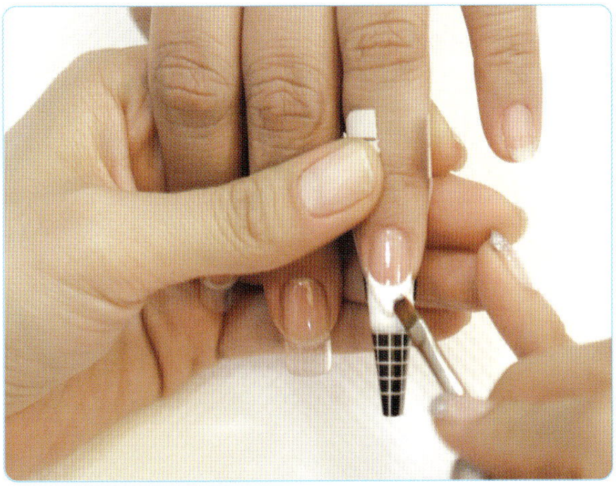

② 좀 더 깨끗하고 선명한 프렌치 라인을 만들어 내기 위해 한번 더 화이트 젤을 이용하여 깔끔하게 처리한다. (핀치)

③ 큐어링 2분

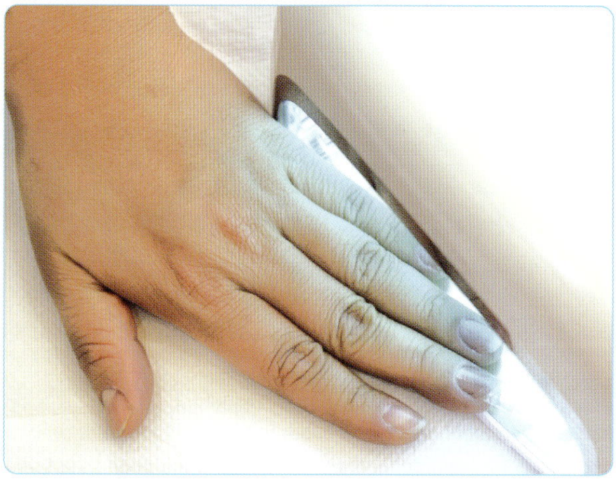

(10) 핑크젤 바르기

혈색있는 프렌치 스캅춰를 위해 플레이트에 핑크 젤을 채워준다.

큐어링 2분 (6번에 시술했으면 생략)

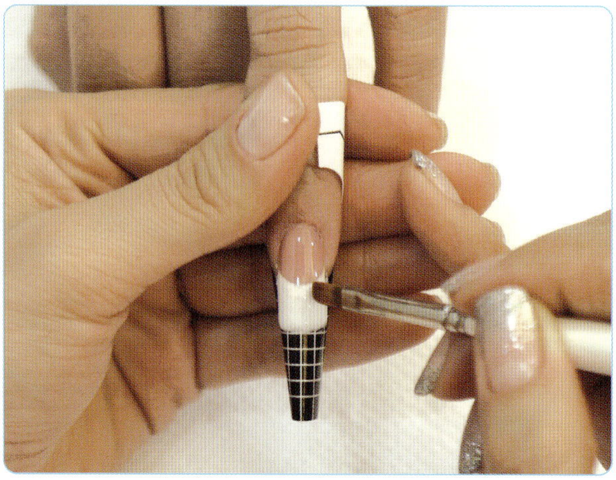

(11) 클리어 젤 오버레이

클리어 젤을 오버레이한 다음 3분간 큐어링 한다.

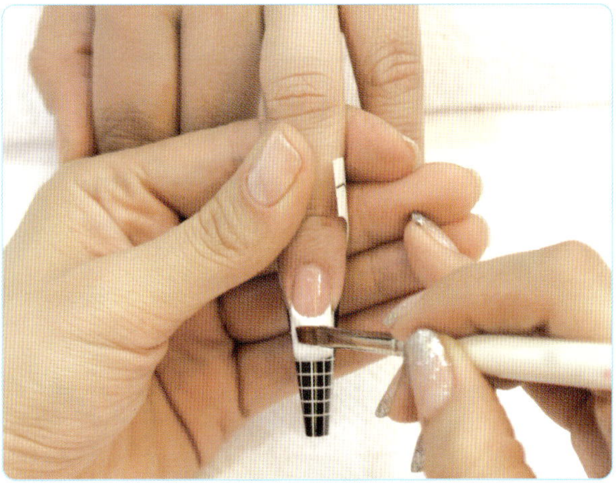

(12) 폼지제거

프리 엣지 부분부터 제거 후 크리너로 닦기

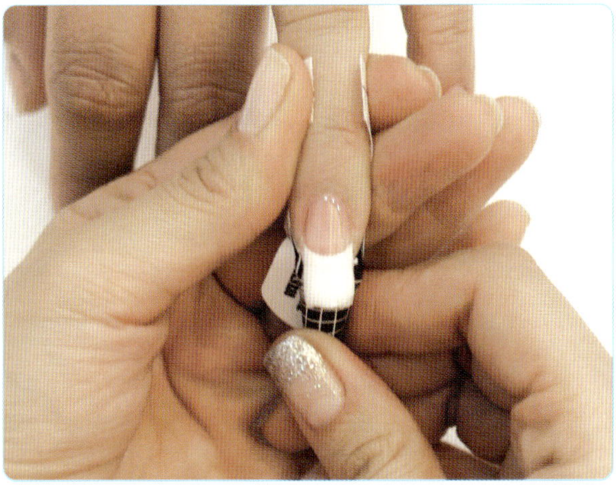

(13) 파일링 및 버핑

표면을 균일하게 버핑하고 Shape을 잡아준다.

(14) 크리너

스펀지 또는 페이퍼에 크리너(솔루션)를 적셔 표면을 닦아 낸다.

(15) 탑젤(울트라 씰, 젤 코트)을 발라준다

3분 큐어링 한다. (시간은 1분~3분으로 제품마다 차이가 있다)

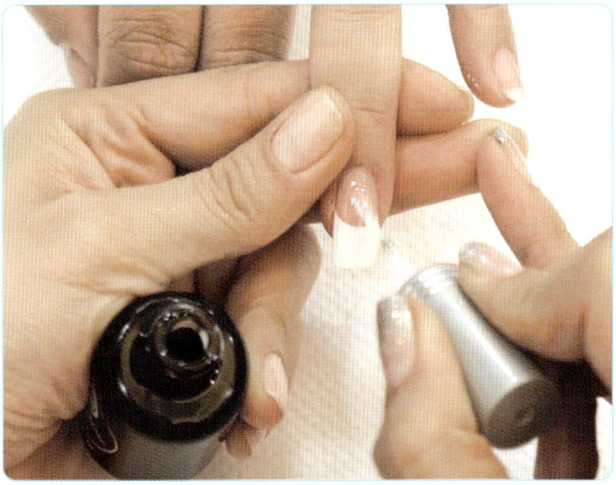

(16) 크리너

스펀지 또는 페이퍼에 크리너(솔루션)를 적셔 표면을 닦아 낸다.(제품마다 차이)

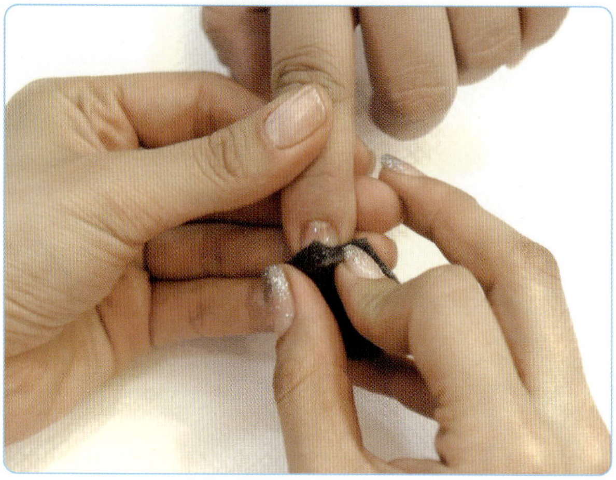

(17) 마무리 하기

큐티클 라인에 오일을 발라 문질러 흡수 시킨 뒤 광택화일을 이용하여 마무리 한다.(3way는 선택사항)

CHAPTER 17 | 2D 엠보싱 기법 (Two-Dimension)

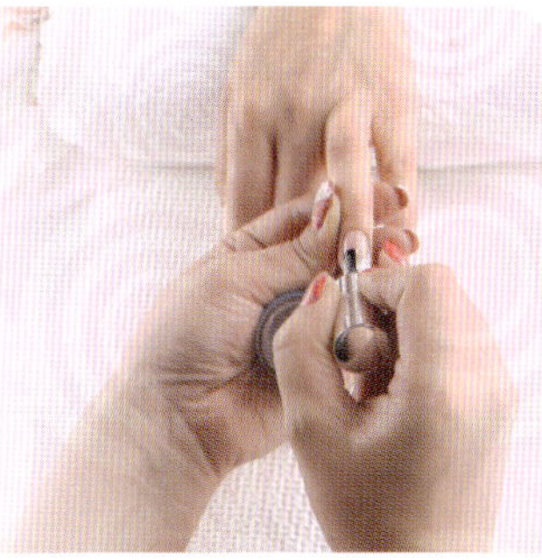

시술방법은 디자인 스캅춰와 동일하다. 컬러 파우더를 이용하여 베이스를 그라데이션한 다음, 그 위에 디자인을 시술하면 입체감과 생동감이 있는 네일을 연출할 수 있다.

1 필요한 재료

(1) 습식재료 (2) 아크릴 화이트, 컬러 파우더 (3) 리퀴드 (4) 브러시 크리너
(5) 아크릴 브러쉬(4, 8호) (6) 폼지 (7) 리퀴드 볼 (8) 큐빅

2 사전 준비

모든 사전 준비는 동일하다.

3 시술방법

(1) 손 소독하기
화장솜에 안티셉틱을 뿌린 후에 5지부터 소독한다.

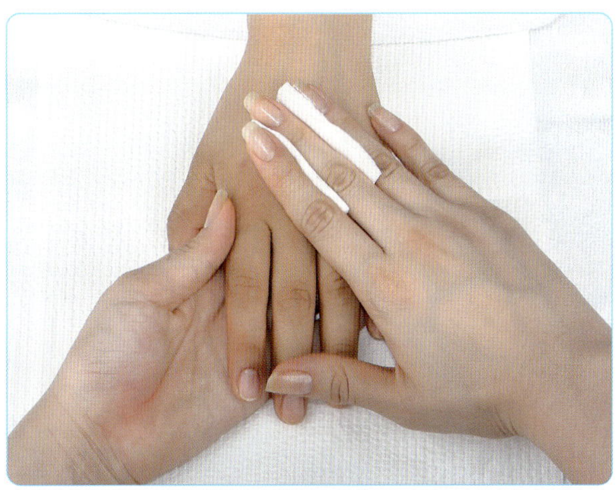

(2) 에나멜 지우기

5지의 손톱부터 시작해서 손톱의 에나멜 및 이물질을 제거한다.

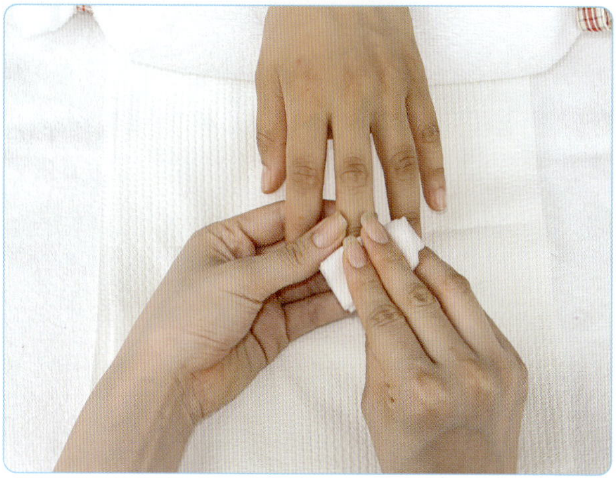

(3) 손톱 모양 잡기

파일링 → 샌딩 → 디스크팩 → 솔 순으로 시술한다(파일링할 때 파일은 우드 파일을 사용하며 원네일을 한 방향으로 시술한다).

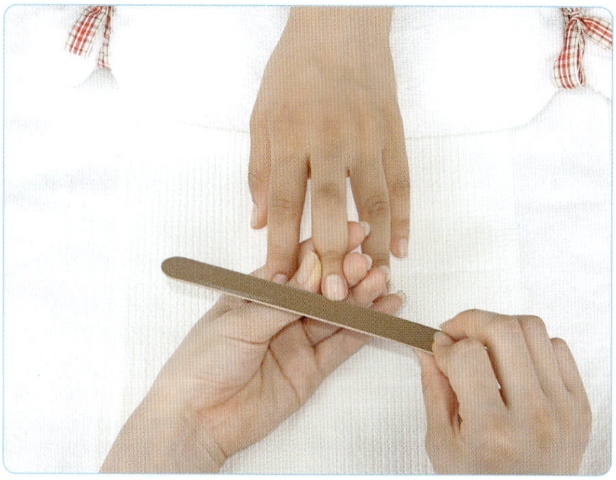

(4) 큐티클 밀기

우드스틱이나 푸셔를 이용해서 **45° 각도**로 밀어 준다(플레이트 부분이 상하지 않도록 주의해서 밀어 준다).

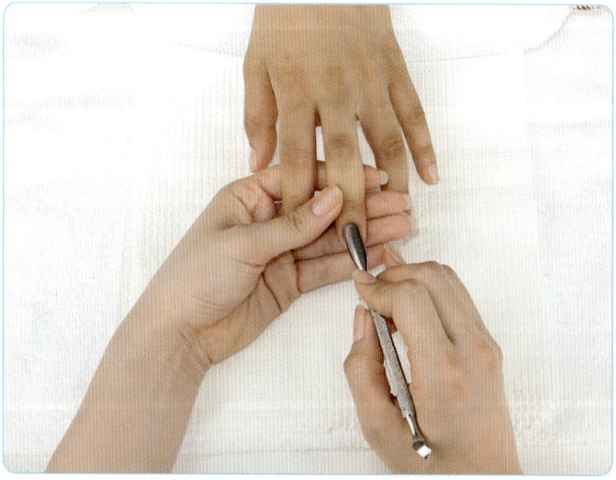

(5) 네일 폼 끼우기

양손엄지가 **11자**가 되도록 하여 쳐지지 않도록 주의하여 끼워 준다(손톱 밑에 최대한 밀착하게 끼우며, 처지게 끼우면 연장부분도 처지게 되어 이물질이 들어갈 수 있다).

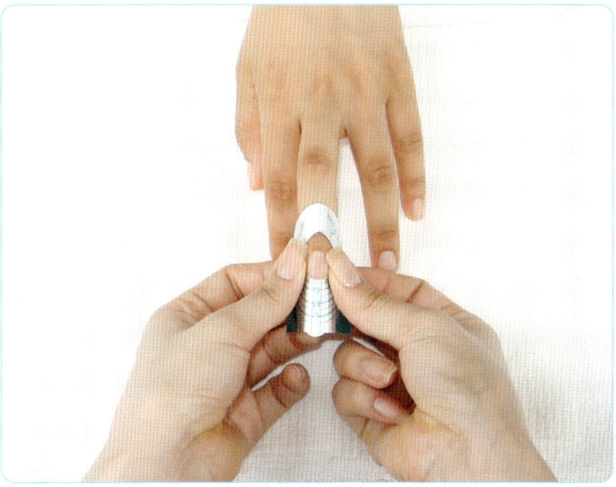

(6) 프라이머 바르기

한 번 바른 뒤에 마르면 한 번 더 도포하여 2번 시술한다(피부에 묻지 않게 주의해서 바른다).

원네일에만 시술한다.

(7) 플레이트 만들기

원하는 색상 계열의 컬러파우더를 이용하여 프리 엣지까지 그라데이션하여 배경을 만들어 준다.

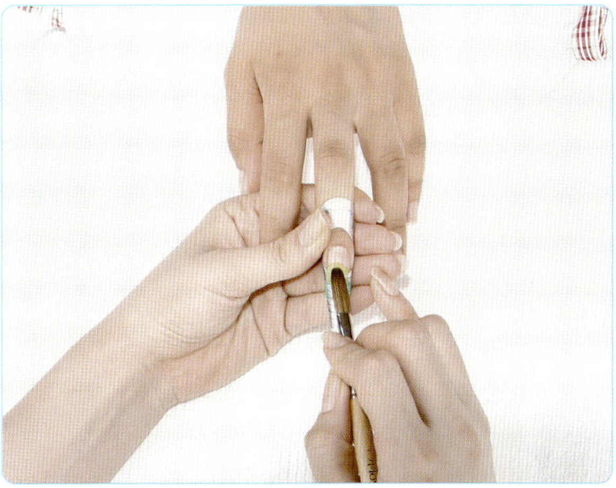

(8) 핀치 주기

적당히 건조되었을 때 핀치를 주어야 한다(아크릴이 완전히 마르지 않았을 때 핀치를 주면 아크릴이 밀릴 수 있다).

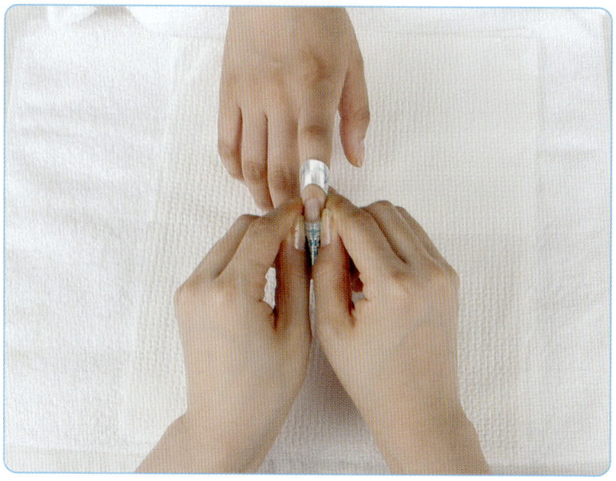

(9) 폼지 떼기

① 프리 엣지에서 큐티클 방면으로 제거한다(완전히 마른 후에 폼지를 떼어야 한다. 그렇지 않으면 아크릴형태가 변형되거나 처질 수 있다).
② 말랐는지 확인(붓 뒷면으로 두드려 맑은 소리가 날 때)한 뒤 폼지를 뗀다.

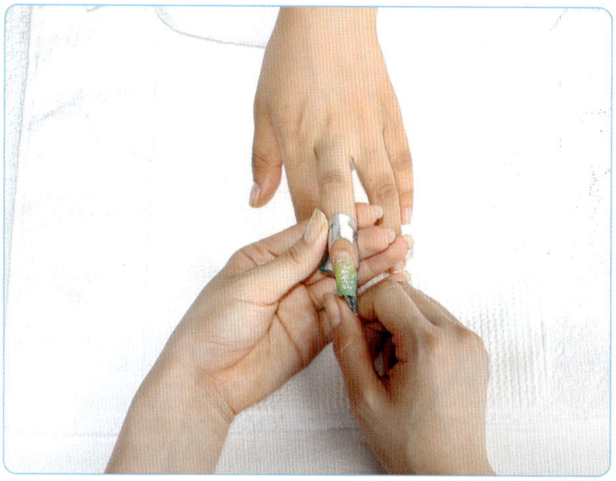

(10) 버핑하기

표면이 매끄럽지 않을 경우에는 파일링하고 샌딩한다(깨끗한 경우에는 생략해도 좋다).

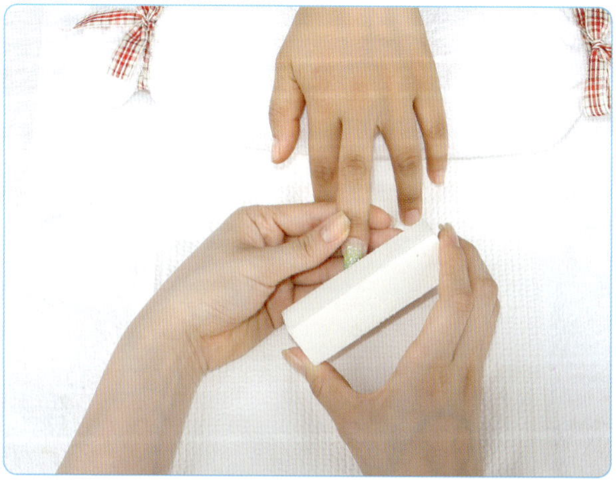

(11) **디자인하기** : 적당한 양의 화이트 파우더의 볼을 떠서 원하는 모양의 꽃을 디자인한다.

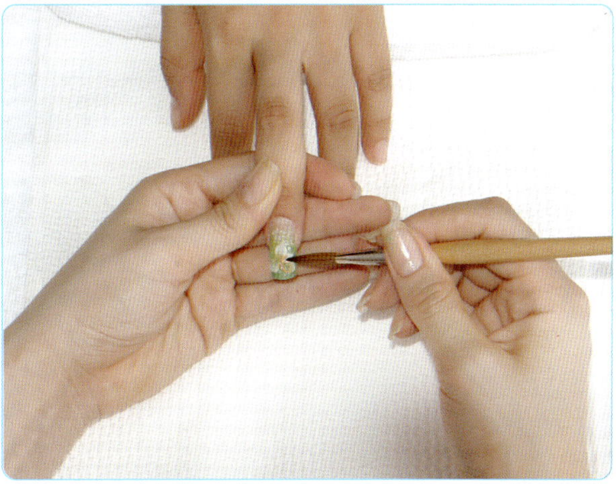

(12) **큐빅 등을 이용하여 장식하기**

(13) **탑 코트 바르기**

(14) **완성된 모습** : 완성되면 유분기를 제거한다.

CHAPTER 18 | 디자인 스캅춰

(Design Sculptured Nail)

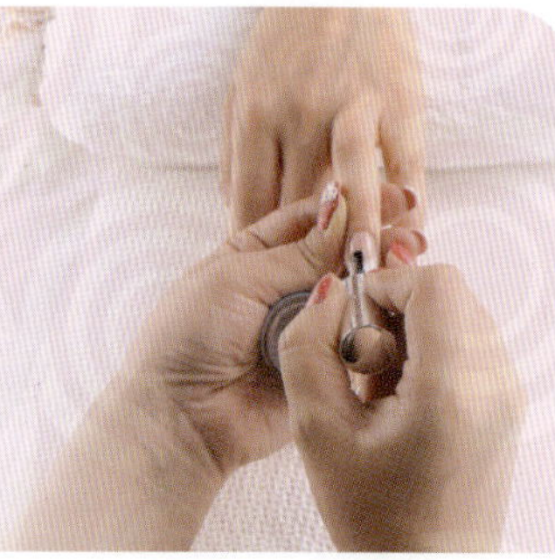

컬러 파우더나 글리터 파우더 등을 이용하여 프리 엣지를 만들거나, 플레이트를 그라데이션한 다음에 원하는 모양의 디자인을 한다.

큐빅이나 참 및 글래스 비드 등을 이용하여 아름답게 꾸민 다음, 클리어 파우더를 이용하여 오버레이한다.

디자인한 다음에 클리어 파우더로 오버레이하여 디자인을 보호해주므로 디자인이 더욱 오래 유지될 수 있으며, 광택도를 더하여 아름다움을 배로 연출할 수 있다.

1 필요한 재료

(1) 습식재료 (2) 아크릴 화이트, 클리어, 컬러 파우더 (3) 리퀴드 (4) 브러시 크리너
(5) 아크릴 브러시(4, 8호) (6) 폼지 (7) 리퀴드 볼 (8) 큐빅 등

2 사전 준비

모든 사전 준비는 동일하다.

3 시술방법

(1) 손 소독하기

안티셉틱을 화장솜에 뿌린 후 5지부터 시술한다.

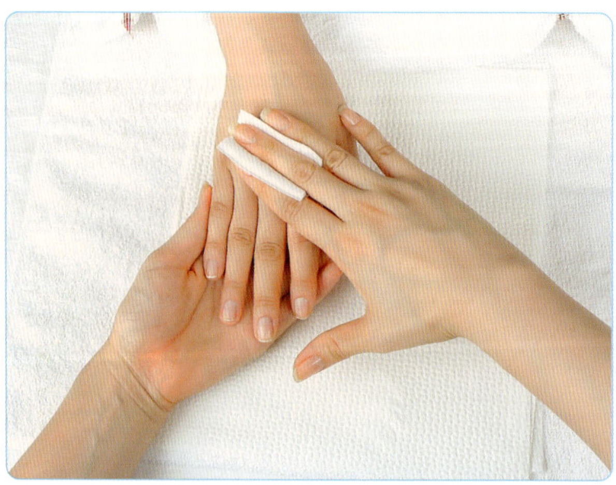

(2) 에나멜 지우기

손톱의 에나멜 및 이물질을 5지부터 제거한다.

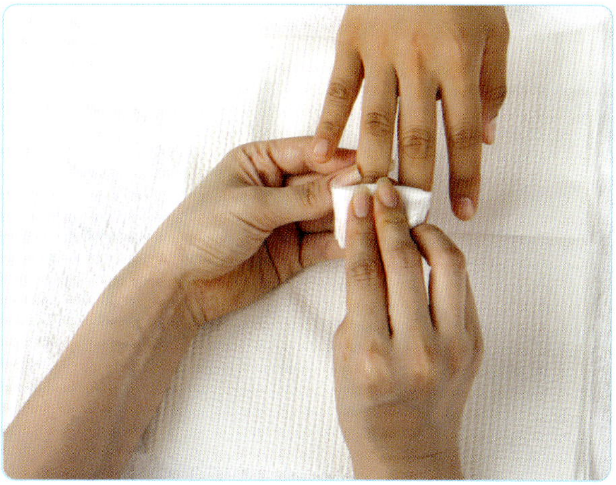

(3) 손톱 모양 잡기

파일링 → 샌딩 → 디스크팩 → 솔의 순으로 시술한다.

(파일링할 때 파일은 우드 파일로 시술한다).

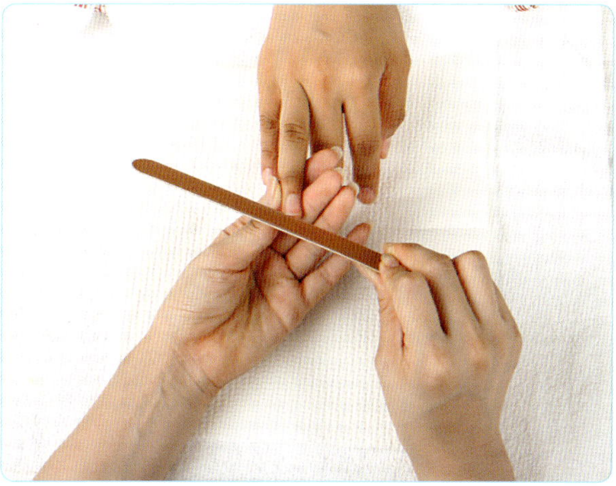

(4) 큐티클 밀기

우드스틱이나 푸셔를 **45° 각도**로 세워서 밀어 준다.

(플레이트 부분에 상처가 나지 않도록 주의한다).

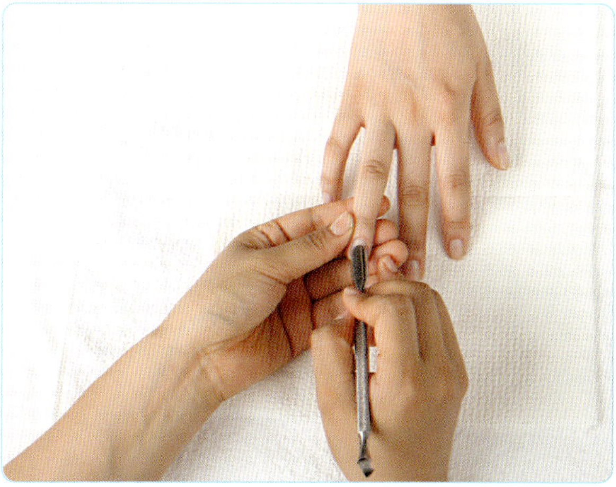

(5) 네일 폼 끼우기

폼이 **처지지 않도록** 주의하여 끼워 준다(손톱 밑에 최대한 가까이 끼워 주어야 한다. 그렇지 않으면 연장 부분이 처지고 이물질이 들어갈 수 있다).

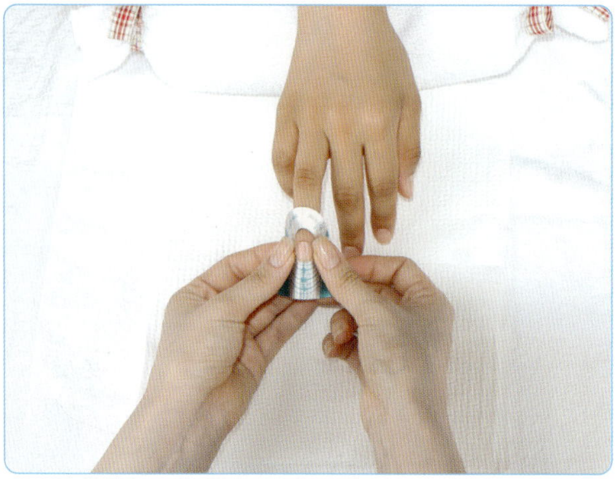

(6) 프라이머 바르기

① 2번 시술한다.
② 피부에 프라이머가 묻지 않도록 주의하여 시술한다.
③ 원네일에만 시술한다.

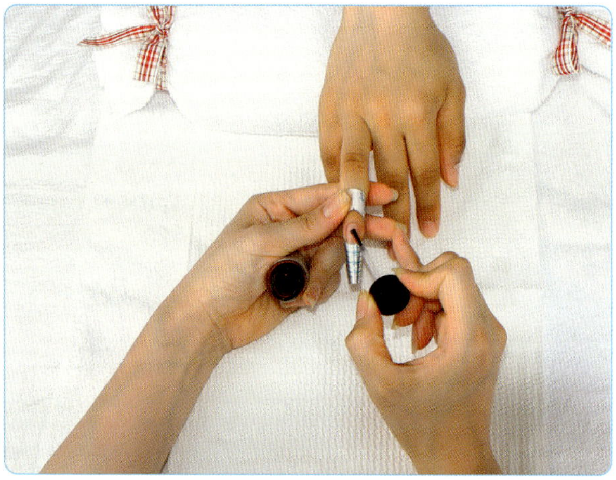

(7) 플레이트 만들기

원하는 색상 계열의 컬러파우더를 이용하여 프리 에지까지 그라데이션하여 배경을 만들어 준다.
(깨끗한 디자인을 원하면 프리 엣지만 연장해도 무방하다.)

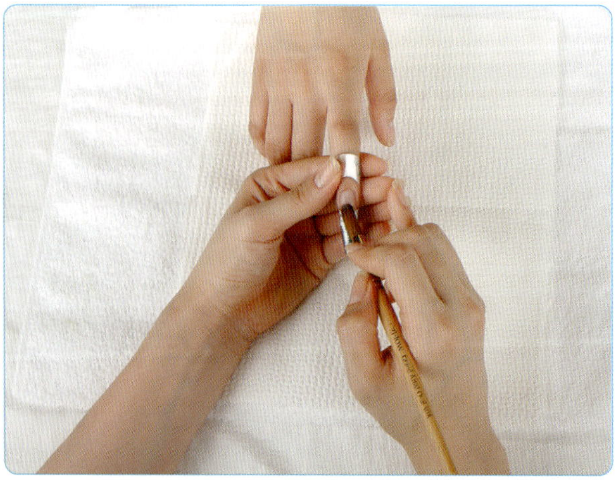

(8) 핀치 주기

적당히 건조된 후에 핀치를 준다.

(9) 디자인하기(Ⅰ)

적당한 양의 화이트 파우더의 볼을 떠서 원하는 모양의 꽃을 디자인한다.

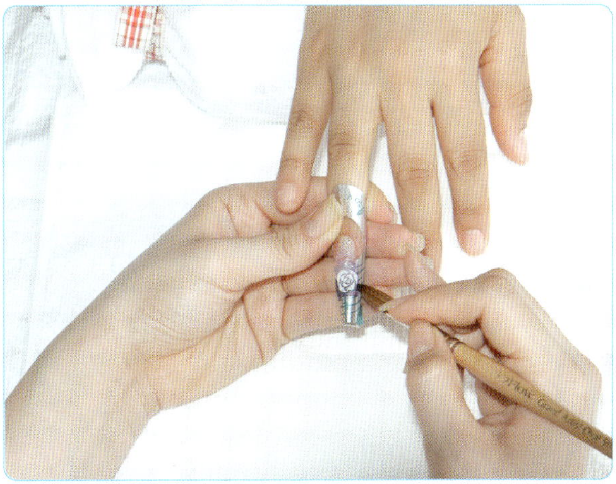

(10) 디자인하기(Ⅱ)

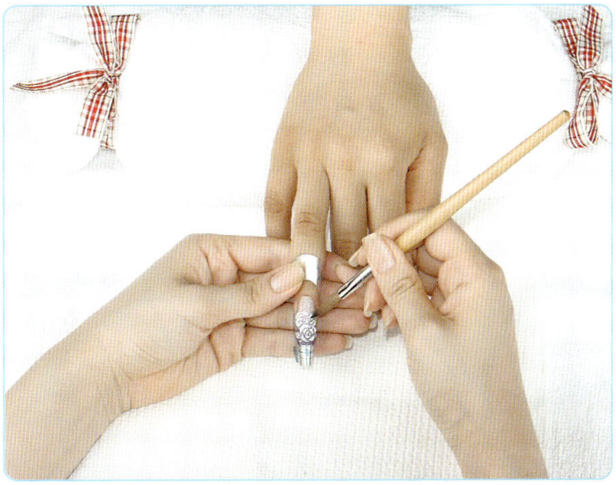

(11) 오버레이하기

클리어 파우더를 이용하여 오버레이 한다.

(12) 핀치 주기

적당히 마른 후에 핀치를 준다. 마르지 않았을 때 핀치를 주면 아크릴이 밀릴 수 있다.

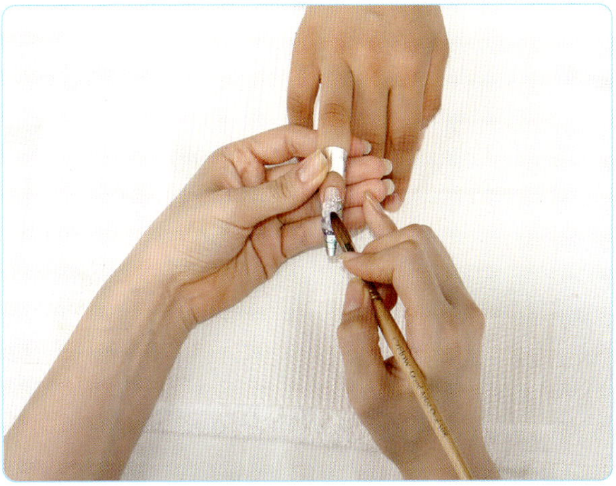

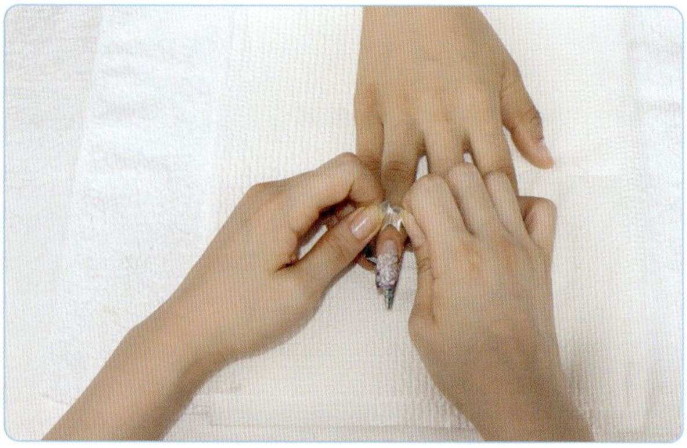

(13) 폼지 떼기

프리 엣지에서 큐티클 방면으로 제거한다(큐티클 부분의 폼지를 먼저 제거할 때 프리에지 부분이 건조가 덜 되어 있으면 끊어질 수 있다).

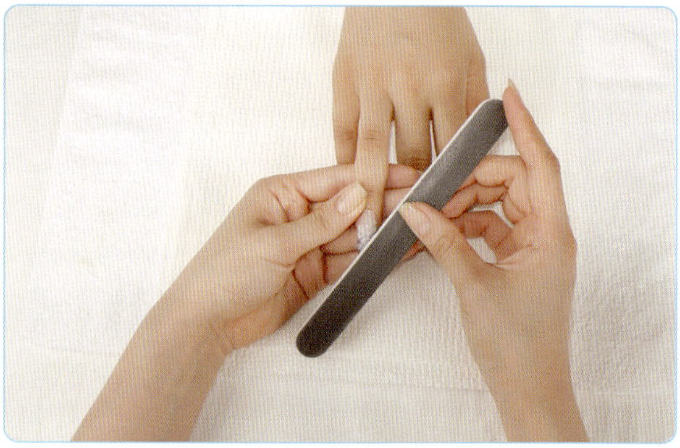

(14) 버핑하기

표면이 매끄럽지 않으면 파일링을 한 후에 샌딩을 시술한다.
(표면이 깨끗하면 표면정리(샌딩)을 생략해도 된다.)

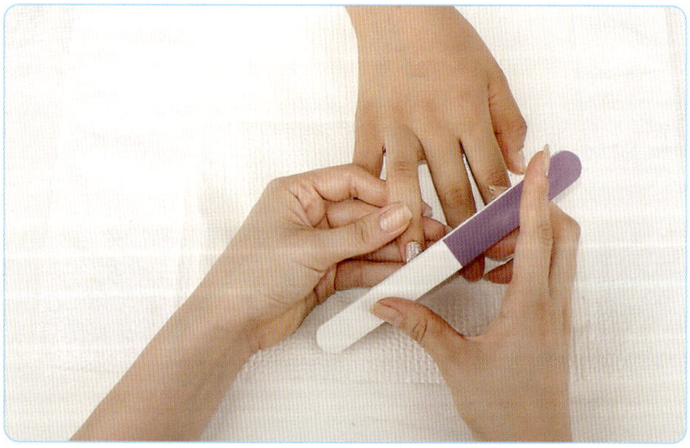

(15) 마무리하기

오일을 발라서 마사지하듯이 가볍게 문지른 다음에 3way 버퍼를 이용하여 광택을 내준다.

(16) 완성된 모습

완성되면 오일기를 완전히 제거한다.

(French Sculptured Nail)

CHAPTER 19 | 프렌치 스캅춰

화이트 파우더를 이용해서 프리 엣지를 연장하여 자연스럽고 아름다운 스마일 라인을 만든다. 프렌치 스캅춰의 핵심은 스마일 라인이다.

네일에 혈색과 아름다움을 더하기 위하여 클리어 파우더나 핑크 파우더를 이용하여 플레이트를 보강한 다음, 화이트 파우더로 오버레이한다.

1 필요한 재료

(1) 습식재료 (2) 아크릴 화이트, 클리어, 핑크 파우더 (3) 리퀴드 (4) 브러시 크리너
(5) 아크릴 브러시(4, 8호) (6) 폼지 (7) 리퀴드볼 (8) 큐빅 등

2 사전 준비

모든 사전 준비는 동일하다.

3 시술방법

(1) 손 소독하기

안티셉틱을 솜에 바른 후 5지부터 소독한다.

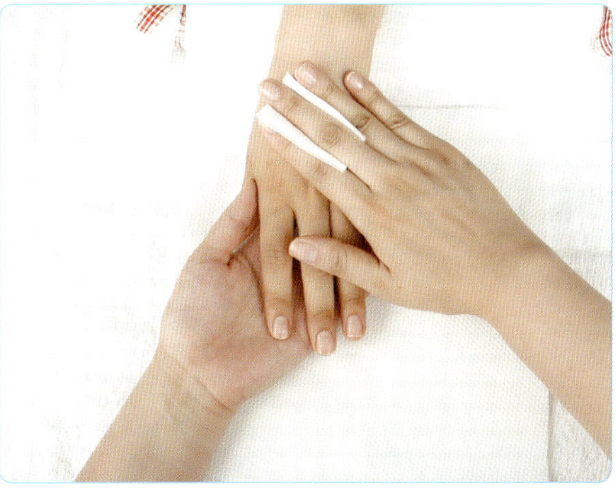

(2) 에나멜 지우기

손톱의 에나멜 및 이물질을 제거하기 위해 5지부터 지워 나간다.

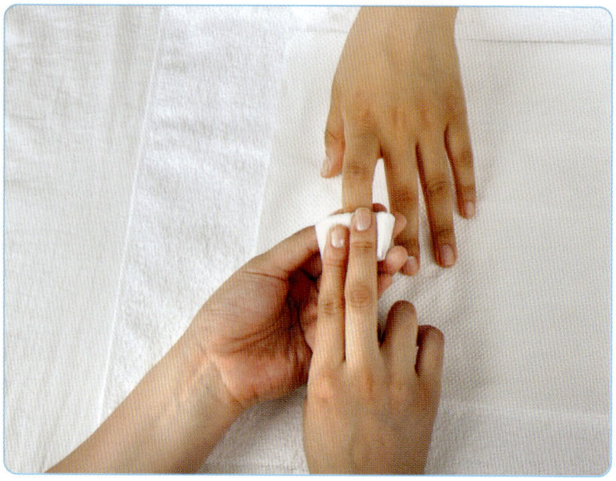

(3) 손톱 모양 잡기

파일링 → 샌딩 → 디스크팩 → 솔의 순으로 시술한다(파일링할 때는 우드 화일을 사용한다).

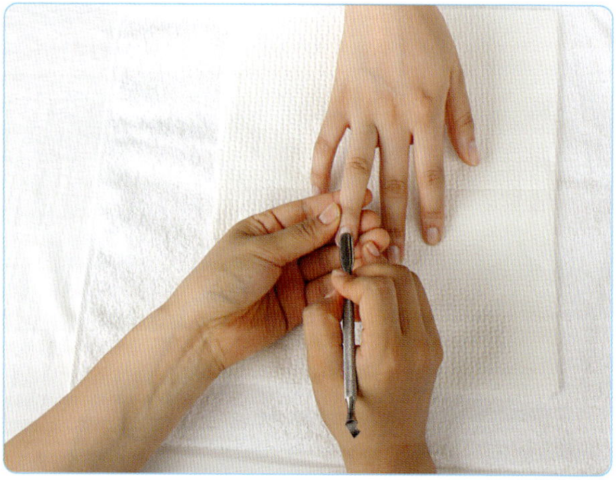

(4) 큐티클 밀기

푸셔나 우드스틱을 이용하여 큐티클을 밀어 준다. 이때 **45° 각도를 유지**하며 플레이트가 상하지 않도록 주의한다.

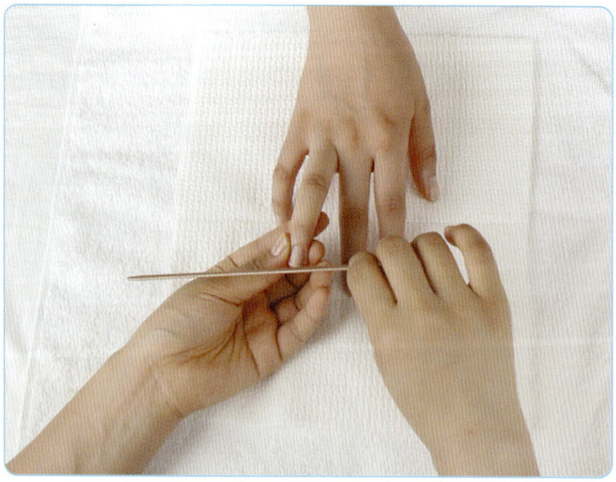

(5) 네일 폼 끼우기

① 양쪽 측면이 11자가 되도록 주의하여 끼운다.

② 프리 엣지가 처지지 않도록 스트레이트를 유지하며 끼워 준다.

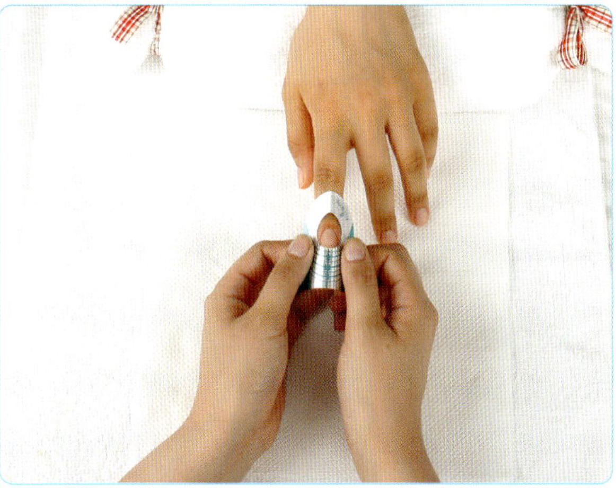

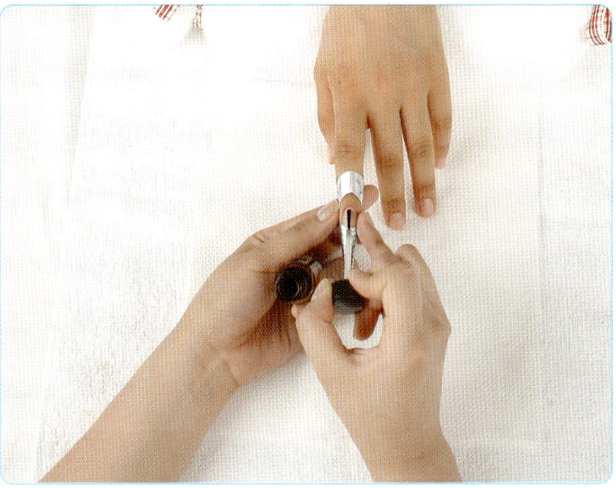

(6) 프라이머 바르기

① 프라이머는 2번 발라 준다.

② 한 번 바른 다음 완전히 마르고 나서 한 번 더 시술한다(프라이머가 피부에 묻지 않도록 주의한다.)

③ 원네일에만 시술한다.

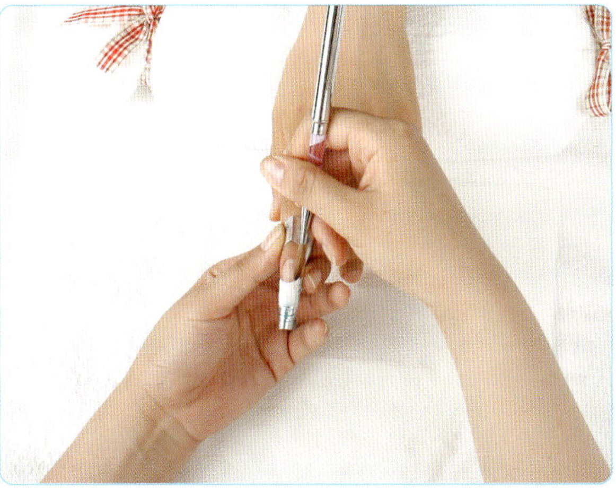

(7) 프렌치 라인(스마일 라인) 만들기

화이트 파우더를 이용하여 프리 엣지를 연장한다. 프렌치 스캅춰의 연장에서 가장 중요한 스마일 라인을 섬세하고 선명하게 시술한다.

(8) 핀치 주기

적당히 마른 후에 핀치를 준다.

(9) 오버레이하기

클리어 파우더를 이용하여 전체를 오버레이한다. 네일을 더욱 혈색 있고 아름답게 표현하고 싶으면 플레이트 부분에 핑크 파우더를 이용하여 보강한 다음 클리어 파우더로 오버레이한다.

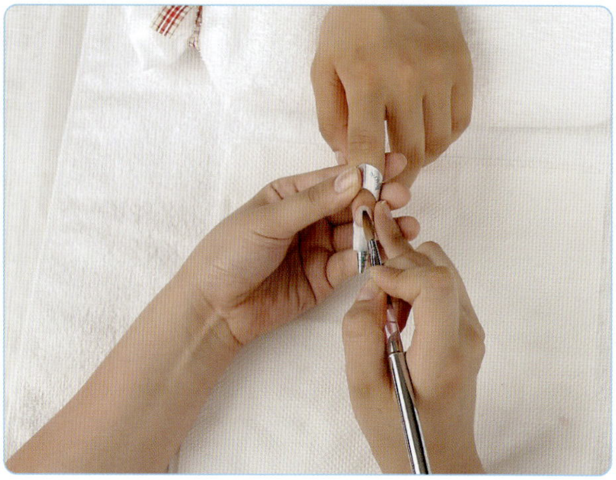

(10) 핀치를 준다.

적당히 마른 후에 핀치를 준다. 마르지 않은 상태에서 핀치를 주면 아크릴이 밀릴 수 있다.

(11) 폼지 떼기

완전히 말랐는지 확인하고 프리 엣지에서 큐티클 방면으로 제거한다.(완전히 마른 후에 제거하지 않으면 아크릴이 처지거나 형태가 변형될 수 있다)

(12) 버핑하기

① 샌딩 블럭을 이용하여 표면을 버핑한다.

② 파일을 이용하여 모양(shape)을 잡아준다.

③ 완성된 프리 엣지의 모양은 스퀘어 또는 오버 스퀘어로 한다.

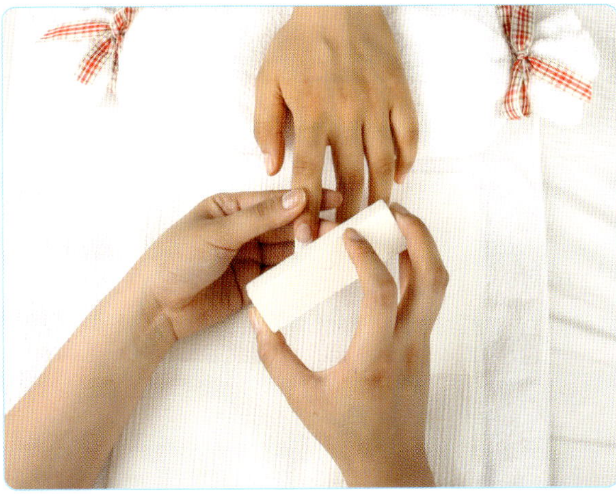

(13) 마무리하기

오일을 발라서 가볍게 마사지한 다음 3way를 이용하여 광택을 내 준다.

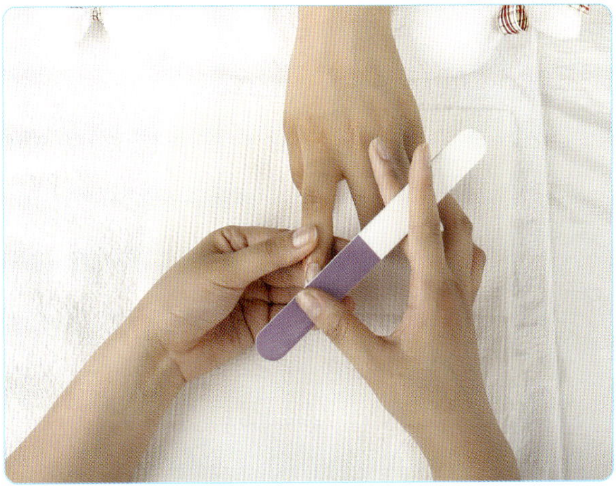

(14) 완성된 모습

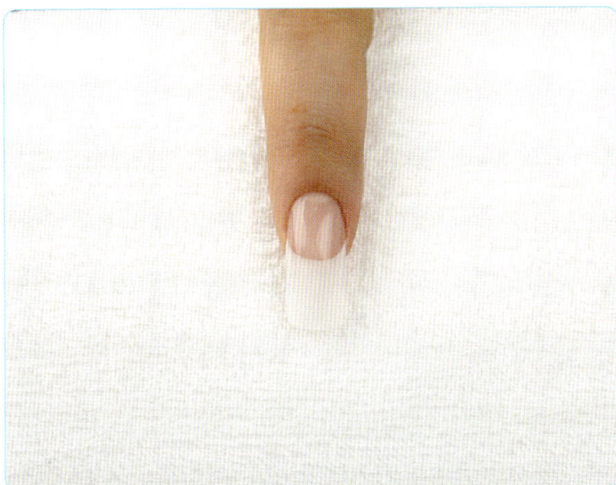

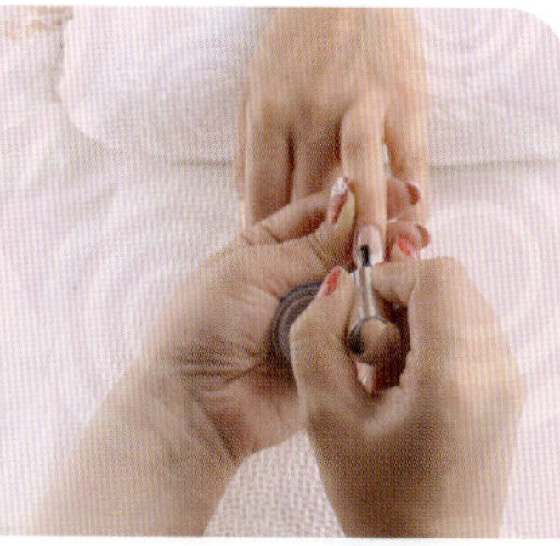

CHAPTER 20 | 3D(Three-dimension)

다양하고 화려한 컬러 파우더를 이용하여 여러 가지 입체적인 모양을 만들 수 있다. 포일을 이용하여 볼을 디자인할 수도 있고, 지퍼팩을 사용해서 디자인할 수도 있다.

지퍼팩을 이용하는 방법이 좀더 용이하며 글루나 젤 등을 이용하여 접착함으로써 연장하여 만들 수 있다.

1. 꽃 만들기

① 필요한 재료

(1) 핀셋 (2) 아크릴 파우더 일체 (3) 리퀴드 (4) 브러시 크리너 (5) 아크릴 브러쉬(4, 8호)
(6) 포일(foil) 또는 지퍼팩 (7) 젤 (8) 큐빅 등

② 사전 준비

포일이나 지퍼팩을 펼친 다음, 그 위에 파우더를 얹어놓고 디자인한다.

③ 시술방법

(1) 꽃잎 만들기

① 포일이나 지퍼팩에 원하는 꽃잎의 크기에 맞춰서 볼을 만든다.

(4) 꽃 만들기

① 글루나 젤을 이용하여 접착한다.

② 핀셋으로 꽃잎을 접어서 모양을 만든 뒤, 접착한다.

③ 모양을 아름답게 연출한다.

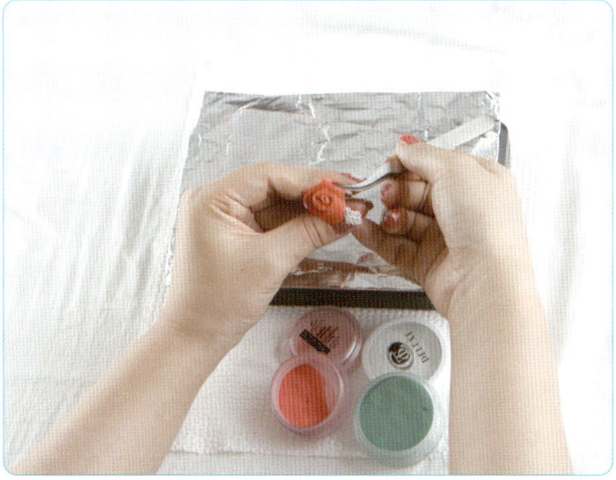

② 각각 사이즈를 다르게 하여서 꽃잎을 7~9장 정도 만든다.

(2) 꽃잎 떼기

핀셋을 이용하여 꽃잎을 떼어 낸다. 이때 포일이 찢어지지 않도록 주의한다.

(3) 수술 만들기

수술이 될 부위는 약간 길게 만들어 동그랗게 말아 수술 모양으로 만들고 꽃잎은 타원형으로 만든다.

(5) 완성된 모습

2. 인형 만들기

1 필요한 재료

(1) 습식재료 (2) 아크릴 화이트, 클리어, 핑크 파우더 (3) 리퀴드 (4) 브러시 크리너
(5) 아크릴 브러시(4, 8호) (6) 폼지 (7) 리퀴드 볼 (8) 큐빅 등

2 사전 준비

모든 사전 준비는 동일하다.

3 시술방법

(1) 흰색 철사를 이용하여 인형의 틀을 만든다. 먼저 인형의 머리 부분을 만들기 위해서 철사를 반으로 접어서 동그랗게 만든 후에 몸통이 될 부분을 꼬아준다.

(2) 적당한 길이의 철사를 이용하여 팔을 만들어 준다. 머리에서 1 cm 정도 떨어진 곳에서 열십자 모양으로 꼬아 준다.

(3) 열십자로 꼰 후에 몸통을 연장해서 꼬아 준다. 원하는 모양의 틀이 완성되면 팔 · 다리의 길이를 조절해 준다.

(4) 화이트파우더와 아크릴 리퀴드를 이용해서 인형의 얼굴과 뼈대에 실루엣을 만들어 준다.

(5) 뼈대가 완성되면 인형의 머리 스타일과 눈 · 코 · 입을 만든다.

(6) 컬러 파우더와 아크릴 리퀴드를 이용해 인형드레스의 상의를 만든다.

상의는 컬러 파우더를 직접 뼈대에 덧입히면서 칠한다. 상의는 바로 칠하지만 짧은 하의를 만들었을 때를 대비해서 실루엣을 정확하게 만들어 줘야 한다.

(7) 컬러 파우더와 아크릴 리퀴드를 이용해 인형 드레스의 하의를 만든다.

하의(치마)는 은박지 위에서 적당한 길이와 넓이로 만든다. 파우더가 굳어지면 핀셋을 이용해서 떼어 낸다.

(8) 인형에 필요한 숄이나 가방은 드레스의 하의와 같은 방식으로 만든다.

(9) 떼어낸 아크릴파우더는 핀셋을 이용해서 인형의 적당한 위치에 배치한 다음 아크릴 파우더를 이용하여 고정하여도 되고 젤이나 글루를 사용하여도 된다.

큐빅이나 여러 가지 재료들을 이용하여 아름답게 꾸민다. 완성된 다음에는 탑 코트를 발라서 광택을 더한다.

(10) 완성된 작품

CHAPTER 21 | 에어 브러시(Air Brush)

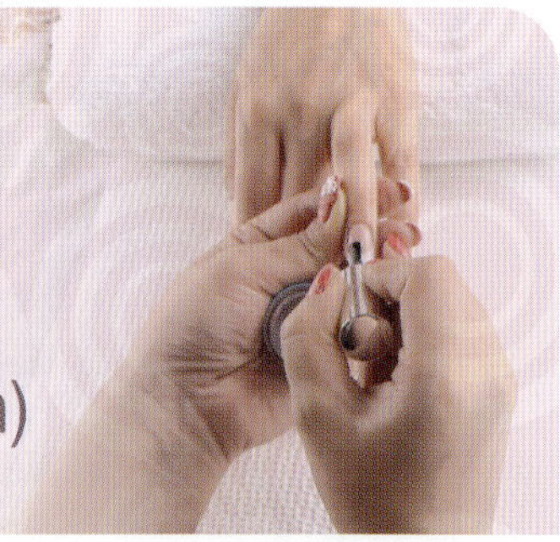

에어 브러시는 압축공기를 이용하여 콤프레서라는 기계로 물감을 분사하여 네일을 아름답게 꾸미는 기술이다. 이때 핸드피스라는 기구를 이용한다.

핸드피스의 메인 레버를 당기면 0.2~0.3mm(네일 전용으로 많이 사용)의 아주 작은 구멍으로 물감이 분사되므로, 쉽고 빠르게 색감을 줄 수 있다.

에어 브러시의 가장 큰 장점은 짧은 시술시간과 자연스러운 그라데이션 효과이다.

1 필요한 재료

(1) 습식재료 (2) 콤프레서 (3) 핸드피스건(에어 브러시 전용 건) (4) 에어 브러쉬 전용물감 (5) 에어 브러시 전용 탑 코트 (6) 스탠실 (7) 물통 (8) 퀵솔루션 (9) 커터칼 (10) 건 홀더 (11) 핀셋

2 사전 준비

모든 사전 준비는 동일하다.

3 시술방법

스탠실 만들기

(1) 디자인하기

① A4 종이에 원하는 디자인을 드로잉한다.

② 여러 가지 모양으로 드로잉한다.

(2) 필름지

OHP나 트레이싱페이퍼 또는 마스킹테이프 등을 드로잉한 디자인 위에 올려 준다.

(3) 커팅하기

커터 칼을 이용하여 원하는 모양대로 재단한다.

기본 방법

① 분사시킬 때 에어브러시건을 잡는 방법

- 볼펜을 잡듯이 건을 가볍게 잡고, 레버위에 2지를 가볍게 올린다.
- 2지를 이용하여 에어브러시의 강약을 조절한다.

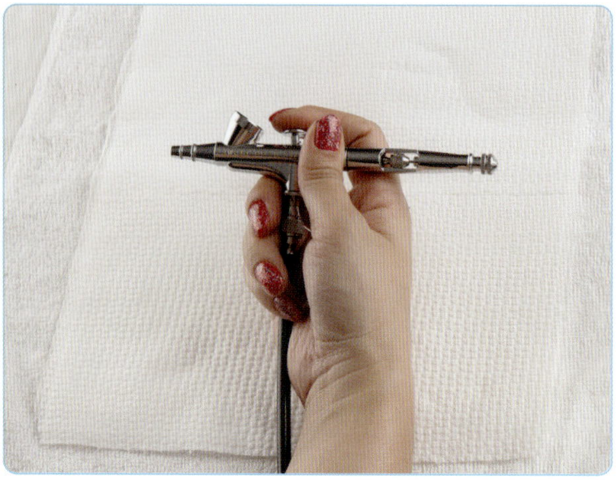

② 건조시킬 때 에어브러시건을 잡는 방법

분사방법과 같은 방법으로 잡으며 90° 아래로 분사한다.

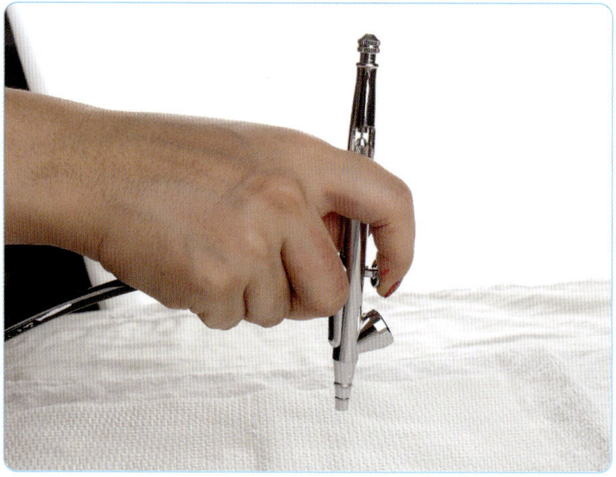

(2) 분사방법

① 가는 선에서 굵은 선으로 표현한다.

② 짙은 선에서 옅은 선으로 표현한다.

③ 물감을 가까운 곳에서 분사하면 가늘고 짙은 선이 연출되며, 건의 높이가 올라갈수록 굵게 퍼지면서 옅은 선이 연출된다.

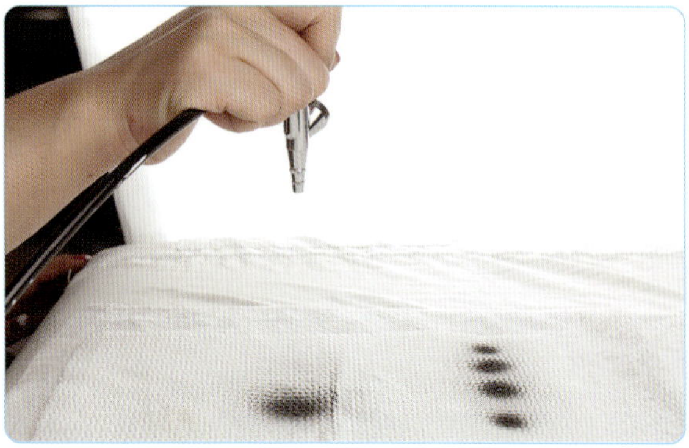

원 그리기

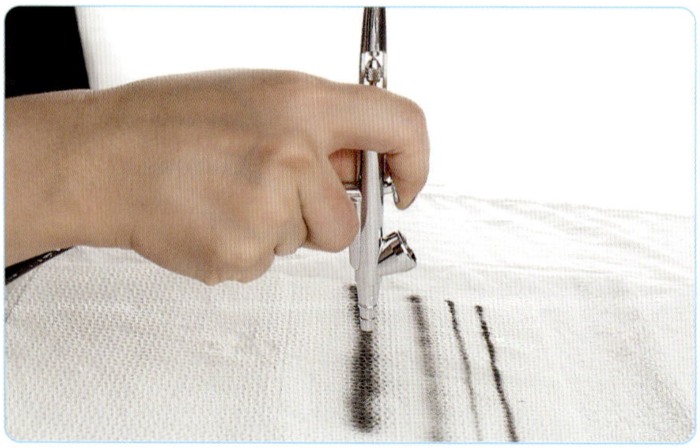

선 그리기

시술 방법

(1) 기본적인 습식 매니큐어를 실시한다.

(2) 베이스 코트를 바른다.

에어 브러시 전용 물감의 착색과 손톱 보호를 위하여 반드시 시술한다.

(3) 베이스 컬러 분사하기

① 선명한 컬러의 표현을 위하여 흰색 물감을 먼저 베이스에 분사한다.

② 원하는 물감의 색상을 이용하여 베이스 컬러를 만들어 준다.

(4) 디자인하기(스탠실 이용하기)

옅은 색에서 짙은 색, 원근감을 주는 느낌으로 디자인을 시술한다.

① 잎사귀를 디자인한다.

② 줄기를 디자인한다.

③ 전체 배경 디자인

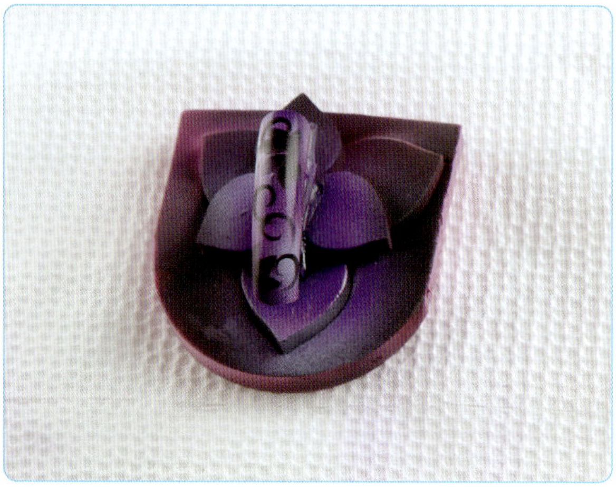

④ 꽃 만들기
원하는 꽃의 모양을 디자인한다.

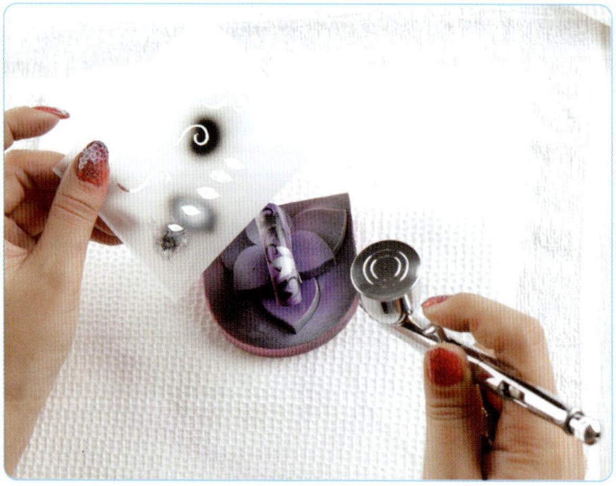

⑤ 건조하기

에어브러시건을 이용하여 압축공기만 분사한다.

(5) 핸드피스 청소하기

물감을 사용하는 중간 중간에 피스가 막히지 않도록 물로 청소하면서 사용한다.

(6) 정리하기

큐티클에 묻어있는 잔여물을 닦아 낸다. (오렌지 우드스틱과 면봉을 이용한다.)

(7) 장식하기

큐빅이나 다른 아트 재료들을 이용하여 네일을 더욱 아름답게 꾸며준다.

(8) 에어 브러시 전용 탑 코트 바르기

수성 물감이기 때문에 잘 지워지므로 물감을 완전히 건조시킨 다음에 탑코트를 시술해야 결이 생기지 않는다.

(9) 완성된 모습

CHAPTER **22** | **보수 및 제거**

1 포일을 이용하여 제거하는 방법

연장된 인조네일의 제거 방법

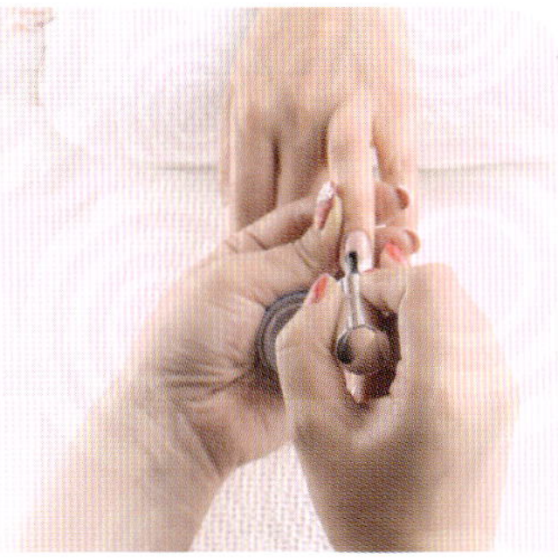

(1) 팁 자르기

불필요한 인조네일의 길이를 잘라낸다.

(2) 솜 올리기

솜에 아세톤 원액을 듬뿍 적셔서 네일 위에 올려준다.

(3) 포일

① 포일을 이용하여 원액이 충분히 흡수될 수 있도록 완전히 밀폐시켜서 싸준다.

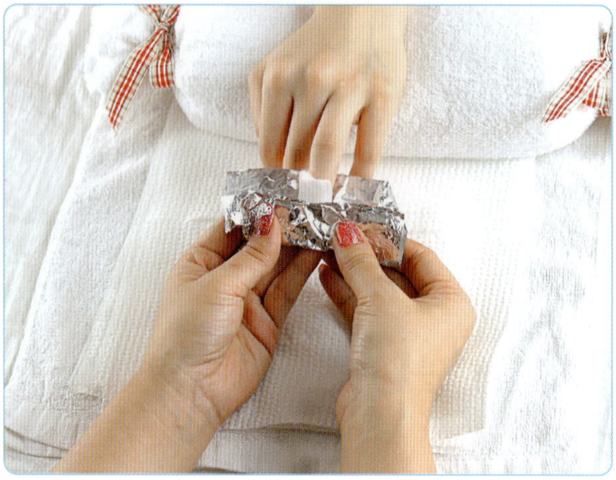

② 밀폐된 모습

(4) 포일 제거하기

① 10~15분 정도 포일을 밀폐시킨 다음 포일을 제거한다.

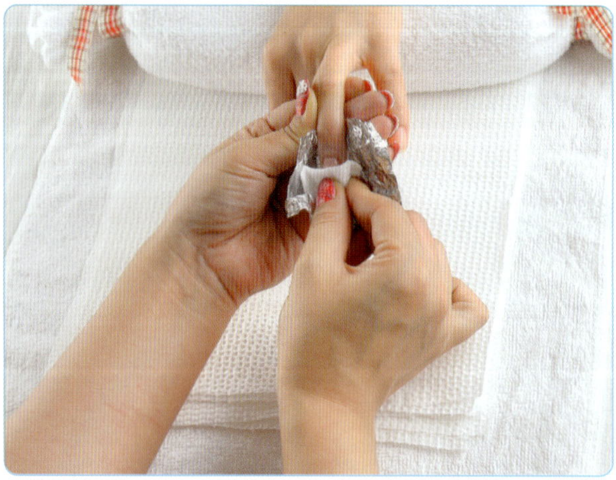

② 푸셔나 우드스틱을 이용하여 제거할 인조네일을 밀어준 다음 만약 덜 녹여져 제거 되지 않았을 경우 (2), (3)을 한번 더 실시한다.

③ 인조네일이 제거된 모습

(5) 마무리

버퍼를 이용하여 표면의 잔여물들을 다 갈아낸 다음, 영양제를 발라서 손톱 표면을 보호한다.

2 팁 프리를 이용하여 제거하는 방법

(1) 팁 프리기를 준비한다.

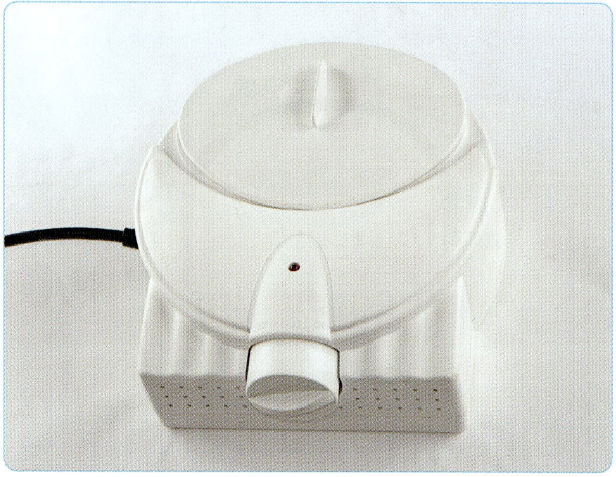

(2) 손 소독을 한다.

(3) 에나멜을 지운다.

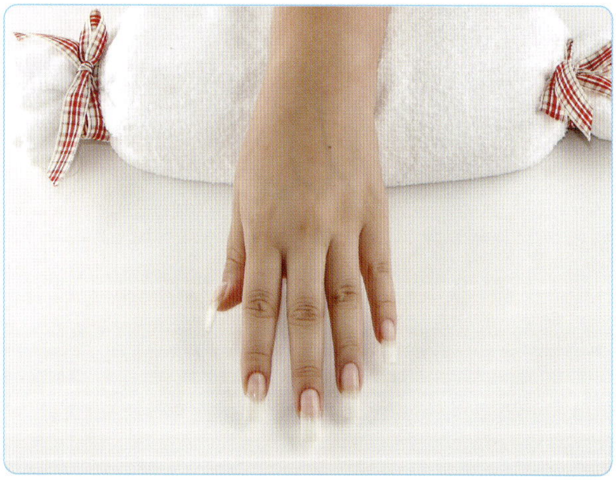

(4) 팁 커터기나 클리퍼를 이용하여 불필요한 길이의 팁을 잘라 낸다.
인조네일의 표면 정리도 실시한다.

(5) 팁 프리기에 적당한 양의 아세톤 원액을 붓는다. 팁 제거용 기계나 볼을 사용할 때보다 차가움을 덜 느낀다.

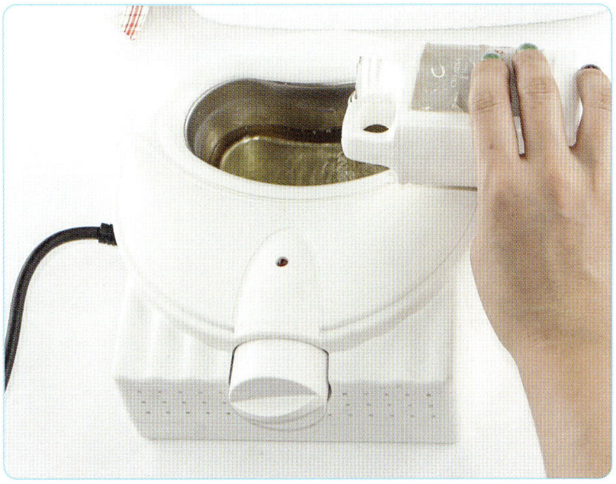

(6) 손끝이 충분히 잠기도록 한 다음, **20~25분** 정도 담근 후에 인조네일을 제거한다.

(7) 손을 담근 상태에서 우드스틱을 이용하여 수시로 팁을 프리 엣지 부분으로 밀어낸다.

(8) 파일이나 샌딩 블록을 이용해 표면을 완전히 제거한 다음, 손톱 표면 전체에 오일을 바르고 여분의 오일을 큐티클라인에도 함께 발라 가볍게 문질러 준다.

(9) **3WAY**를 이용하여 광택을 준다.

손상된 네일을 위하여 엔비나 칼슘제 같은 영양제를 발라 준다.

(10) 제거된 모습

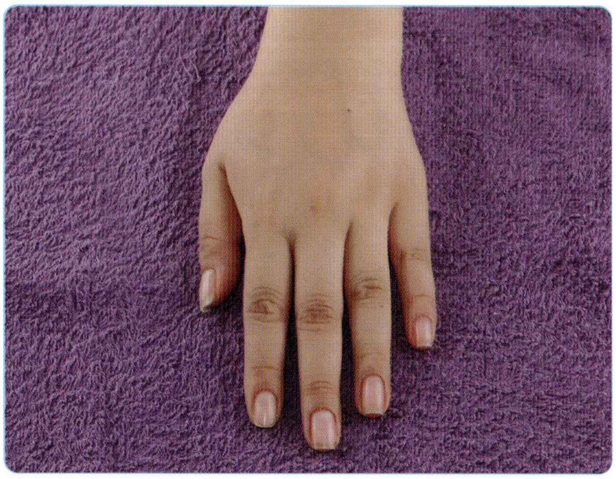

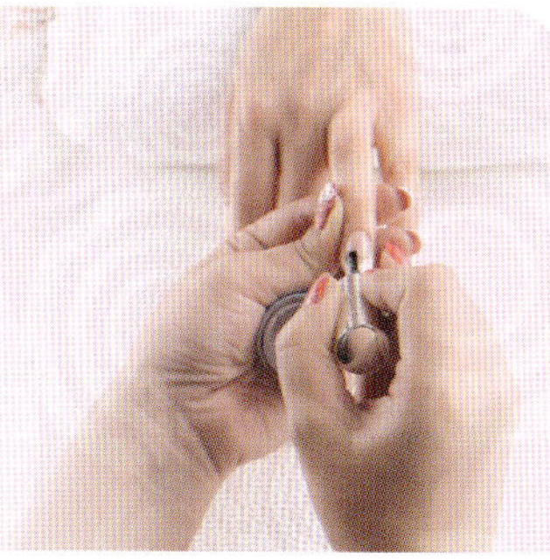

CHAPTER 23 | 젤 그라데이션

원색의 젤과 글리터 젤을 이용하여 그라데이션 한 다음 홀로그램이나 큐빅을 이용하여 네일을 더욱 화려하고 아름답게 표현한다.

1 필요한 재료

(1) U.V.GEL 라이트기 (2) 클리어 젤 (3) 탑 젤 (4) 프라이머 (5) 크리너 (6) 페이퍼/스펀지
(7) 젤 브러쉬 (8) 컬러젤 (9) 글리터 젤 (10) 홀로그램 (11) 스톤 등 아트 재료

2 사전 준비

모든 사전 준비는 동일하다.

3 시술방법

* 주의사항 : 큐어링 시간은 제품에 따라 조금씩 차이가 있다. (정확히 인지하여 시간을 정확히 지켜 큐어링 한다
−시간이 짧을 경우 젤이 덜 굳을 수 있고, 과하게 큐어링하면 젤 네일이 깨어지거나 손상될 수 있다.)

(1) 손소독 하기
(2) 에나멜 지우기
(3) 손톱모양 잡기
(4) 큐티클 밀기

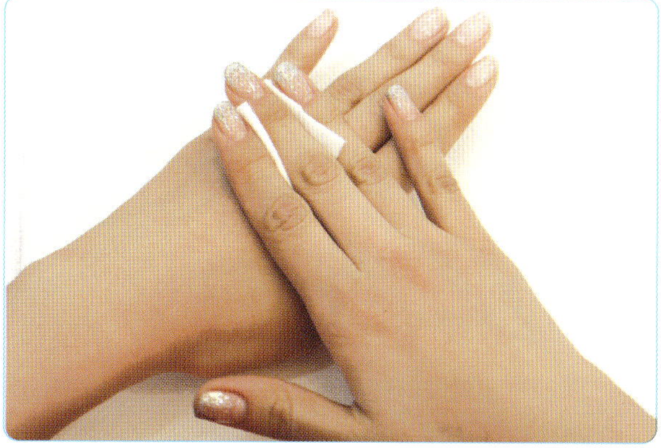

(5) 본더 바르기

전처리를 하기위하여(프렙, 프라이머 모두 사용 가능) 본더를 바른다.

※주의 : 제품마다 사용방법이 다르므로 주의하여 사용할것!

(6) 베이스 젤 바르기

베이스 젤을 에나멜 바르듯이 최대한 얇게 펴바른 다음 30초 큐어링 한다.
큐티클라인에 젤이 묻지 않도록 주의하여 시술하도록 한다.

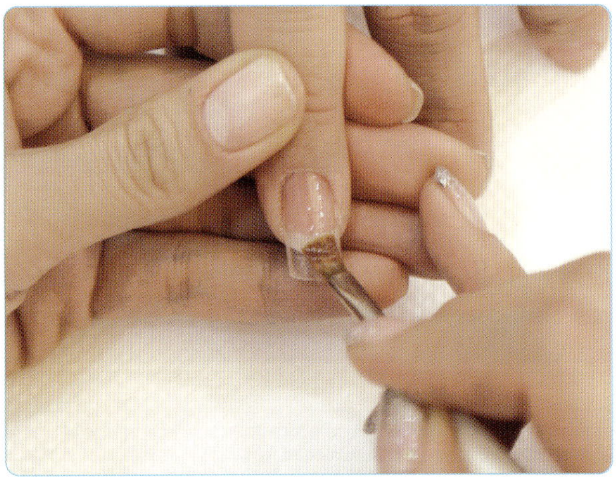

(7) 클리어 젤 바르기

젤 전용 브러쉬에 클리어 젤을 묻혀 펴바른 다음 글리터 파우더를 올려준다.

① 플레이트에 2/3지점까지 펴바른다.
(포일에 미리 클리어 젤을 소량 떠낸 다음 글리터를 섞은 뒤 시술하여도 무방하다.)

② 동일한 방법으로 1/2지점 까지 시술한다.

③ 동일한 방법으로 1/3지점 까지 시술한다.
(큐티클에서 프리 엣지 방향을 향해서 시술한다.)

(8) 3초간 짧게 큐어링 한다.
글리터 고정을 위해 살짝 큐어링 한다.

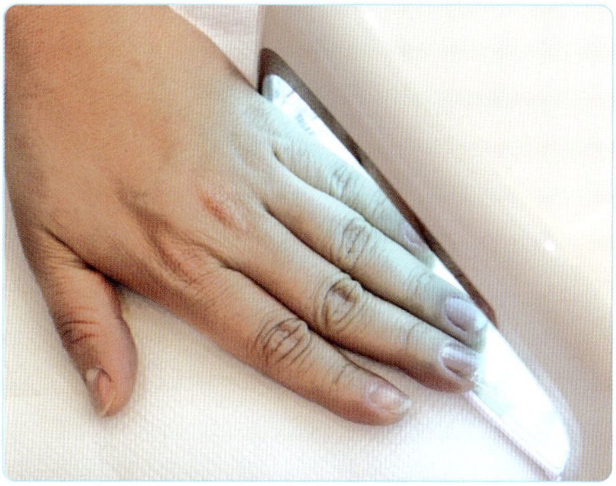

(9) 장식하기

조금 더 큰 입자의 글리터나 홀로그램을 이용하여 화려하게 장식한다.

(10) 글리터 고정을 위해 3초간 큐어링

(11) 클리어 젤 오버레이

클리어 젤을 이용하여 표면 전체를 오버레이 한다.

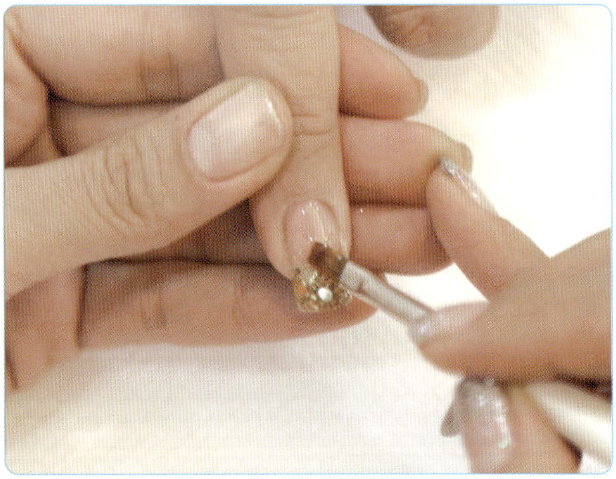

(12) 큐어링 2분

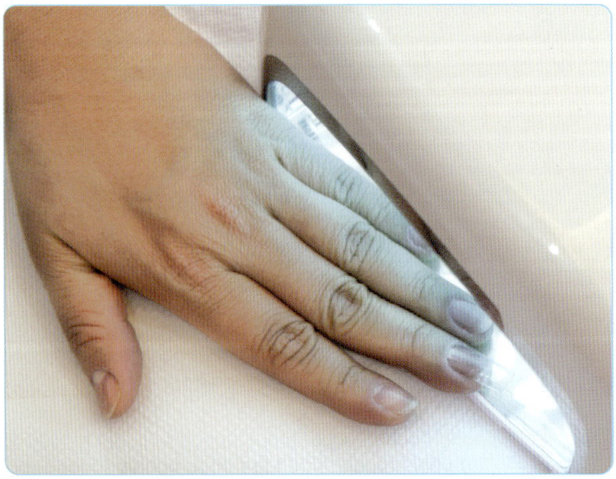

(13) 크리너로 닦아준다

끈적임을 없애주며 젤을 고정하여 준다.

(14) 파일링 및 버핑하기

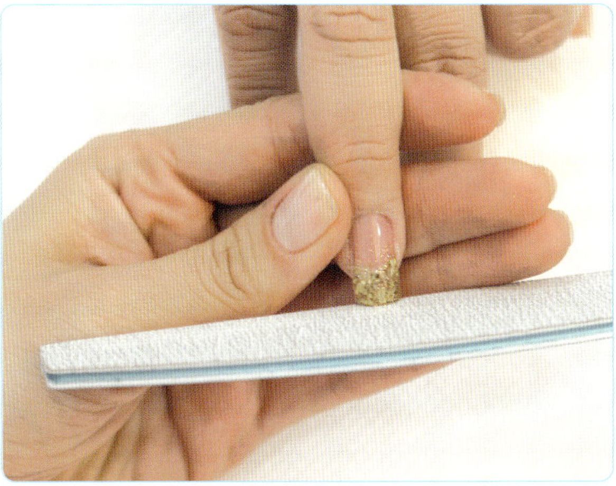

(15) 탑젤을 발라준다

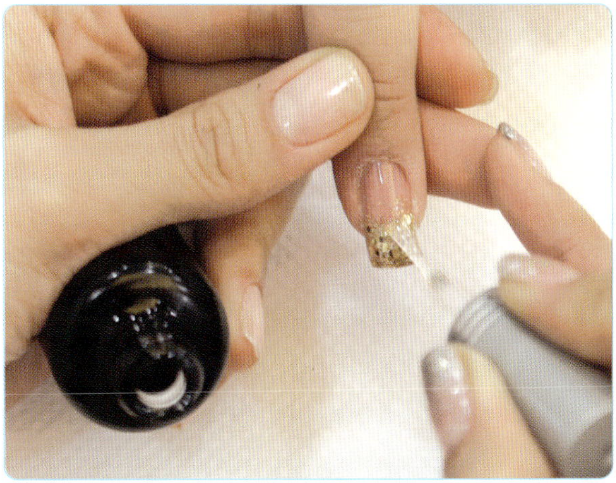

(16) 큐어링 3분

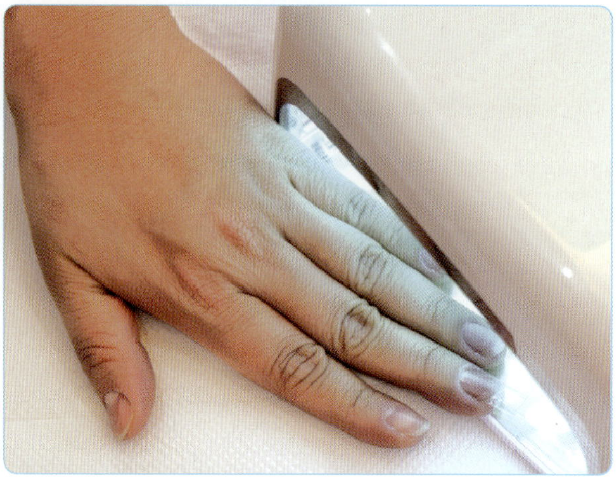

(17) 크리너

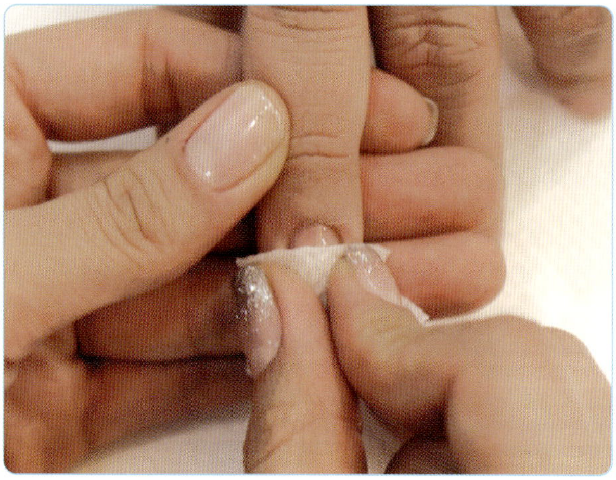

(18) 오일을 이용하여 마무리한다
광택화일을 사용하여도 무방하다.
(제품에 따라 차이)

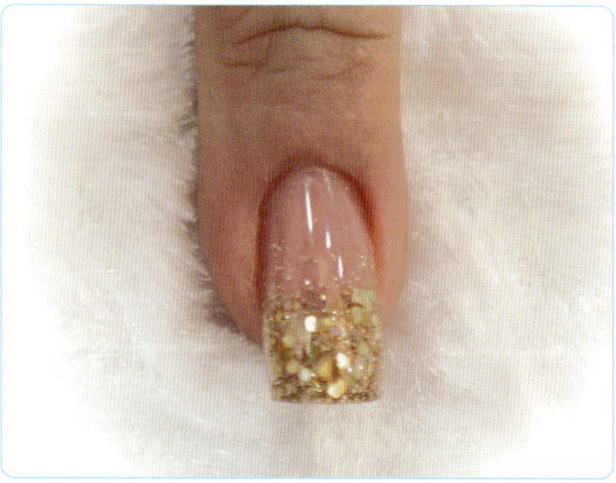

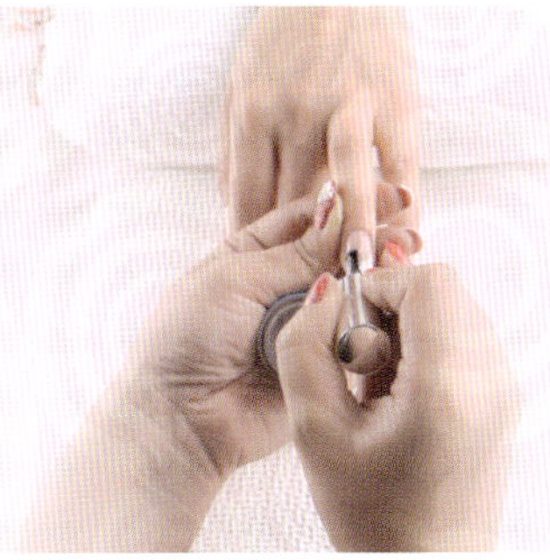

CHAPTER 24 | 젤 컬러링

컬러젤을 이용하여 큐어링 하여 컬러링을 실시한다.

1 필요한 재료

(1) U.V.GEL 라이트기 (2) 클리어 젤 (3) 탑 젤 (4) 프라이머 (5) 크리너 (6) 페이퍼/스펀지 (7) 젤 브러쉬 (8) 컬러젤

2 사전 준비

모든 사전 준비는 동일하다.

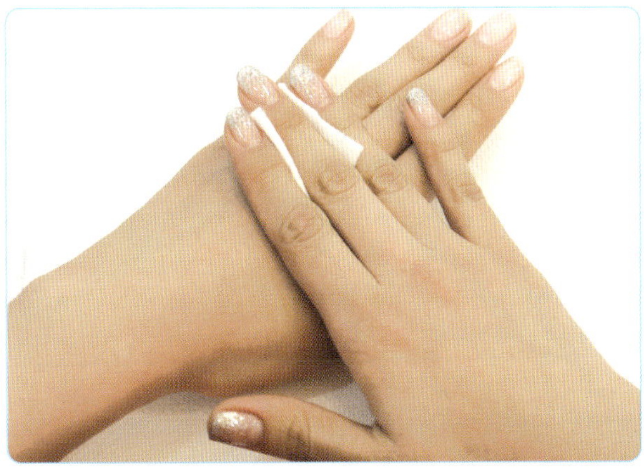

3 시술방법

(1) 손소독 하기
(2) 에나멜 지우기
(3) 손톱모양 잡기
(4) 큐티클 밀기

(5) 본더 바르기
전처리를 하기 위하여(프렙, 프라이머 모두 사용 가능) 본더를 바른다.

※ 주의 : 제품마다 사용방법이 다르므로 주의하여 사용할 것!

(6) 베이스 젤 바르기

베이스 젤을 에나멜 바르듯이 최대한 얇게 펴바른 다음 30초 큐어링 한다.
큐티클라인에 젤이 묻지 않도록 주의하여 시술하도록 한다.

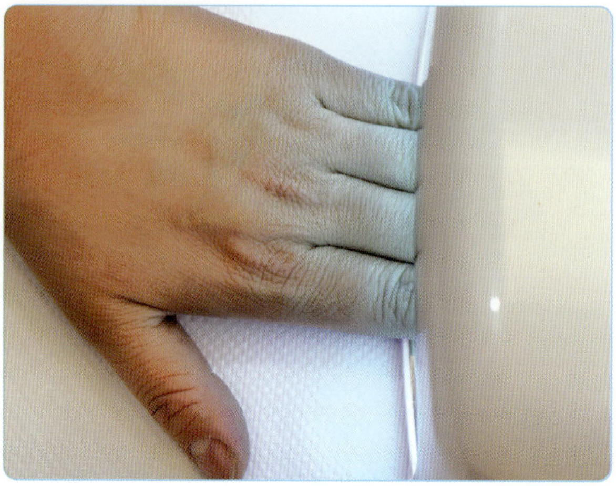

(7) 컬러젤을 이용하여 1Coat 시술한 다음 1 ~ 2분간 큐어링 한다.

(8) 깨끗한 표면 연출을 위해 컬러 젤을 이용하여 2Coat 시술한 다음 1 ~ 2분간 큐어링 한다.

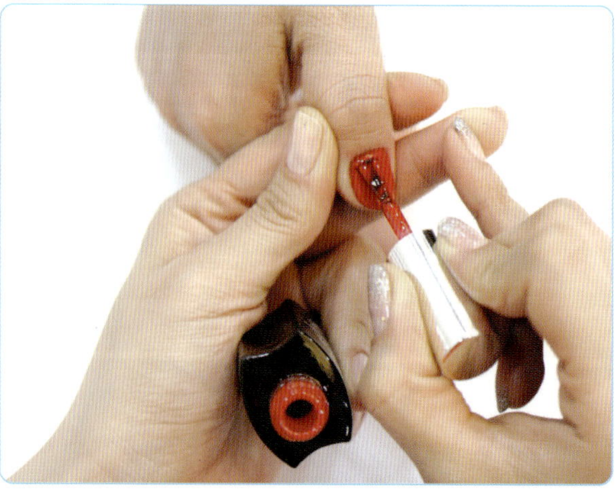

(9) 탑젤을 발라준다 큐어링 3분

(10) 크리너

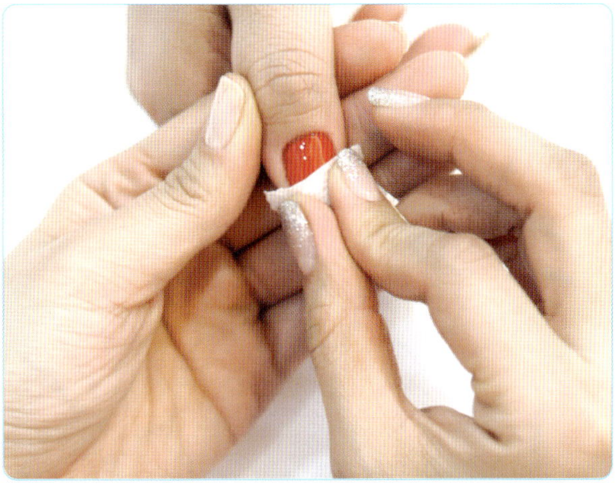

(11) 오일을 이용하여 마무리 한다
광택 화일을 사용하여도 무방하다.

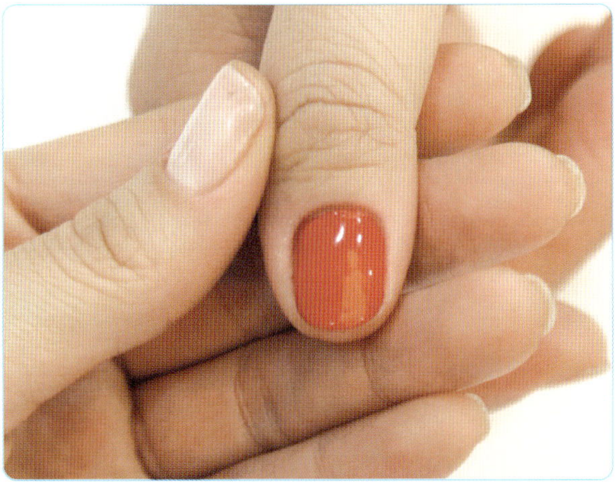

CHAPTER 25 | 젤 디자인 1-마블링

여러 가지 색상의 컬러 젤을 이용하여 디자인한다.

1 필요한 재료

(1) U.V. GEL 라이트기 (2) 클리어 젤 (3) 탑 젤 (4) 프라이머 (5) 크리너
(6) 페이퍼/스펀지 (7) 젤 브러쉬 (8) 다양한 색상의 컬러젤

2 사전 준비

모든 사전 준비는 동일하다.

3 시술방법

(1) 손소독 하기
(2) 에나멜 지우기
(3) 손톱모양 잡기
(4) 큐티클 밀기

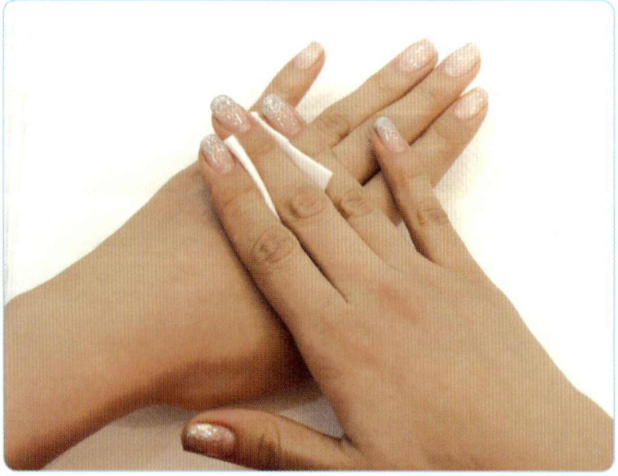

(5) 본더 바르기

전처리를 하기위하여(프렙, 프라이머 모두 사용 가능) 본더를 바른다.

※주의 : 제품마다 사용방법이 다르므로 주의하여 사용할것!

(6) 베이스 젤 바르기

베이스를 에나멜 바르듯 최대한 얇게 펴 바른 다음 30초 큐어링 한다. 큐티클 라인에 젤이 묻지 않도록 주의하여 시술하도록 한다.

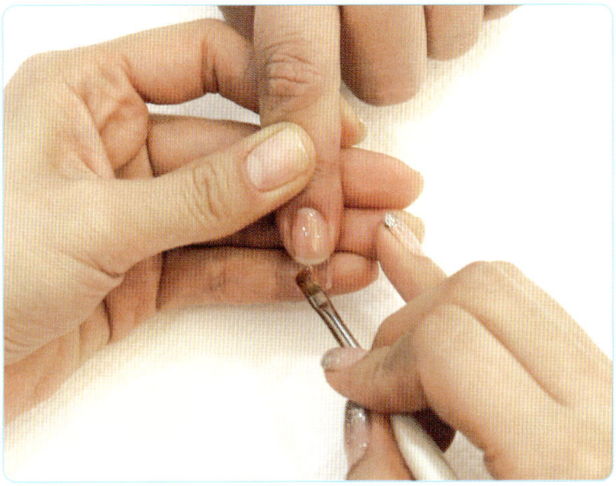

(7) 클리어 젤 바르기

베이스는 원네일, 팁 등 무엇이든 상관없음

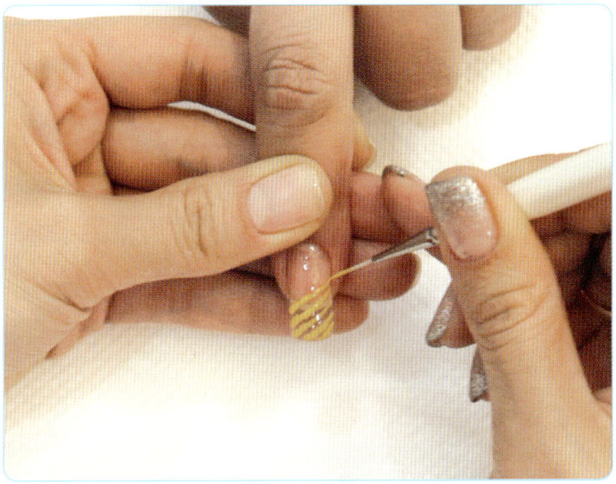

(8) 원하는 색상의 컬러 젤을 올린다.

① 디자인할 위치를 생각하고 세필 젤 브러쉬를 이용하여 컬러젤을 올린다.
예) 노란색과 검정색

② 다른 색상 채우기

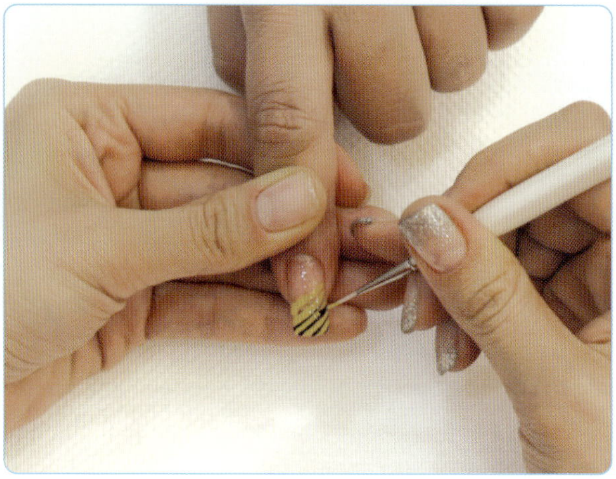

③ 디자인 하기 (마블링)

(9) 큐어링 3분

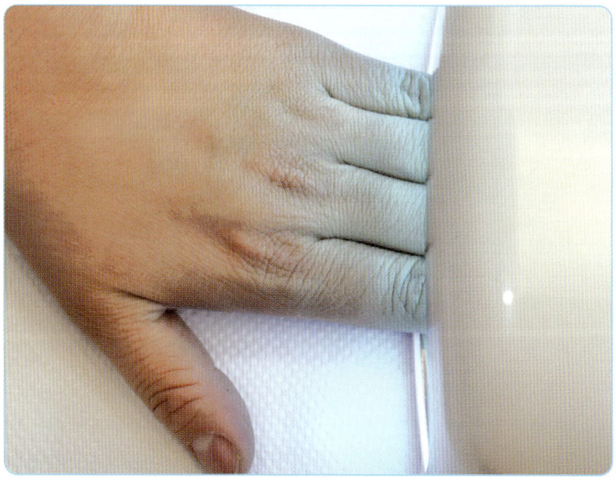

(10) 탑젤 바르기

(11) 큐어링 3분

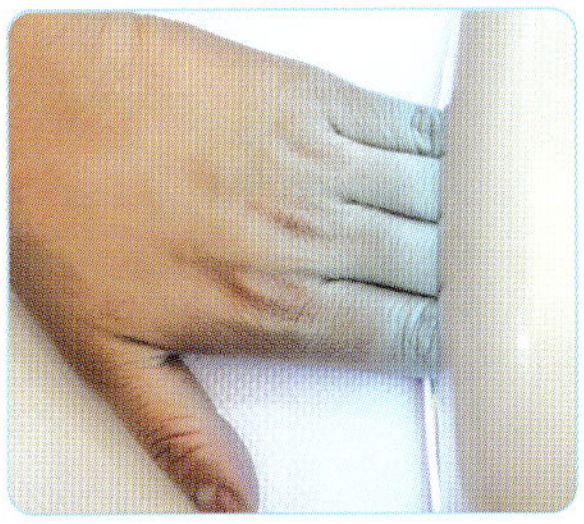

(12) 크리너

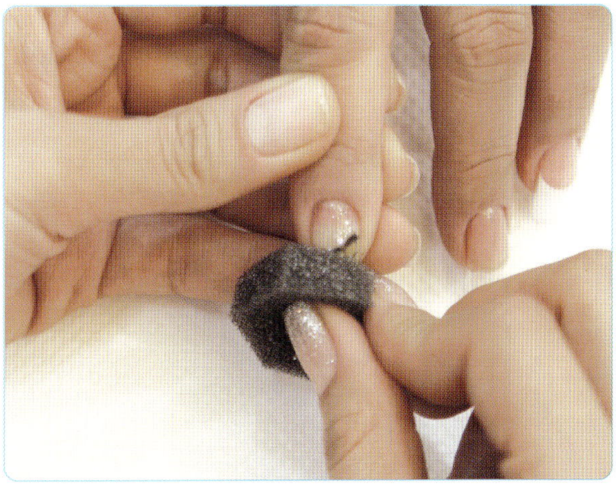

(13) 오일을 이용하여 마무리 한다
광택화일을 사용하여도 무방하다.

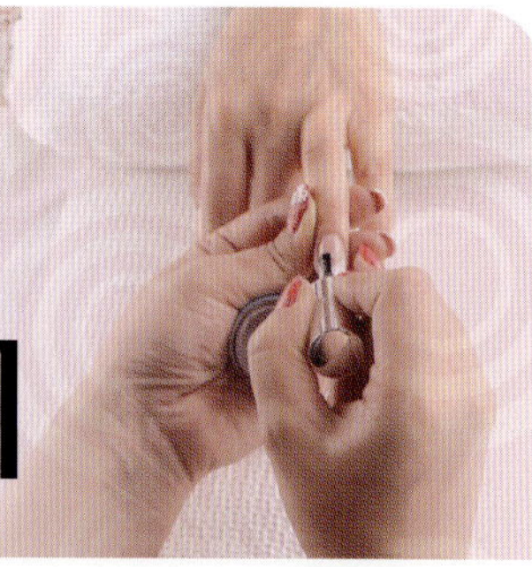

CHAPTER 26 | 젤 디자인 2-나비

라인을 그려준 다음 여러 가지 색상의 색을 이용하여 마블링 한다

1 필요한 재료

(1) U.V. GEL 라이트기 (2) 클리어 젤 (3) 탑 젤 (4) 프라이머 (5) 크리너
(6) 페이퍼/스펀지 (7) 젤 브러쉬 (8) 다양한 색상의 컬러젤

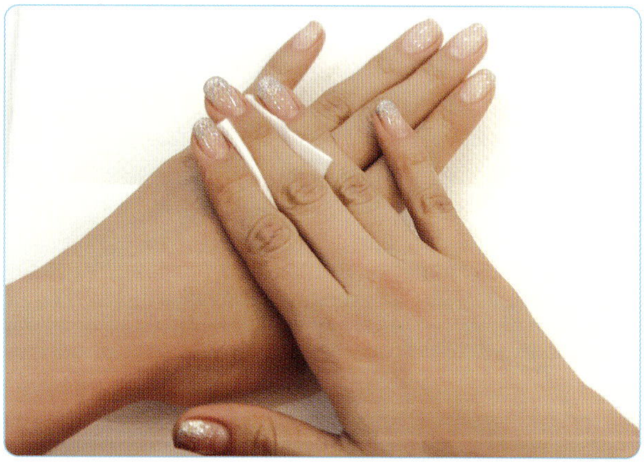

2 사전 준비

모든 사전 준비는 동일하다.

3 시술방법

(1) 손소독 하기
(2) 에나멜 지우기
(3) 손톱모양 잡기
(4) 큐티클 밀기

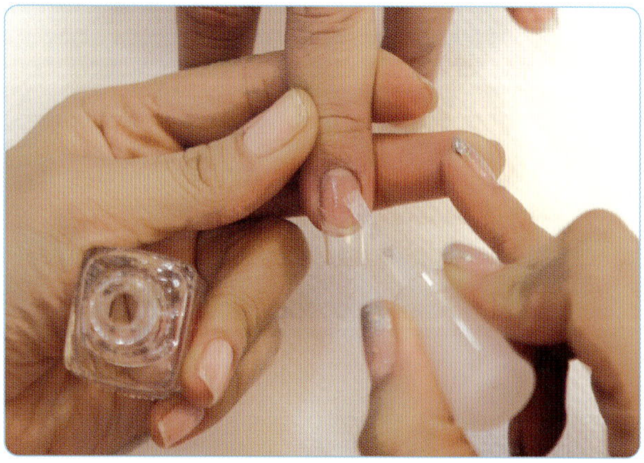

(5) 본더 바르기
전처리를 하기 위하여(프렙, 프라이머 모두 사용 가능) 본더를 바른다.
※주의 : 제품마다 사용방법이 다르므로 주의하여 사용할 것!

(6) 베이스 젤 바르기

베이스 젤을 에나멜 바르듯이 최대한 얇게 펴바른 다음 30초 큐어링 한다.
큐티클라인에 젤이 묻지 않도록 주의하여 시술하도록 한다.

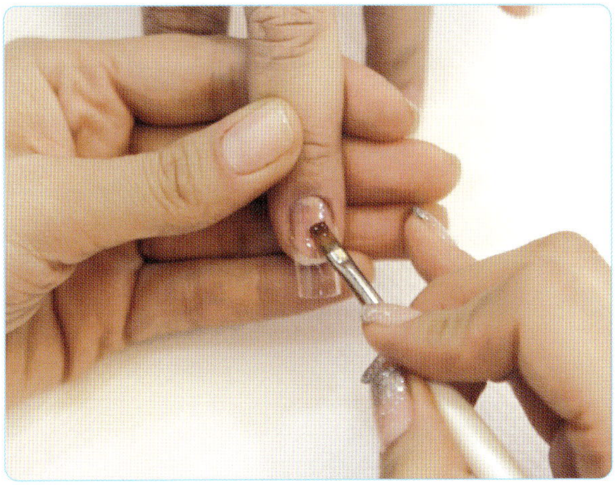

(7) 크리너

페이퍼나 스펀지를 이용하여 표면을 닦아낸다.

(8) 디자인 하기

① 노란색 컬러 젤을 이용하여 나비 날개안을 선을 그려준다.

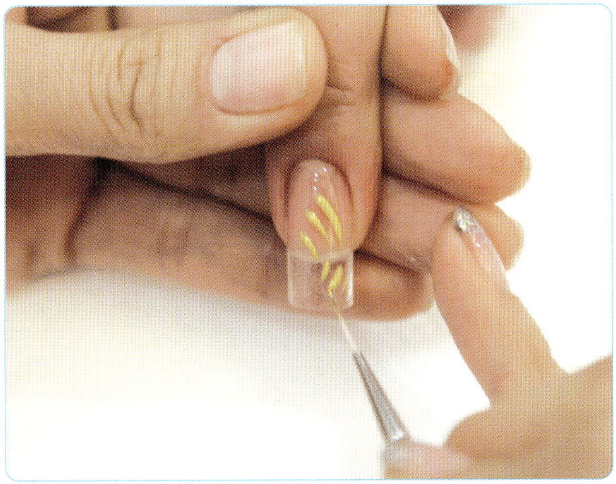

② 주황색 컬러 젤을 이용하여 나비날개 색을 채워준다.

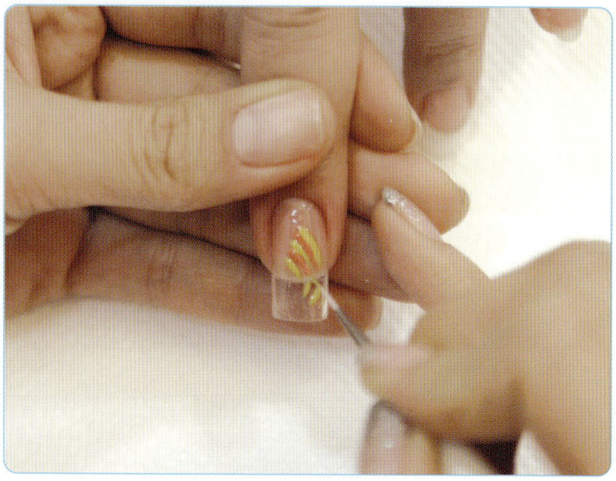

③ 검정색 컬러 젤을 이용하여 테두리 라인을 그려준다. (나비날개 안쪽의 중간 중간에도 선을 그려준다) → 30초간 큐어링

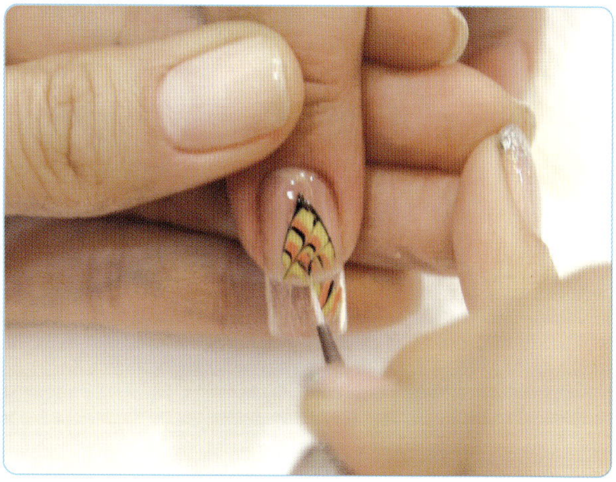

④ 나비의 몸과 더듬이를 검정색 컬러 젤을 이용하여 그려준다.(세필 젤 브러쉬 이용) → 그림이 완성되었으면 2분 큐어링 한다.

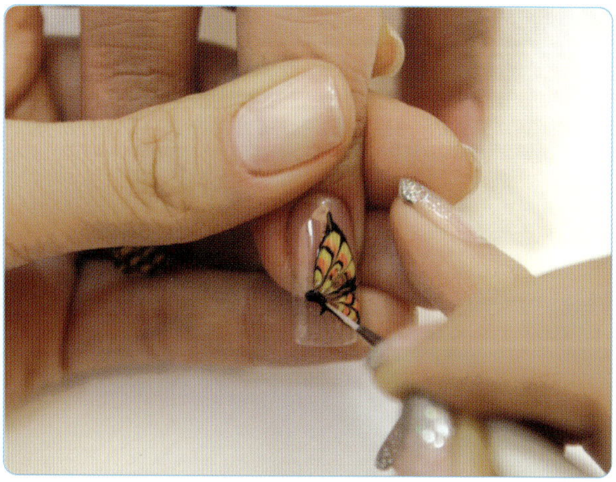

⑤ 글리터를 이용하여 더욱 화려하게 꾸며 준다. → 5초간 큐어링

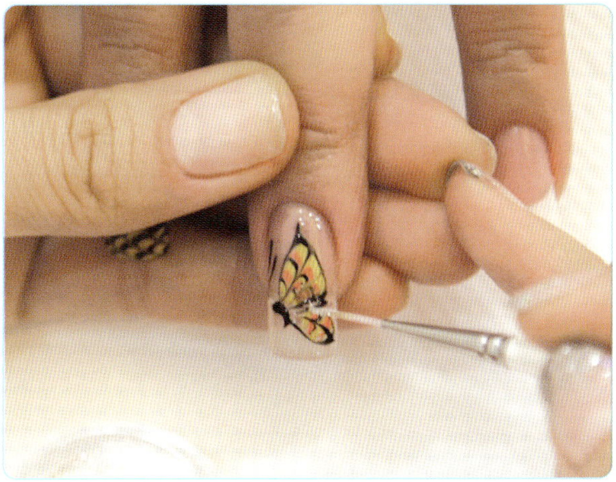

(9) 탑 젤을 발라준다

(10) 큐어링 3분

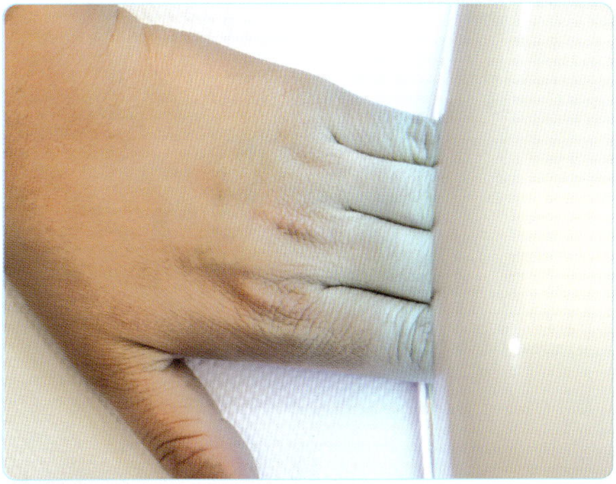

(11) 크리너

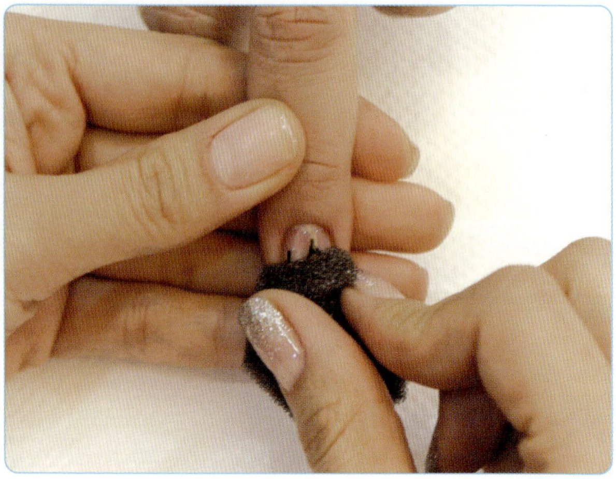

(12) 오일을 이용하여 마무리한다
광택화일을 사용하여도 무방하다.

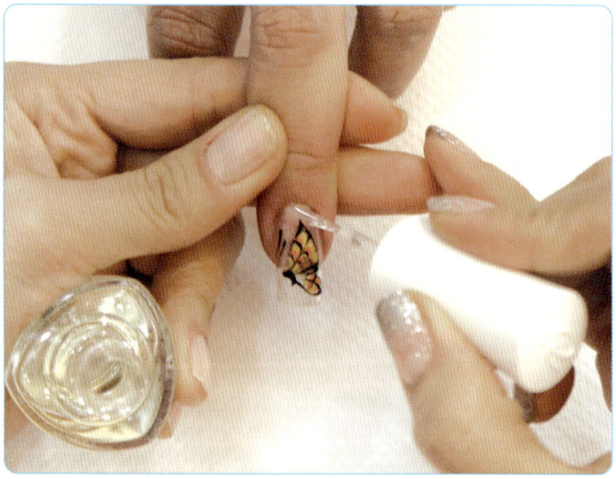

(13) 완성

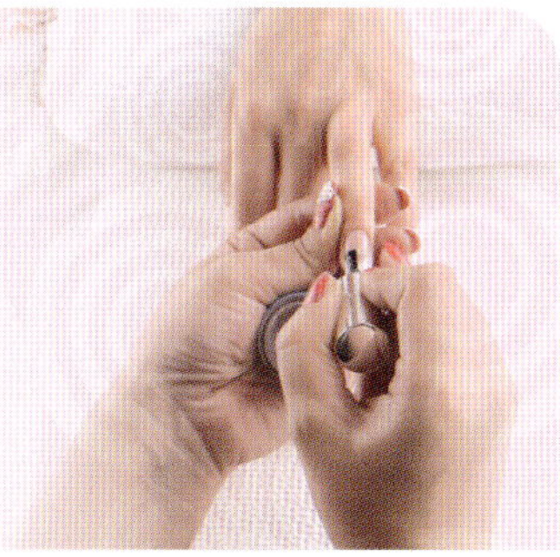

CHAPTER 27 | 젤 엠보싱 기법

엠보젤을 이용하여 아트를 표현한다.

1 필요한 재료

(1) U.V. GEL 라이트기 (2) 클리어 젤 (3) 탑 젤 (4) 프라이머 (5) 크리너
(6) 페이퍼/스펀지 (7) 젤 브러쉬 (8) 다양한 색상의 컬러젤

2 사전 준비

모든 사전 준비는 동일하다.

3 시술방법

(1) 볼뜨기

소량의 엠보 젤을 전용 스파츌라를 이용하여 떠올린다.

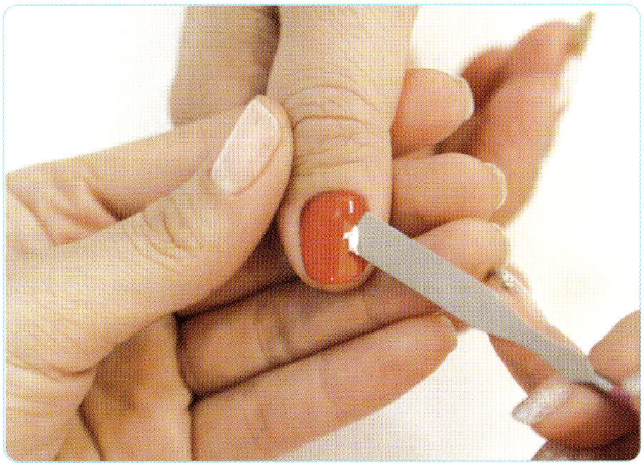

(2) 디자인

① 아랫부분의 꽃을 3장 만들어 준다.

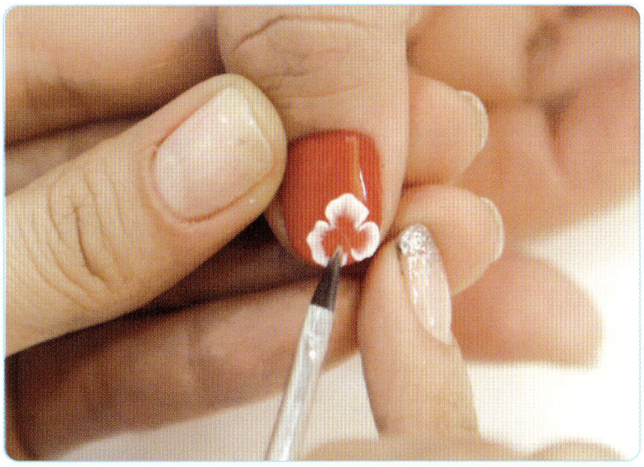

② 윗 꽃잎을 겹쳐 올린다.

③ 꽃잎이 퍼지지 않도록 꽃잎을 한 장씩 만들 때마다 1~2초 큐어링 한다. (시간은 제품마다 다르다)

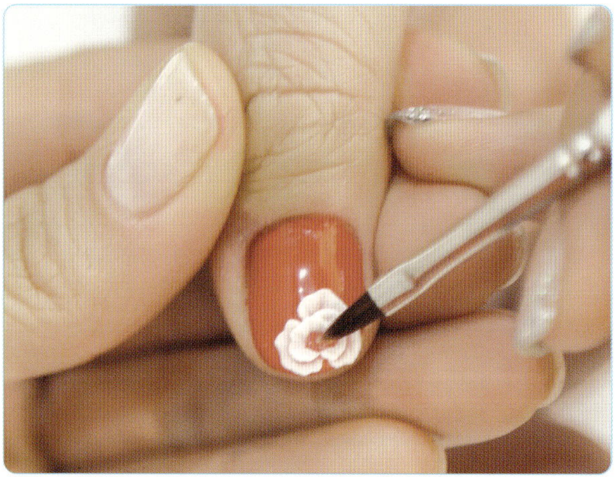

④ 잎사귀를 만들어 준다.

⑤ 꾸미기
스톤이나 비트, 잼 등을 이용하여 화려하고 아름답게 장식한다.

(3) 탑젤
디자인이 지저분해질 수 있으므로 탑젤을 발라준다.

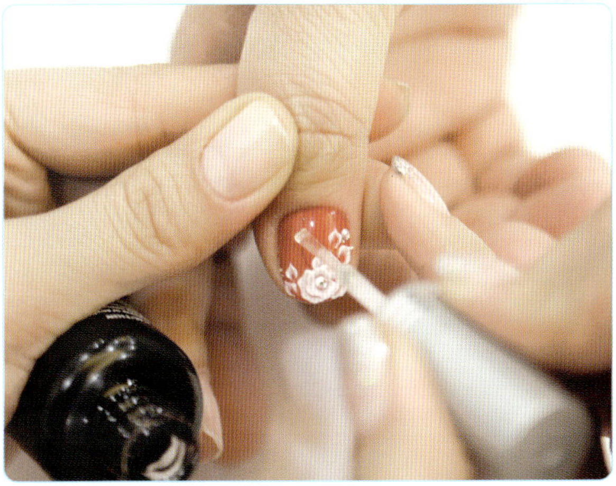

(4) 3분간 큐어링한다.

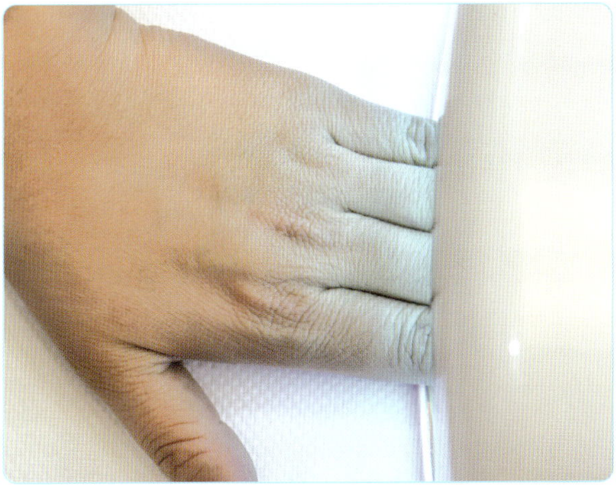

(5) 크리너로 닦기

(6) 오일로 마무리한다.

(7) 완성

CHAPTER **28** | 매직 파우더 : 팁 위드 프렌치

CHAPTER 28 | 매직 파우더 : 팁 위드 프렌치

매직 파우더를 이용하여 팁위에 프렌치 라인을 만들어 준다.

1 필요한 재료

(1) 매직 파우더 (화이트, 핑크, 클리어) (2) 매직 젤글루 1, 2 (3) 글루 드라이 (4) 매직글루
(5) 팁 연장에 필요한 재료들 (6) pH-Balancing (7) 매직 필러 파우더 (8) 큐티클 오일과 광택화일

2 사전 준비

모든 사전 준비는 동일하다.

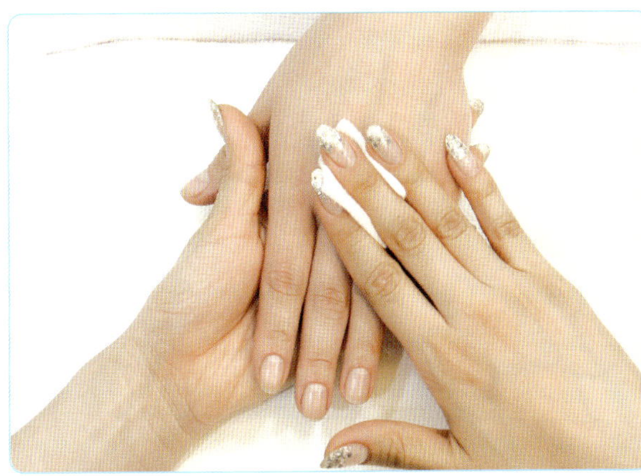

3 시술방법

(1) 손소독 하기
(2) 에나멜 지우기
(3) 손톱모양 잡기
(4) 큐티클 밀기

(5) 팁(팁 종류 무관)
① 선택
② 붙이기
③ 길이자르기
④ 턱제거
⑤ 턱보강

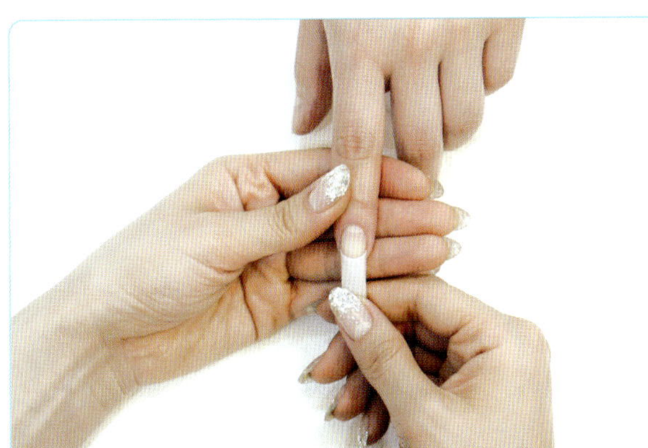

(6) pH-Balancing 바르기
pH(유, 수분 조절)를 맞춰주기 위해 pH-Balancing을 피부에 닿지 않도록 표면전체에 펴바른다.

(7) 매직 젤 글루 1도포
프렌치 라인을 만들며 발라주기
젤이 뭉치지 않도록 주의!

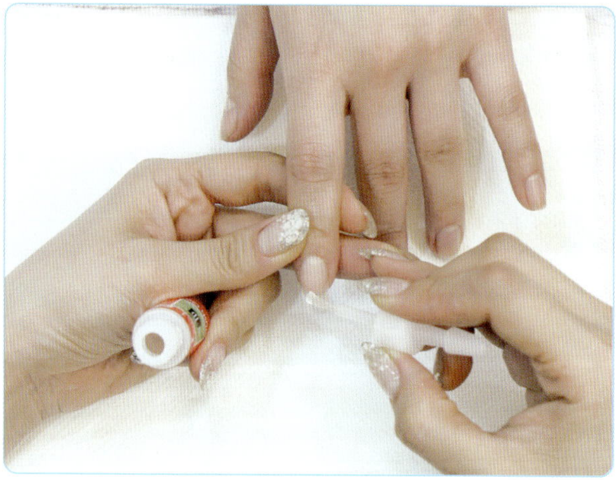

(8) 매직 파우더 화이트
프렌치 라인에 도포

(9) 오렌지 우드스틱을 이용하여 프렌치 라인 정리하기

큐티클에 글루와 파우더가 엉켜붙는 것을 방지하기 위하여 깨끗이 제거한다.

(10) 매직 젤글루 1도포

후리엣지에 매직 파우더 화이트를 한번 더 도포하기 위하여 젤글루 도포

(11) 매직 파우더 화이트

프렌치 라인에 도포-좀 더 깔끔하고 얼룩없는 프렌치 라인을 위해 한번 더 덮어준다.

(12) 오렌지 우드스틱을 이용하여 프렌치라인 정리하기

(13) 매직 젤글루 1도포 플레이트에 발라준다.

(14) 매직 핑크 파우더 플레이트에 올려준다.

(15) 매직글루

전체적으로 흡수 시켜준다.

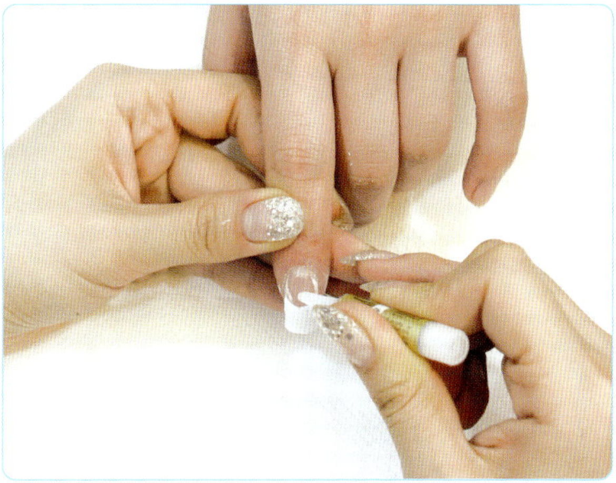

(16) 매직 파우더

클리어를 이용하여 전체적으로 덮어준다.

(17) 오렌지 우드스틱을 이용하여 큐티클 라인 정리하기

(18) 매직글루
전체적으로 흡수시켜 준다.

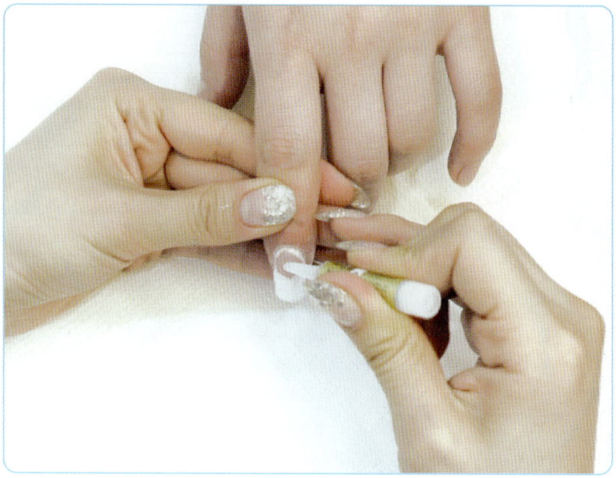

(19) 매직 필러 파우더
하이포인트 완성

(20) 오렌지 우드스틱을 이용하여 큐티클 라인 정리하기

(21) 매직글루
전체적으로 흡수시켜 준다.

(22) 글루 드라이어 뿌리기

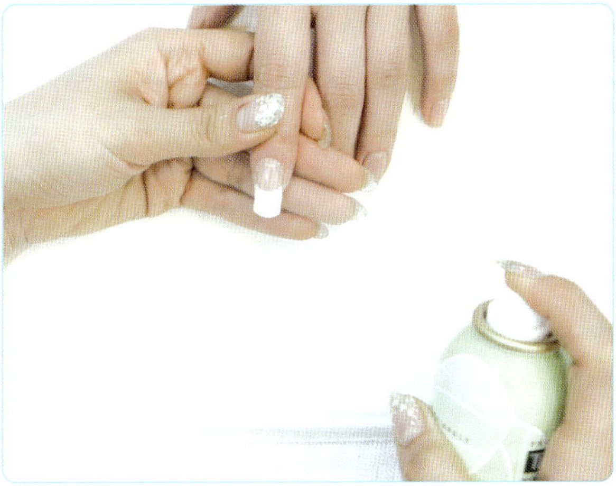

(23) 파일링 및 표면(버핑)정리

(24) 매직 젤글루 2 도포
전체 바르기

(25) 글루 드라이어 뿌리기

(26) 파일링 및 표면(버핑)정리

(27) 마무리 하기

큐티클 라인에 오일을 발라 문질러 흡수 시킨 뒤 광택화일을 이용하여 마무리한다.

(28) 완성

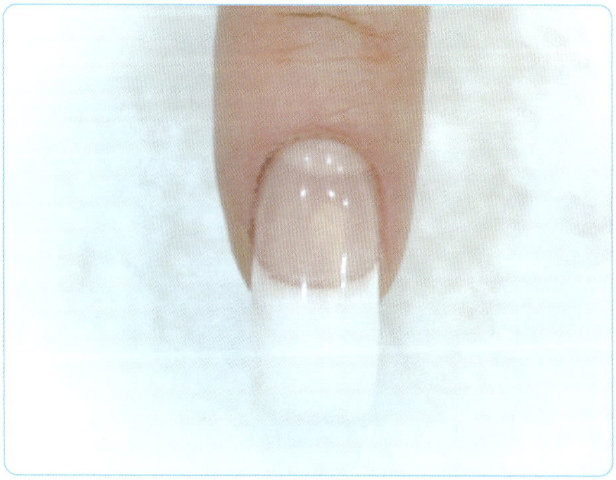

CHAPTER 29 | 매직 파우더 : 그라데이션

컬러 매직 파우더를 이용하여 팁 위에 그라데이션 한다.

1 필요한 재료

(1) 매직 파우더 (원하는 컬러별) (2) 매직 젤글루 1, 2 (3) 글루 드라이 (4) 매직글루
(5) 팁 연장에 필요한 재료들 (6) pH-Balancing (7) 매직 필러 파우더 (8) 큐티클 오일과 광택화일

2 사전 준비

모든 사전 준비는 동일하다.

3 시술방법

(1) 손소독 하기
(2) 에나멜 지우기
(3) 손톱모양 잡기
(4) 큐티클 밀기

(5) 팁 (팁 종류 무관)
① 선택
② 붙이기
③ 길이자르기
④ 턱제거
⑤ 턱보강

(6) pH-Balancing 바르기
pH(유, 수분 조절)를 맞춰주기 위해 pH-Balancing을 피부에 닿지 않도록 표면 전체에 펴바른다.

(7) 매직 젤글루 1도포

(8) 그라데이션 하기
원하는 컬러의 매직 파우더를 이용하여 그라데이션 한다.
(그라데이션 라인이나 컬러 등에 제한없음)

(9) 오렌지 우드스틱을 이용하여 라인 정리하기

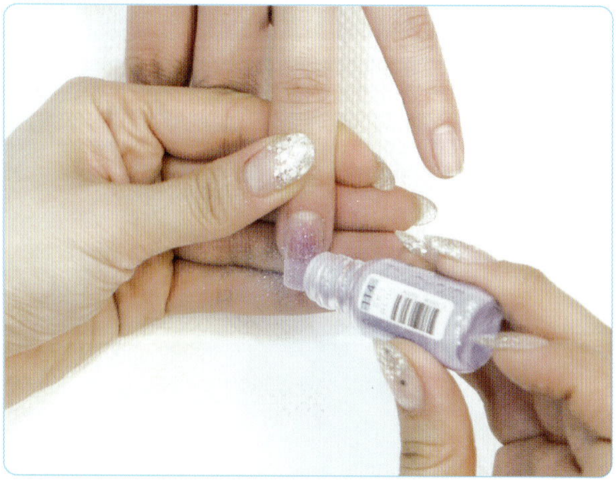

(10) 매직글루

전체적으로 흡수시켜 준다.

(11) 매직 파우더

부족한 부분을 다시 채워준다.

(12) 오렌지 우드스틱을 이용하여 큐티클 라인 정리하기

(13) 매직 글루

매직 파우더를 전체적으로 흡수시켜 준다.

(14) 클리어 매직 파우더
전체적으로 뿌려준다.

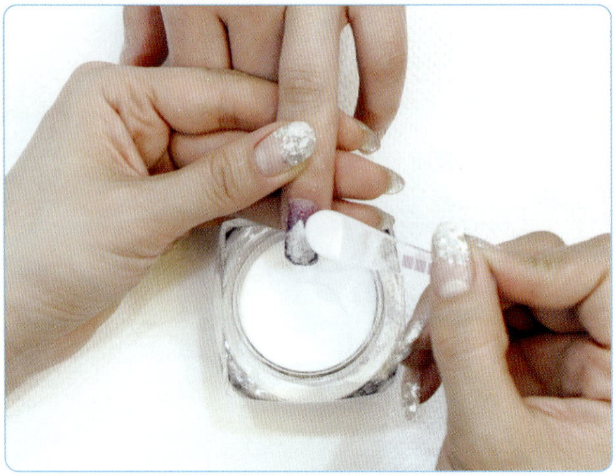

(15) 매직 글루
매직 파우더를 전체적으로 흡수시켜 준다.

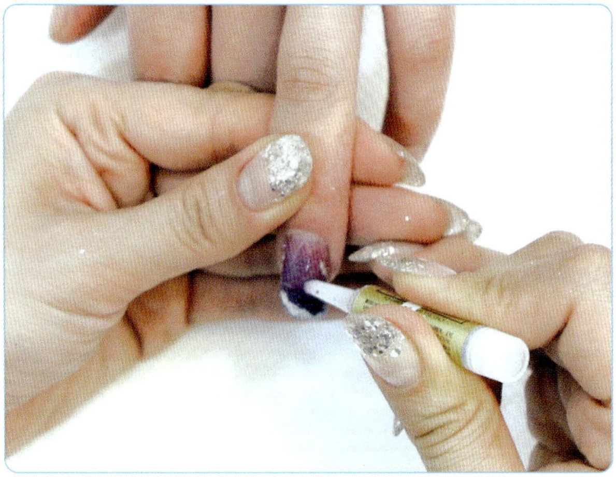

(16) 매직 필러 파우더
하이포인트 완성

(17) 글루 드라이어 뿌려주기

(18) 파일링 및 표면(버핑)정리

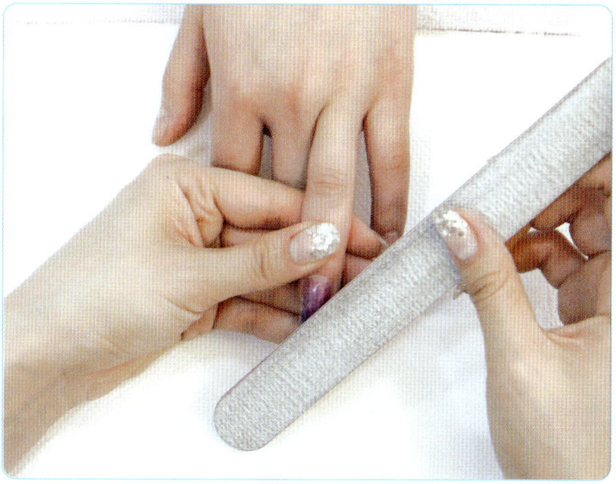

(19) 매직 젤글루 2 도포
전체 바르기

(20) 글루 드라이어 뿌려주기

(21) 파일링 및 표면(버핑)정리

(22) 마무리 하기

큐티클 라인에 오일을 발라 문질러서 흡수 시킨 뒤 광택화일을 이용하여 마무리 한다.

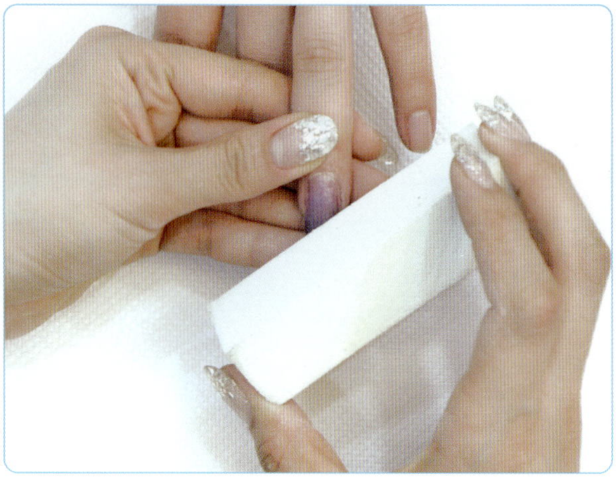

(23) 완성

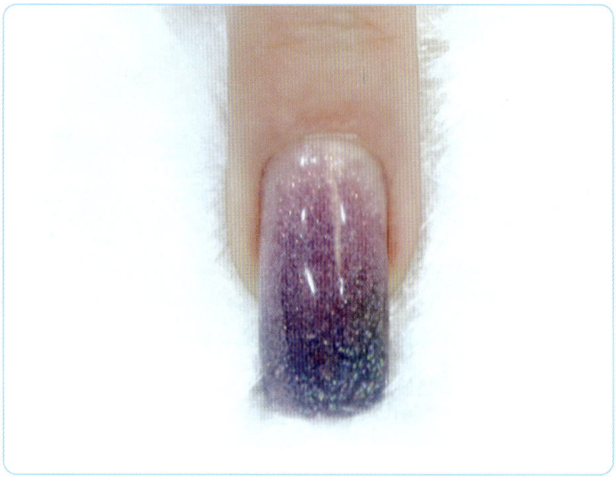

CHAPTER 30 | 드릴을 이용한 케어

(1) 스톤 비트

① 160, 180Grit 으로 각질제거, 큐티클 표면 정리, 인조 네일 시술전 표면정리 시 사용한다.
② 스톤비트를 이용하여 큐티클 라인의 루즈 스킨을 제거한다.
③ 주의! rpm을 너무 강하게 하여 손톱표면이나 큐티클라인이 손상되지 않도록 주의한다.

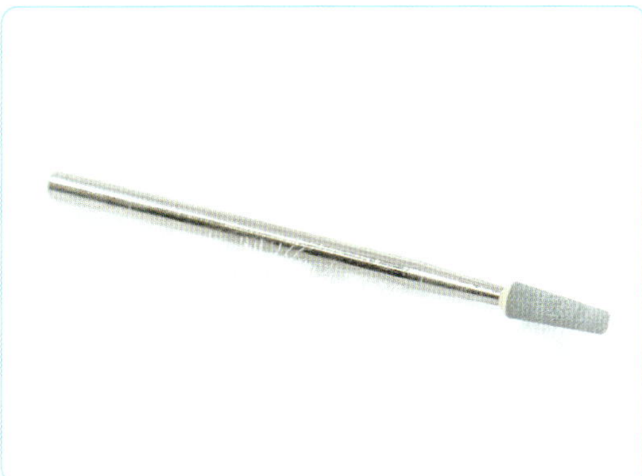

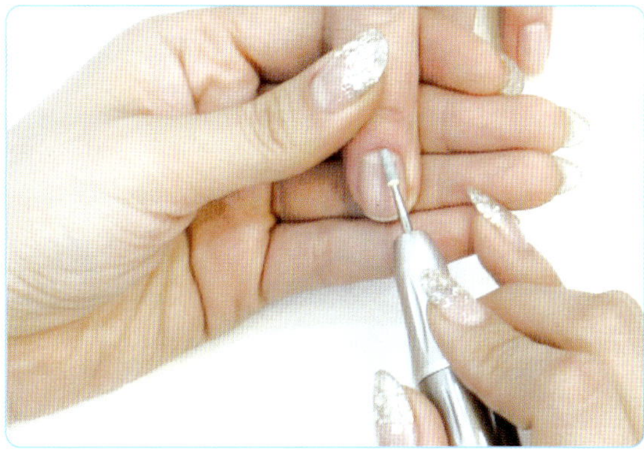

(2) 메탈비트(오일비트)

① 160, 180Grit 으로 루즈 스킨, 각질 제거, 큐티클 표면정리(케어 후 마무리(오일파일) 와 푸셔 역할)시 사용.
② 큐티클 라인에 오일을 바른 다음 굳은살을 매끄럽게 다듬어 준다.
(되도록이면 오일이 묻은 비트와 오일을 사용하지 않은 비트를 따로 구분해서 보관/사용한다)

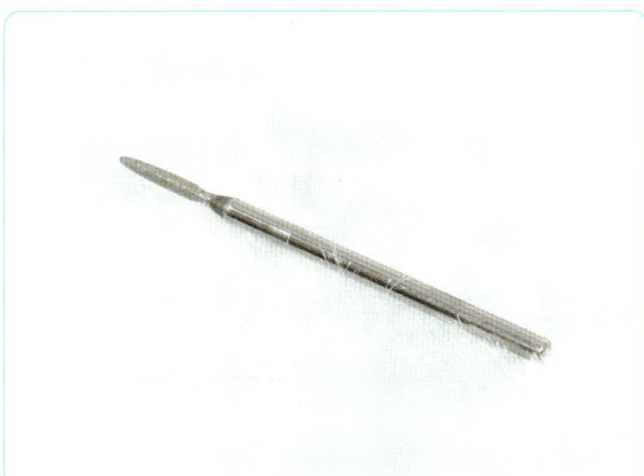

(3) 사포비트 1

① 100, 200Grit 으로 네일 에칭, 젤이나 아크릴 네일 표면 정리큐티클 라인의 굳은살 정리시 사용.
② 다양한 Grit의 사포비트가 있으므로 손톱표면의 두께와 고르기 정도에 따라 선택하여 시술하며, 원 네일 시술시 최대한 부드러운 비트(플레이트 손상을 최소화 하기 위해)를 사용하는 것이 좋다.

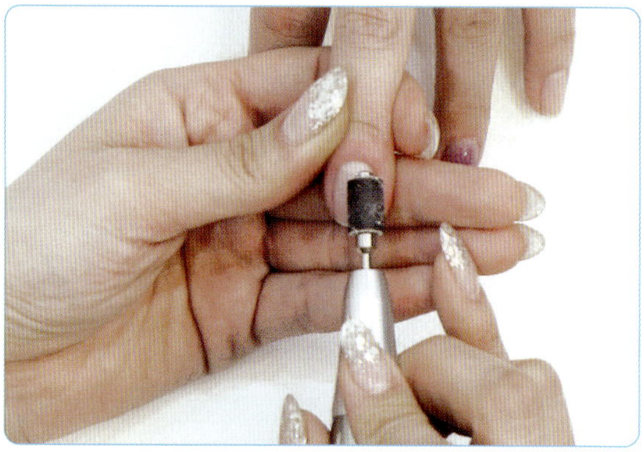

(4) 사포비트 2

패디용 각질 제거, 뒤꿈치 각질 제거, 콘커터 대용으로 사용한다.

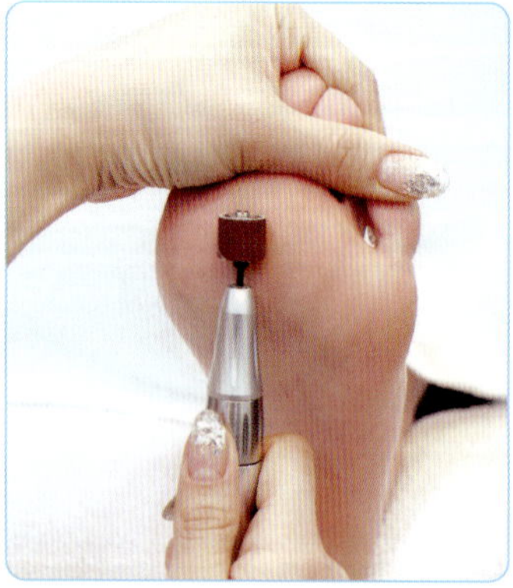
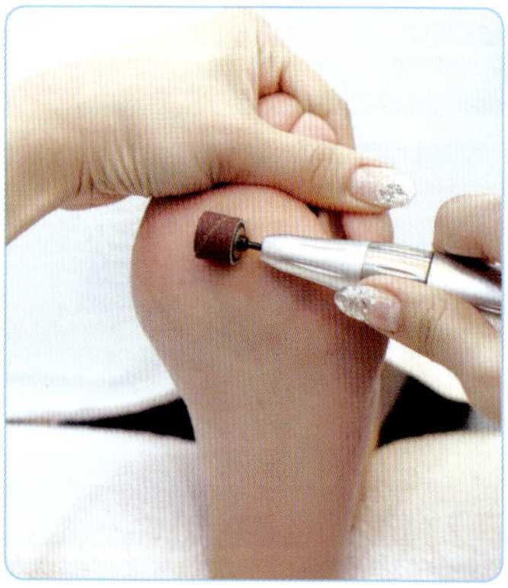

(5) 사포비트 3

패디파일 용 비트, 발바닥의 각질을 제거하여 부드럽게 만들어 줄때 사용한다.

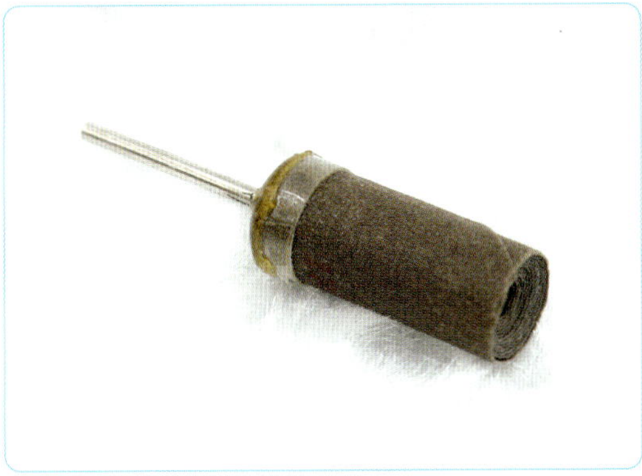
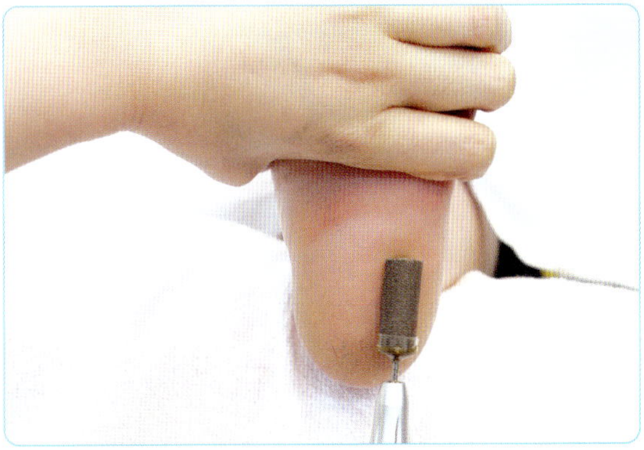

(6) 더스트 브러쉬 비트

① 마무리시 묻어있는 먼지를 제거할 때 사용한다.
② 큐티클 라인 혈액순환, 마사지 기능

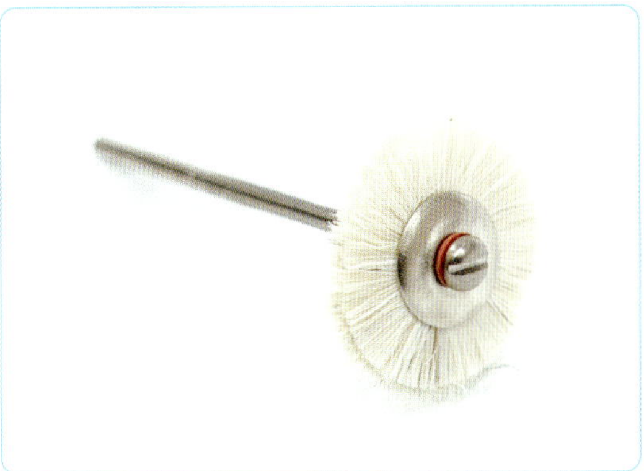
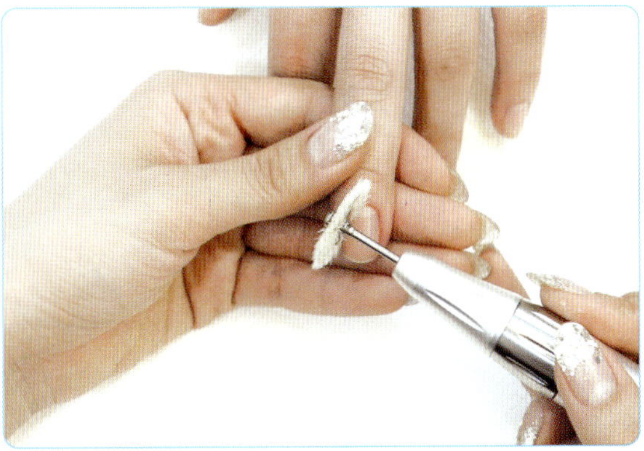

(7) 메탈비트 1

① 100, 180Grit 팁 턱 제거, 젤이나 아크릴 네일 표면 정리, 오일 파일링, 젤 쏙 오프시 사용한다.
② 빠른 파일링, 매끄러운 표면 정리
③ 메탈비트의 모양과 종류, Grit다양하다 - 시술시 필요한 용도에 따라 선택하여 시술

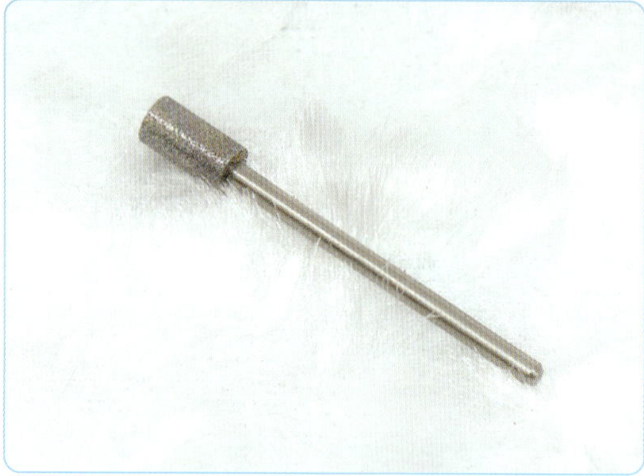

(8) 메탈비트 2

① 100, 180Grit 팁 턱 제거, 젤이나 아크릴 네일 표면 정리
② 오일 파일링, 젤 쏙 오프시 사용하며, 팁의 프리 엣지 길이 조절 / 프리 엣지 디자인시 사용한다.

[다양한 모양의 메탈비트]

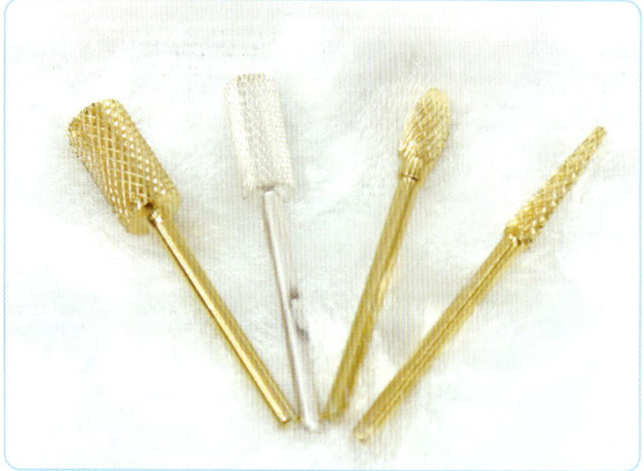

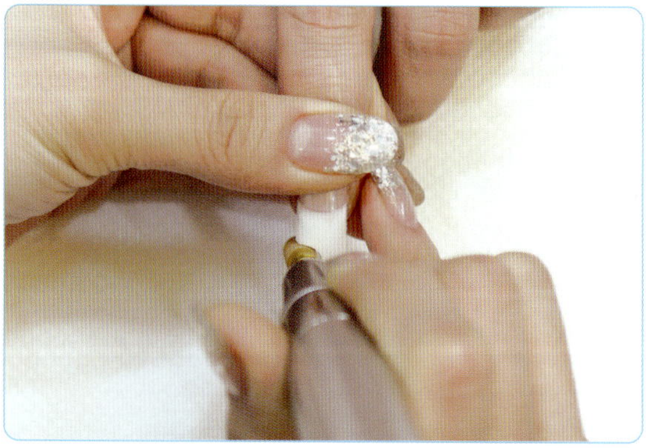

(9) 댕글 비트

팁에 구멍을 뚫어 큐빅을 박거나 댕글을 달 때 사용
(메탈비트 중 가장 정밀한 사이즈로 오일비트/댕글비트로 사용)

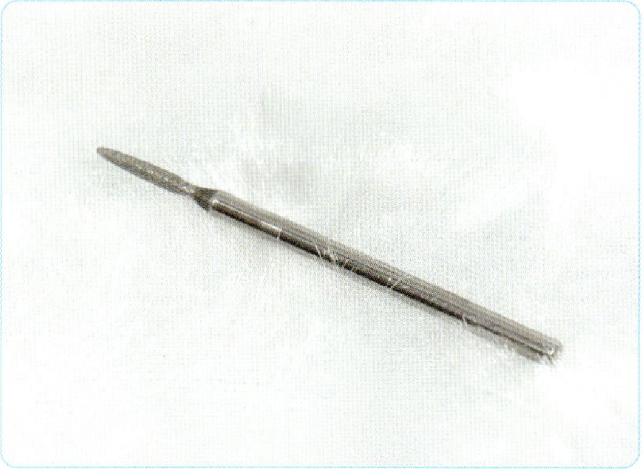

주/의/사/항

1. 드릴 구입 시 반드시 rpm을 확인 하여야 한다.
   (1) 네일에 시술할 드릴의 적당한 rpm은 2000, 3000rpm이 적당하다
   (2) 3000rpm 이상의 드릴은 알공예나 금속세공시 사용한다.
2. 왼쪽, 오른쪽 방향전환 기능이 사용 가능한지 여부를 확인한다.
3. 오른손잡이는 회전방향 컨트롤 버튼을 먼저 R로 전환한 다음 오른쪽 → 왼쪽 방향으로 시술한다. (비트가 도는 방향과 반대반향으로 실시한다)
4. 왼손잡이는 회전방향 컨트롤 버튼을 먼저 L로 전환한 다음 왼쪽 → 오른쪽 방향으로 시술한다. (비트가 도는 방향과 반대반향으로 실시한다)
5. 핸드피스가 예민하므로 떨어트리지 않도록 주의한다.
6. 핸드피스 BAR가 없으면 공회전하여 피스가 손상될 수 있으므로 사용하지 않을때 에는 항상 BAR를 끼워서 보관한다.
7. 메탈비트 사용 후 피스를 항상 청결히 소독하여 보관한다. (미생물이 번식하여 염증이나 피부트러블을 유발할 수 있으므로 항상 청결하게 관리한다)
   ① 메탈비트 소독방법 : 알코올에 20분 정도 먼지가 완전히 빠질 수 있도록 담궈놓은 담은 건져낸 뒤 완전히 건조시키도록 한다. (녹슬지 않도록 완전히 건조시킨다)
   ② 스톤 및 사포비트 소독방법 : 알코올을 뿌려서 소독한 뒤 완전히 건조하여 보관한다.
8. 스톤비트는 잘 깨어지므로 떨어뜨리지 않도록 주의한다.
9. 모든 비트의 bar부분은 세계적으로 동일한 사이즈이므로 어떤 드릴에 어떤 비트를 끼워서 사용하여도 무관하다.

CHAPTER 31 | 디자인 실크

실크에 물감을 이용하여 디자인한 다음 익스텐션한다.

1 필요한 재료

(1) 필러 파우더 (2) 글루 (3) 젤글루 (4) 글루 드라이어 (5) 실크 (6) 파일류 (7) 물감
(8) 실크가위 (9) 샌딩 (10) 클리퍼 (11) 드로잉용 브러쉬 (12) 물통 (13) 파렛트

2 사전 준비

모든 사전 준비는 동일하다.

3 시술방법

(1) 손소독 하기
(2) 에나멜 지우기
(3) 손톱모양 잡기
(4) 큐티클 밀기

(5) 실크를 디자인 한다.

① 실크익스텐션과 동일한 사이즈로 실크를 재단한다.
② 실크를 디자인 한다.

예) 원하는 그림그리기

① 밑그림으로 잎사귀를 그려준다.

② 원하는 위치에 디자인한다.
(꽃을 그린다.)

③ 더욱 화려하게 디자인한다.

④ 도트 등을 이용하여 장식을 한다.

(6) 큐티클 라인 재단

큐티클 라인에 맞춰 둥글고 1mm작게 재단한다.

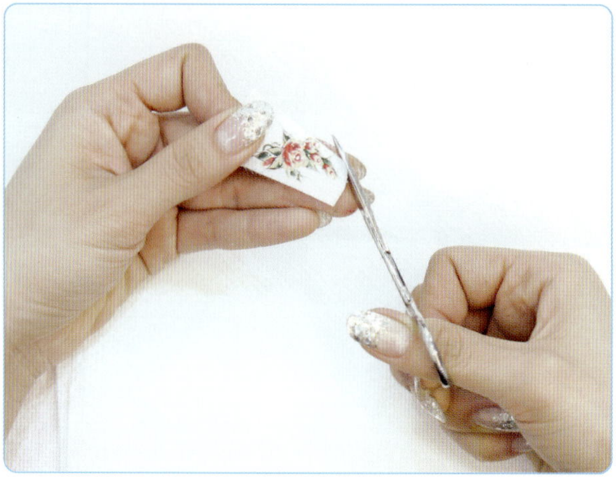

(7) 실크를 붙여준다

뒷면종이를 1/2 떼어내어 플레이트에 밀착한다.

(8) 글루를 이용하여 밀착시킨다.

글루를 이용하여 밀착시킨다. (핀치주기)

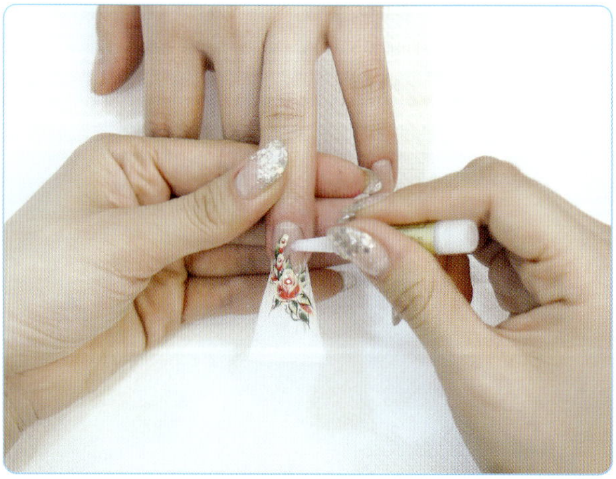

(9) 프리 엣지 연장하기

글루를 이용하여 프리 엣지를 익스텐션한 다.(중간중간에 핀치를 준다/C-curve를 잡아준다.)

(10) 프리 엣지 만들기

필러와 글루를 도포하여 프리 엣지를 딱딱하게 만들어 준다.

(11) 글루드라이어

중간 중간에 글루 드라이를 뿌려주며 핀치를 준다.

(12) 파일링 및 표면(버핑) 정리

익스텐션이 완성되면 샌딩이나 파일을 이용하여 표면을 갈아준다.

(13) 글루코팅

① 표면에 글루를 발라준다.
② 더 투명하게 보이기 위해 뒷면에도 글루를 발라준다.
③ 글루 드라이를 뿌려 표면을 말려준다. (중간에 핀치를 준다.)
④ 파일이나 샌딩을 이용하여 표면을 버핑한다.

(14) 젤 코팅

① 표면 코팅을 위해 젤 글루를 도포한다.
② 뒷면에는 바르지 않는다. (살에 젤글루가 묻는것을 방지)
③ 글루 드라이 도포 후 핀치를 준다.

(15) 버핑 & Shape

완성된 후 샌딩블럭과 파일을 이용하여 표면을 정리하고 프리엣지의 모양을 잡아 준다.

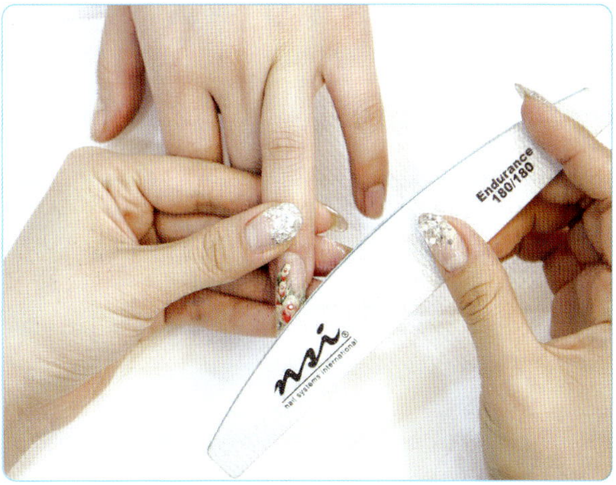

(16) 마무리 하기

큐티클 라인에 오일을 발라준 뒤 광택화일을 이용하여 마무리한다.

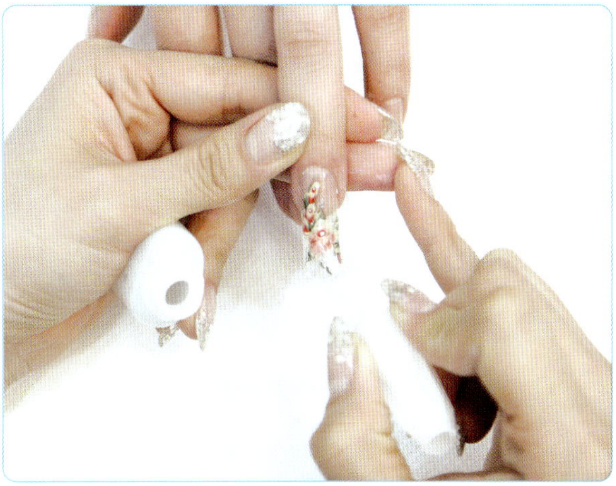

(17) 완성

실전! 연습해보기

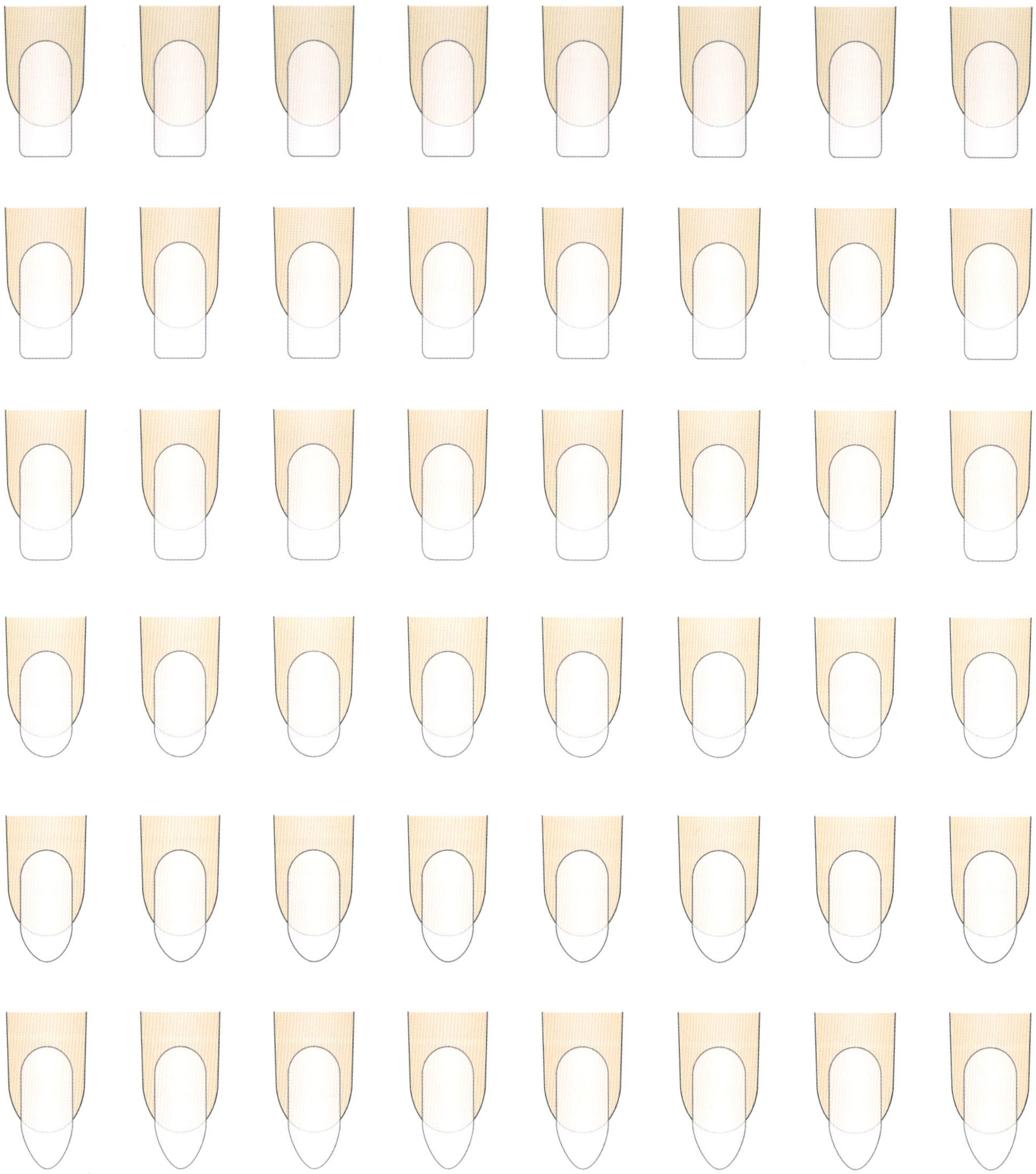

CHAPTER 32 | 네일아트 모음전 (작품사진)

1. 2D

2. 3D

3. 데칼

4. 라인테이프

5. 마블링

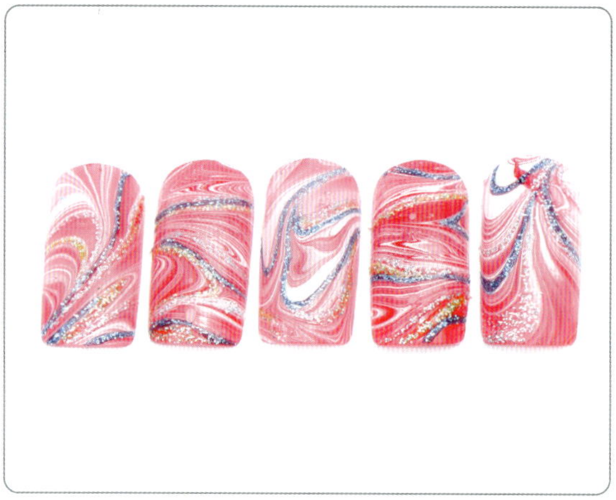

6. 스톤

7. 에나멜 디자인

8. 프로트랜스

9. 에어브러쉬

10. 젤 아트

11. 포크아트

12. 핸드페인팅

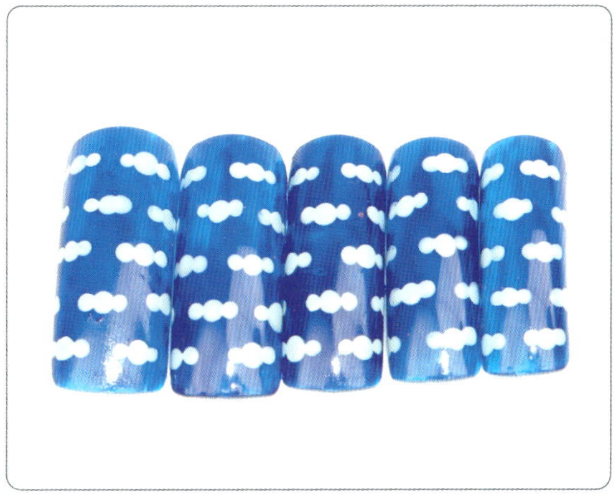

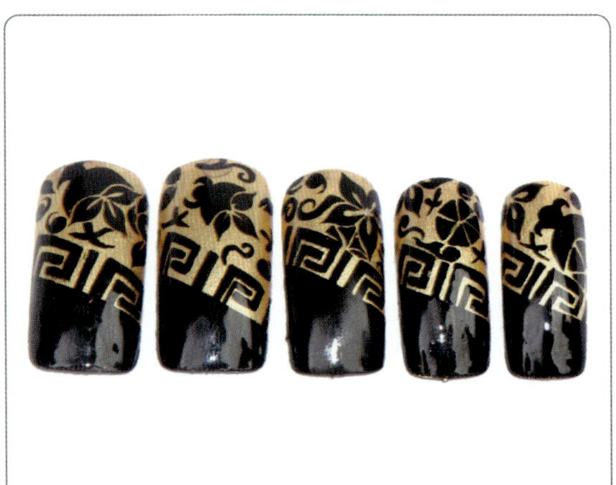

13. 부르조네일(buluhonail)

14. 바비 (barbie)

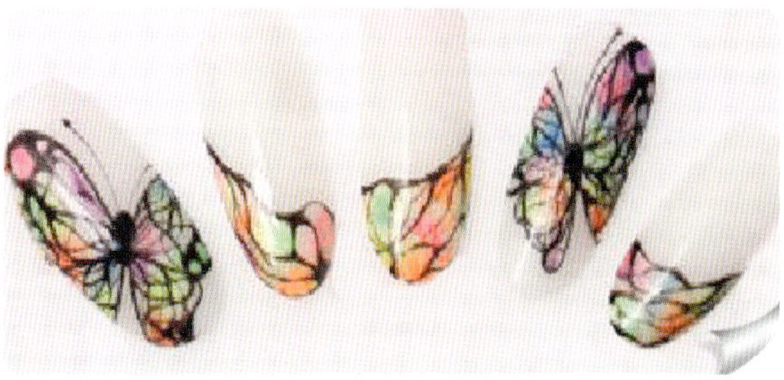

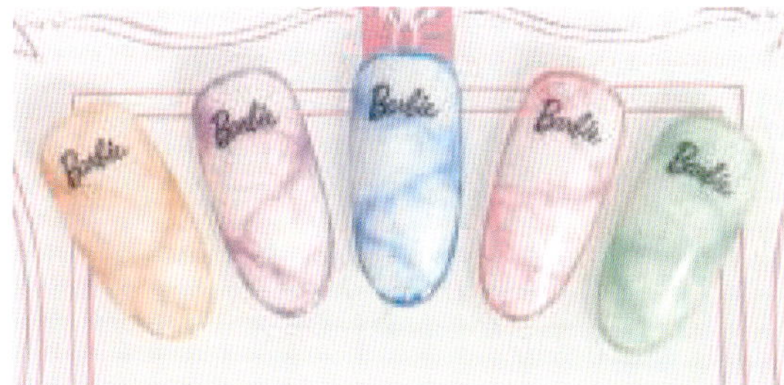

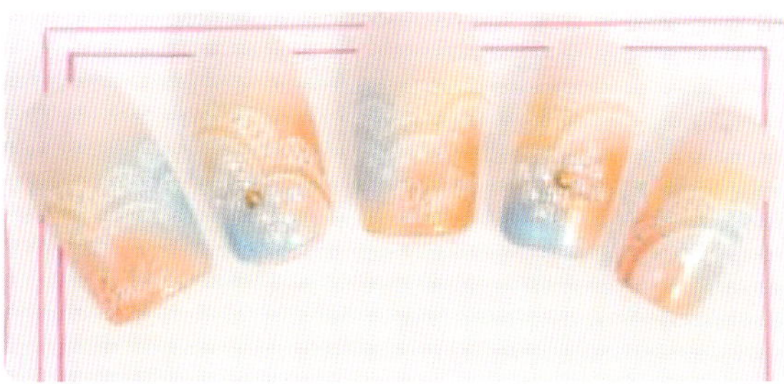

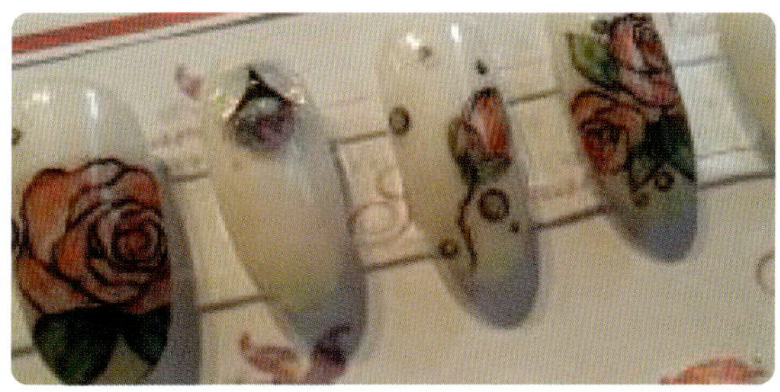

15. 레이스와 리본

16. 세로 그라데이션

17. 시트지 응용

18. 헤나문양 젤아트

19. 할로윈데이

Nailart&Technology
네일아트 이론 및 실습

2007년 10월 15일 초 판 발행
2009년 09월 01일 재 판 발행
2011년 03월 01일 개정판1쇄 발행
2013년 02월 10일 개정판2쇄 발행
2014년 09월 01일 제2개정판 발행

저 자 권태일 / 김미현 / 김태영 / 김효연 / 문명희
신향미 / 이희숙 / 정윤주 / 정철순 / 조진애
진미희 / 최은미 / 최현숙 / 하명희 / 허혜순

발행인 주 병 오

발행처 메디시인
경기도 파주시 회동길 209
파주출판문화정보산업단지
영업부 (031) 955-7566·7577
편집부 (031) 955-7731
FAX (031) 955-7730

등록번호 1979년 7월 13일 제 9-57 호

ISBN 978-89-93033-83-0 정가 28,000 원